Deutschland 4.0

Tobias Kollmann · Holger Schmidt

Deutschland 4.0

Wie die Digitale Transformation gelingt

Springer Gabler

Professor Dr. Tobias Kollmann
Lehrstuhl für E-Business und E-Entrepreneurship,
Universität Duisburg-Essen
Essen, Deutschland

Dr. Holger Schmidt
Liederbach, Deutschland

ISBN 978-3-658-11981-2
ISBN 978-3-658-13145-6 (eBook)
DOI 10.1007/978-3-658-13145-6

Die Deutsche Nationalbibliothek verzeichnet diese Publikation in der Deutschen Nationalbibliografie; detaillierte bibliografische Daten sind im Internet über http://dnb.d-nb.de abrufbar.

Springer Gabler

Lektorat: Barbara Roscher

Gedruckt auf säurefreiem und chlorfrei gebleichtem Papier.

Springer Gabler ist Teil von Springer Nature
Die eingetragene Gesellschaft ist Springer Fachmedien Wiesbaden GmbH

Vorwort

Die Digitalisierung bedeutet Veränderung für Gesellschaft, Wirtschaft sowie Politik und damit für jeden von uns. Wir spüren diese Veränderungen täglich beim Griff zum Smartphone, der Buchung einer Reise im Internet, der Kommunikation mit dem Kunden über Social-Media-Netzwerke oder der Frage nach dem richtigen Umgang mit digitalen Medien in Schulen, Unternehmen und politischen Entscheidungsprozessen. Wir dürfen von diesen Veränderungen jedoch nicht getrieben werden, sondern müssen diesen Wandel aktiv gestalten. Als Reaktion hierauf können wir aber leider nicht nur einen „technischen Knopf" drücken, sondern wir müssen in erster Linie unsere eigenen „digitalen Köpfe" entwickeln, um den digitalen Wandel wirklich zu verstehen und anzugehen. Diese kann man nicht bestellen oder beauftragen, sondern nur über den Aufbau eines eigenen digitalen Wissens für die aktuelle und zukünftige Generation entwickeln.

Die Digitalisierung ist – basierend auf dem Internet als Querschnittstechnologie – so tiefgreifend für alle wirtschaftlichen und gesellschaftlichen Lebensbereiche, dass sich kein privater Nutzer oder Unternehmer dem entziehen kann. Die zugehörige Digitale Transformation von Informations-, Kommunikations- und Transaktionsprozessen hat zu einem neuen Aktionsfeld für Arbeitgeber und Arbeitnehmer geführt, die ein neues Verständnis über die Funktionsweise von digitalen Märkten und deren handelnden Akteuren nötig machen. Unternehmen stehen heute vor der Herausforderung eines internationalen Online-Wettbewerbs, der alle Branchen betrifft. Die Medienbranche, der Einzelhandel und die Musikindustrie durchleben diesen Wandel bereits seit zehn Jahren. In anderen Bereichen wie Transport und Logistik, Automobil, Finanzwesen oder Maschinenbau hat der Wandel gerade begonnen.

Vor diesem Hintergrund ändern sich nicht nur die Produkte, sondern auch die zugehörigen Serviceleistungen, die künftig einen höheren Stellenwert bekommen werden. Beide Bereiche müssen zunehmend auch eine digitale Wertschöpfung beinhalten. Das erfordert sowohl bei Unternehmern als auch bei den Arbeitnehmern ein neues Verständnis mit zugehörigen Kompetenzen für den Aufbau von digitalen Geschäftsmodellen. Dabei verschwinden die Grenzen zwischen der realen und digitalen Wirtschaftswelt.

Deutschland als führende Industrienation muss auch in der Digitalen Wirtschaft ein starker Player werden! Während wir über unzählige Weltmarktführer in den klassischen Wirtschaftsbranchen verfügen, kommt nicht ein digitaler Champion aus Deutschland. Dies ist umso dramatischer, als dass die großen Player aus dem Internet wie Google (Alphabet), Facebook & Co. zunehmend auch in die realen Wirtschaftsbranchen eindringen und hier die Spielregeln verändern (wollen). Vor diesem Hintergrund wollen wir eine Analyse der Rahmenbedingungen eines digitalen Wandels für unsere Gesellschaft, Wirtschaft und Politik aus den Erfahrungen der Vergangenheit vornehmen, die aktuellen Gegebenheiten beleuchten und Hinweise auf die notwendigen Veränderungen für die Zukunft geben. Was haben wir aus der bisherigen Digitalisierung gelernt? Wie sieht die aktuelle Digitale Transformation unserer Gesellschaft und Wirtschaft aus? Wie muss die Politik darauf reagieren? Was ist zu tun, damit wir in Zukunft im digitalen Wettbewerb einen starken Stellenwert erreichen? Kurz: Wo stehen wir digital im Vergleich zu anderen und wo müssen wir hin? Unsere Formel für die folgende Analyse lautet daher:

Digitalisierung

+ Gesellschaft 4.0
+ Technologie 4.0
+ Wirtschaft 4.0
+ Arbeit 4.0
+ Politik 4.0

= Deutschland 4.0

Köln/Frankfurt 2016 Tobias Kollmann/Holger Schmidt

Inhaltsverzeichnis

1

Gesellschaft 4.0

Claudia Müller ist laut Statistischem Bundesamt der am häufigsten vorkommende Vor- und Familienname in Deutschland. Frau Müller steht um 6:18 Uhr auf, sitzt nach durchschnittlich 26 min am Küchentisch und frühstückt. Sie ist verheiratet, hat ein Kind und ein Haustier. 21 min dauert ihr Weg zur Arbeit und nicht selten wartet ein Stau auf sie. Um 08:00 Uhr beginnt der durchschnittliche Arbeitstag und um 10:40 Uhr hat Frau Müller schon die zweite Tasse Kaffee getrunken, bevor sie um 12:30 Uhr in die Kantine geht. Um 17:00 Uhr ruft der Feierabend und sie hat einen Durchschnittsverdienst von 2469 Euro. Dann putzt sie die Mietwohnung und bereitet das Abendessen für 18:30 Uhr vor. Gegen 20:00 Uhr ruft das Sofa und der Fernseher wird eingeschaltet. Wenn dann um 20:15 Uhr ein Spielfilm läuft, dann war es laut der Redakteurin Regina Mennig in einem Beitrag für die Deutsche Welle ein „typisch deutscher Tagesablauf" [1]. So weit, so gut …

Im digitalen Zeitalter sieht dieser typische Tagesablauf so aus: Wenn Frau Müller um 6:18 Uhr vom programmierten Wecker ihres iPhones über den Standard-Ton „Radar" geweckt wird, dann wurde sie von eben diesem per Sensoren unter der Matratze kontrolliert und passend zu ihrem Biorhythmus mit leichten Vibrationen aus dem Schlaf geholt. Der erste Griff geht dann zum iPad, welches statt eines Buches auf dem Nachttisch liegt, und mit dem der letzte Bestseller oder die neueste Serie von Netflix am Vorabend im Bett konsumiert wurde. Noch vor dem Aufstehen werden die ersten E-Mails gelesen und beantwortet, die neuesten Nachrichten auf Facebook durchgeschaut – sind ja eh viel aktueller, weswegen die Tageszeitung schon lange abbestellt ist – und dann noch schnell die Instagram-Fotos der Freundinnen vom gestrigen Abend angeschaut. Schließlich will man auf der Arbeit ja mitreden!

Nachdem Frau Müller mit der über Bluetooth gekoppelten Zahnbürste die aktuelle Statistik der persönlichen Zahnpflege angezeigt bekommen hat, wartet in der Küche der schon über das Home-Automatisation-System vorgebrühte Kaffee. Auch hier informiert das Smartphone über die aktuelle Fahrzeit zum Arbeitsplatz und offeriert alternative Routen, weil die Standardstrecke heute blockiert ist. Die Sensoren in der Eingangstür zeigen das Verlassen der Wohnung an und aktivieren dadurch automatisch sämtliche Versorgungssysteme im Auto von der Heizung bis zum Navigationssystem, welches über die

T. Kollmann und H. Schmidt, *Deutschland 4.0*, DOI 10.1007/978-3-658-13145-6_1

Nutzung von Google Maps am Frühstückstisch schon längst weiß, für welche Route sich Frau Müller entschieden hat. Nach dem Einsteigen und einem herzlichen „Guten Morgen Claudia, Dein Apple-Car wünscht Dir einen schönen und erfolgreichen Tag“ wird sie vom Bordcomputer darauf hingewiesen, dass die Scheibenwischer schon zu 80 % abgenutzt sind. Die darauf folgende Frage von Siri „Soll ich neue Wischerblätter für Dich bestellen, die noch heute auf deinem Parkplatz vom Amazon Same-Day-Delivery-Service getauscht werden?“ beantwortet Frau Müller mit einem „Ja“ in die auditive Daten-Cloud ihres Autos. Im Büro schaltet Frau Müller dann natürlich als erstes den Computer am Arbeitsplatz an.

Diese Tagesbeschreibung kann beliebig fortgeführt werden mit der Nutzung von Facebook und Twitter, der Online-Bestellung von Lebensmitteln bei Amazon Pantry, die dann zum Arbeitsplatz zur Mitnahme nach Hause geliefert werden, der Buchung von beruflichen oder privaten Reisen über booking.com, der Videokonferenz über Skype, dem Liken von Fotos auf Instagram, der geschäftlichen Anfrage über XING oder LinkedIn, dem FaceTime-Anruf des Kindes, welches früher nach Hause kommt, was aber kein Problem ist, da es mit dem übermittelten QR-Code den Sensor der Haustür öffnen kann. Das alles natürlich zeitlich durcheinander und in einem verschwimmenden Wechsel von beruflichen und privaten Aufgaben. Auch das ist kein Problem, denn in Zeiten von Arbeit 4.0 schafft es die automatische Zeiterfassung, dies alles zu trennen und abzurechnen. Schließlich hatte Frau Müller schon nach dem Aufstehen auch berufliche E-Mails zu Hause bearbeitet. Information, Kommunikation und Transaktion und damit unsere Gesellschaft sind vor diesem Hintergrund eines Tagesablaufs (fast schon) komplett in digitaler Hand.

Die Frage ist nur, wer diese digitale Hand führt und ob sie es gut oder schlecht mit uns meint …

Was ist passiert?

Die Geschichte der digitalen Vernetzung von Computern und deren Nutzern begann 1969 relativ eingeschränkt mit wenigen Teilnehmern im militärischen Umfeld des US-Verteidigungsministeriums. An ein offenes, für jeden frei zugängliches neues Kommunikationsmedium hatte zu diesem Zeitpunkt keiner gedacht. Auch eine erste Öffnung über die Anbindung von Universitäten und Forschungseinrichtungen mit dem Ziel, die begrenzten und teuren Rechenkapazitäten effizienter zu nutzen und diese über die Dezentralisierung besser gegen Ausfälle zu schützen, änderte an der Ausgangslage zunächst wenig.

Erst mit der Öffnung dieses inzwischen als „Internet“ bezeichneten Datennetzwerkes für Unternehmen und Privatpersonen etwa um 1987 herum rückte die Vision eines weltumspannenden Kommunikationsmediums (World Wide Web) in den Fokus. Über die graphische Nutzeroberfläche eines Browsers wurde die Teilnahme am digitalen Netzwerk auch für eine breite Bevölkerung ohne IT-Kenntnisse möglich. Immer mehr Computer von Forschungseinrichtungen, öffentlich-rechtlichen Institutionen, Unternehmen und Privatpersonen wurden mit dem Ziel verbunden, den Austausch von Informationen schneller, kostengünstiger sowie zeit- und ortsungebunden zu gestalten. So entstand ein „virtueller Raum", der über einen einfachen Zugang per Datenleitung (zunächst per Telefonleitung, später über eigene Datenleitungen) einen grenzenlosen Austausch im Hinblick auf Information, Kommunikation und Transaktion zwischen den angeschlossenen Teilnehmern versprach. Der Werbeslogan eines Anbieters von Internetzugängen „Ich bin drin" wurde zum Sinnbild eines ersten Teilnahmebooms, der in der Geschwindigkeit der gesellschaftlichen Durchdringung bisher nicht vorgekommen war.

Seit dieser Zeit ist viel passiert. Um das heutige Ausmaß dieser Digitalen Transformation unserer Gesellschaft zu verstehen, helfen sicherlich ein paar Basiszahlen weiter, die unseren Alltag mit und über die digitale Kommunikation beschreiben. Studien von ARD/ZDF [2], BITKOM [3] und dem Bundesministerium für Wirtschaft und Energie (BMWi) [4] zufolge haben inzwischen rund 80 % der Deutschen einen Zugang zum Internet und rund 63 % nutzen es täglich, 62 % von ihnen nutzen es auch mobil, insbesondere über ein Smartphone. Zwei Drittel der Internetnutzer sind in einem der sozialen Netzwerke aktiv und neun von zehn Deutschen kaufen im Internet ein, davon 40 % sogar regelmäßig. 80 % aller deutschen Unternehmen haben eine eigene Webseite und die reine „Digitale Wirtschaft" weist im Jahr 2015 einen Wert von etwa 73 Mrd. Euro aus. Gemessen am Bruttoinlandsprodukt entspricht dies einem Anteil von etwa drei Prozent.

Auch wenn die Zahl der Internetnutzer in Deutschland auf einem hohen Niveau nur noch langsam zunimmt, so ist ein wesentlicher Punkt in dieser statistischen Betrachtung der Vergangenheit von Bedeutung: Die durchschnittliche Zeit, die ein „Onliner" in Deutschland täglich im World Wide Web unterwegs war und ist, stieg in den letzten zehn Jahren kontinuierlich an. Waren es 1997 noch 76 min Verweildauer pro Tag im Durchschnitt, sind es 2015 insgesamt 160 min gewesen. Das bedeutet: Wir alle sind etwa 2,6 h täglich online! Es sind sogar über vier Stunden bei den 14- bis 29-Jährigen, die ihre Online-Zeit insbesondere bei WhatsApp, Facebook, Twitter, Instagram & Co. verbringen. Nach Abzug des von Forschern empfohlenen Schlafpensums gehören demnach bis zu 25 % unserer Tageszeit dem digitalen Medium. Das heißt dann nichts anderes, als dass wir die gesellschaftliche Basiseinheit „Kommunikationszeit" in den digitalen Raum verschoben haben und uns heute dort verstärkt für das gesellschaftliche und wirtschaftliche Miteinander aufhalten.

Damit haben wir ein erstes DIGITALPARADIGMA für Deutschland 4.0: Wir müssen akzeptieren, dass sich digitale Technologien durchgesetzt haben und wir nur noch lernen müssen, diese wertvoll(er) für Gesellschaft und Wirtschaft einzusetzen!

Denn die bisherigen Ausführungen sind schon einmal Beweise dafür, dass die Digitale Transformation nicht nur längst im Gange ist, sondern sich in Zukunft weiter verstärken wird. Der Grund ist ganz einfach: Wir haben eben nicht nur einen Anschlussboom und damit den massenhaften Zugang zum Internet erlebt, sondern auch einen Beteiligungs- bzw. Nutzungsboom im Hinblick auf die Zeit, die in diesem Medium verbracht wird. Angetrieben wird dieser Wandel von jungen Menschen, die ihr Nutzungsverhalten mit zunehmendem Alter erfahrungsgemäß nicht mehr substanziell ändern. Das sind die beiden Schlüssel für gesellschaftliche, wirtschaftliche aber auch politische Veränderungen. Zurückdrehen lässt sich diese Tendenz nicht, denn jede Technologie, die schneller, kostengünstiger und komfortabler Probleme oder Bedürfnisse des Menschen lösen und befriedigen kann, hat sich auch durchgesetzt. Dabei gilt mit Blick auf die Online-Nutzung laut der ARD/ZDF-Onlinestudie 2015 [2]: „Wer die Vorteile des Internets erst einmal für sich entdeckt hat, bleibt in der Regel auch dabei. Nur das Nutzungsverhalten ändert sich in Abhängigkeit von neuen Angeboten und Geräteklassen." Die immer wieder formulierte Forderung, das Internet bitte abstellen zu mögen, ist daher ebenso sinnlos wie die Erfindung des Rades zurückzunehmen. Wir können also „nur noch" sehen, dass wir das Beste daraus machen.

Wo stehen wir?

Die digitalen Informationstechnologien induzieren spätestens seit Beginn der 1990er Jahre einen sehr intensiven Strukturwandel im gesellschaftlichen und wirtschaftlichen Bereich. Waren bis dahin Computer und Netzwerke nur einigen Spezialisten vorbehalten, sind sie heute bereits Bestandteil des täglichen Lebens. Die digitale Technik ist allgegenwärtig und wird mit dem Internet der Dinge einen weiteren großen Schritt für die Menschheit vollziehen. Der stetige Fortschritt und die wachsende Bedeutung der Informationstechnik waren und sind notwendige Voraussetzungen für die neue Dimension des digitalen Miteinanders.

Mit Blick auf die technologische Durchdringung können folgende Ankerpunkte gesetzt werden: Nach den Ergebnissen einer BITKOM-Umfrage [5] haben „86 % der Männer und 72 % der Frauen einen Computer. Starke Unterschiede gibt es zwischen den verschiedenen Altersgruppen. Mit 98 % nutzen fast alle 14- bis 29-Jährigen einen PC. Bei Menschen zwischen 50 und 64 Jahren sind es immerhin noch 79 %. Deutlich abwärts geht die Nutzungsrate bei den Älteren: Bei Menschen ab 65 Jahren gebraucht nur noch eine Minderheit von 41 % den Computer (auch wenn es statistisch gerade in dieser Gruppe die höchsten Zuwächse gibt). Zudem gibt es laut Umfrage einen Zusammenhang zwischen dem formalen Bildungsgrad und dem Computereinsatz. Ein Drittel aller Menschen mit Hauptschulabschluss können nicht mit dem Computer umgehen, aber nur sieben Prozent der Abiturienten und Hochschulabsolventen."

Immer wichtiger wird neben dem Computer aber der mobile Zugriff auf das Internet. Laut Statistischem Bundesamt [6] haben seit 2013 über 90 % der Privathaushalte mindestens ein Handy. Es ist auch das Jahr, in dem erstmals fast die Hälfte der Onliner mit einem Smartphone das Internet genutzt hat. Dieser Anteil ist laut der ARD/ZDF-Onlinestudie 2015 [2] aktuell nochmals auf 55 % gestiegen. Weiter ist dort zu lesen, dass „unabhängig von der Versorgung mit Endgeräten insbesondere die Nutzungsintensität zugenommen hat. Dies macht der Anstieg der Nutzung pro Tag und unterwegs deutlich. So gehen in diesem Jahr 44,5 Mio. Personen täglich ins Netz, dies sind 3,5 Mio. Personen mehr als im Vorjahr. Die höchste Nutzungsintensität haben dabei, nach Nutzungszeit und -frequenz, die Anwender mit mobilem Zugang. Neben der Unterwegsnutzung steigt auch die Bedeutung des Internets insgesamt. Das Internet ist ein täglicher Begleiter für alle Fragen und Themen – und dies in allen Altersgruppen. Für die 14- bis 29-Jährigen ist das Internet ferner wichtig, um mit Freunden und Bekannten in Kontakt zu bleiben."

Damit haben wir ein weiteres DIGITALPARADIGMA für Deutschland 4.0: Wir sollten erkennen, dass digitale Technologien per se nicht gut oder schlecht sind, sondern das, was wir damit machen, entscheidend ist. Ein PC, Handy oder Tablet ist daher weder Teufelszeug oder Heilsbringer, sondern nur ein weiterer und schnellerer Zugang zu Information, Kommunikation und Transaktion.

Neben der grundsätzlichen Ausstattung mit internetfähigen Endgeräten und der Tatsache, dass intensiv auf das Netz zugegriffen wird, spielt auch die Frage nach der Geschwindigkeit der Datennutzung eine entscheidende Rolle. Auf dem Breitbandgipfel 2015 in Berlin [7] war hierzu zu lesen: „Belastbare digitale Infrastrukturen sind für die Entwicklung von Innovationen am Wirtschaftsstandort Deutschland nicht weniger wichtig als eine zuverlässige Stromversorgung." Die zugehörige Breitbandinitiative unterstreicht entsprechend im Rahmen ihrer Herbstkonferenz 2015 [8], dass „digitale Infrastrukturen bereits heute eine zentrale Basisinfrastruktur für unsere Gesellschaft sind. Sie werden zu einem zentralen Faktor für Unternehmen in der Frage der Standortpolitik, sie verändern die Arbeitswelt, sie ordnen Kommunikation und gesellschaftliche Strukturen neu – kurz: Sie sind die Basis für die

Digitale Transformation in Deutschland." Entsprechend wichtig ist die Versorgung der Bevölkerung und der Wirtschaft mit einem „schnellen Internet".

Im Hinblick auf diese Erwartungshaltung muss allerdings auch mal offen gesagt werden, dass es wahrscheinlich immer „zu wenig" sein wird, denn die Anwendungen werden in ihrer Komplexität immer höher und die Verschiebung der allgemeinen Mediennutzung ins Netz wird immer weiter zunehmen. Die Netzgeschwindigkeit wird daher voraussichtlich immer den Erwartungen hinterherhinken. Deswegen ist es auch nicht verwunderlich, wenn sich die Forderungen nach den Megabitraten für die durchschnittliche Versorgung in Deutschland regelmäßig erhöhen.

Damit haben wir wieder ein DIGITALPARADIGMA für Deutschland 4.0: Schnelligkeit von Datennetzen ist notwendig, aber nicht hinreichend für die Digitale Transformation von Gesellschaft und Wirtschaft. Wir müssen „relativ" schnell(er) sein in der bzw. für die Nutzung der digitalen Möglichkeiten!

Politisch festgesetzt hat sich das Ziel der Bundesregierung, bis 2018 Highspeed-Anschlüsse von mindestens 50 Mbit/s flächendeckend zur Verfügung zu stellen. Ein Ziel, welches nicht neu ist und schon 2009 mit einem Versorgungsziel von 75 % der Bevölkerung formuliert wurde. Im Ergebnis wurde dieser Wert 2014 laut den offiziellen Berechnungen des Bundesministeriums für Verkehr und digitale Infrastruktur dann auch schon einmal deutlich um elf Prozent verfehlt [9]. Experten gehen davon aus, dass auch das Ziel 2018 nicht erreicht werden kann, da insbesondere die Ausstattung in ländlichen Gebieten zum Problem werden könnte.

Andere Stimmen prognostizieren, dass dann auch die 50 Megabit schon längst für komplexe Internet-Anwendungen, Cloud-Dienste und das Media-Streaming zu langsam sein werden. Das Rennen wird zwischen der schnellen Basisversorgung im ländlichen Raum und der notwendigen Spitzenversorgung in Ballungszentren und Wirtschaftsregionen bei gleichzeitiger steigender Erwartungshaltung der Nutzer im Hinblick auf die Performance ohne signifikante Sprünge bei der Übertragungstechnik kaum zu gewinnen sein. Das gilt insbesondere dann, wenn man die Gigabit-Übertragung erreichen möchte und hierfür das derzeit übliche VDSL-Netz nicht mehr ausreicht.

Das Statistische Bundesamt weist vor diesem Hintergrund für 2014 [10] aus, dass es „nur" 35,8 Breitbandanschlüsse pro 100 Einwohner in Deutschland gibt. Die Internationale Fernmeldeunion (ITU) definiert laut Wikipedia [11] dabei „einen Dienst oder ein System als breitbandig, wenn die Datenübertragungsrate über 2048 kBit/s (entspricht der Primärmultiplexrate im ISDN) hinausgeht. Diese Definition wird auch vom deutschen Statistischen Bundesamt und der Weltbank als Maßzahl im World Development Indicator verwendet." Die durchschnittliche Zugangsgeschwindigkeit lag dabei laut Statistik bei 10,7 Mbit/s. Nur ca. 15 % der Internetzugänge in Deutschland übertragen laut Akamai State of the Internet Report [12] mehr als 15 Mbit/s. Das ist nicht nur „megabitweitweg" vom angepeilten 50 Mbit-Ziel, sondern auch in der Anschlussrate pro Einwohner ein Armutszeugnis für eine moderne Industrienation wie Deutschland.

Wo stehen andere?

Im internationalen Vergleich lag Deutschland laut welt-in-zahlen.de 2007 [13] trotz zunächst gut aussehender Werte für die Grundausstattung an Computern gerade noch knapp in den TOP-10, nämlich auf dem zehnten Platz. Vor uns lagen beispielsweise Korea, Dänemark, Island, Australien, Schweden, Luxemburg und die Schweiz. Spitzenreiter waren hier die USA mit 794,65 Computern je 1000 Einwohnern (Deutschland: 602,94). Bei dem Vergleich der Länder im Hinblick auf die Internetnutzung führte das kleine Luxemburg (927,29 Internetnutzer je 1000 Einwohner) vor Dänemark und den USA. Deutschland lag hier mit einem Wert von 678,71 auf Position acht hinter Singapur, Finnland und Kanada. Nun könnte man meinen, dass sich dies bis 2012 gebessert haben sollte, aber mit einer durchschnittlichen PC-Verbreitung von rund 87 % liegt Deutschland laut dem OECD Factbook 2014 [14] weiterhin nur auf Platz 9 hinter beispielsweise den Niederlanden, Dänemark, Luxemburg, Finnland und Großbritannien. Spitzenreiter mit einem Verbreitungsgrad von 95,5 % an PCs in den heimischen Haushalten ist Island.

Die zugehörige Online-Nutzung über den Computer ist laut dem Digital, Social and Mobile Report 2015 [15] auf den Philippinen mit 378 min pro Tag am höchsten, gefolgt von Thailand, Brasilien und Vietnam. Vielleicht nicht gerade die Länder, mit denen sich Deutschland messen will, aber immerhin sind dies Beispiele für aufstrebende Online-Nationen. Aber auch die Werte der sogenannten Big-5-Wirtschaftsnationen sehen deutlich besser aus: In den USA waren es 294 min, in China und Frankreich 234 min, in Großbritannien 240 min und in Japan 186 min. Dabei ist die mobile Online-Nutzung nicht mitgerechnet. Zur Erinnerung, es waren 160 min in Deutschland sowohl über PC, Laptop als auch über Handy.

Im Hinblick auf die Verbreitung von den besonders internet-relevanten Smartphones liegt Deutschland 2014 im internationalen Vergleich laut dem Google's Consumer Barometer sogar nur auf dem 24. Platz [16]. Spitzenreiter ist Singapur, wo 85 % der Einwohner ein Smartphone besitzen. Es folgen Südkorea, Schweden, Hong Kong, Spanien, China, Dänemark und Großbritannien auf den weiteren Plätzen in den TOP 10. Vor Deutschland mit seinen rund 50 % Smartphone-Besitzern liegen dann aber auch noch Länder wie die

Slowakei, Israel, Kanada, USA, Irland, Australien und viele andere. Da die mobile Nutzung des Internets immer wichtiger wird, schlagen sich diese Zahlen natürlich auch auf die Online-Nutzung durch.

Laut Digital, Social and Mobile Report 2015 [15] ist der durchschnittliche Nutzer in Argentinien und Saudi-Arabien 252 min pro Tag online. In Thailand sind es 246 min und in Brasilien 228 min. Auf den Philippinen kommen nochmals 198 min zu den 378 min Online-Zeit am PC im mobilen Bereich hinzu. In den USA sind es 150 min (+294 min PC/Desktop), in China 156 min (+234 min PC/Desktop), in Japan 60 min (+186 min PC/Desktop), in Frankreich 78 min (+234 min PC/Desktop) und in Großbritannien 114 min (+240 min PC/Desktop). Zur Erinnerung: In Deutschland waren es nur 160 min sowohl über PC, Laptop als auch über Handy. Ein enormer Unterschied, der die Frage aufwirft: Wie online ist Deutschland überhaupt?

Damit haben wir ein erneutes DIGITALPARADIGMA für Deutschland 4.0: Nur wer sich auch zeitlich intensiv mit einem Medium auseinandersetzt, kann Chancen und Risiken erkennen und seine Möglichkeiten auch im digitalen Raum nutzen!

Die obige Frage kann auch im Zusammenhang mit einem Vergleich in der Breitbandversorgung gestellt werden. Mit den bereits aufgeführten Zahlen liegt Deutschland hier laut dem Statistischen Bundesamt 2014 [10] nur auf einem 13. Platz. Spitzenreiter ist die Schweiz mit einem Anteil von 46 % der Online-Nutzer, die über einen Breitbandanschluss verfügen. In Dänemark und den Niederlanden sind es 41,4 %, in Frankreich 40,2 % und in Großbritannien 37,4 %. Neben der reinen Verfügbarkeit spielt aber natürlich auch die Geschwindigkeit der Datenübertragung eine wichtige Rolle, denn Breitband ist nicht gleich Breitband! Mit den durchschnittlichen 11,5 Mbit/s bei der Breitbandversorgung in Deutschland liegen wir im internationalen Vergleich laut dem Akamai State of the Internet Report 2015/Q3 [12] nur auf Platz 22. Schneller unterwegs ist man beim Spitzenreiter Südkorea mit durchschnittlich 20,5 Mbit/s, in Schweden mit 17,4 Mbit/s, in der Schweiz mit 16,2 Mbit/s, in Hong Kong mit 15,8 Mbit/s, in den Niederlanden mit 15,6 Mbit/s oder in Japan mit 15,0 Mbit/s. Großbritannien hat mit 13,0 Mbit/s den Abstand zu uns vergrößert. Auch die USA liegen mit 12,6 Mbit/s noch vor uns, während die Slowakei mit 11,2 Mbit/s etwa auf unserem Niveau liegt.

Die Versorgung mit Breitbandzugängen und der zugehörigen Durchschnittsgeschwindigkeit war aber „relativ" zu sehen mit dem Datenvolumen von Webseiten, die von uns aufgerufen werden. Bei der „Page-Load-Time" in der Untersuchung vom Google-Analytics-Blog 2012 [17] „lag Japan an der Spitze des Länder-Rankings der schnellsten Webseiten von deutlich unter fünf Sekunden. Ebenfalls unter fünf Sekunden wurden die Webseiten noch in Schweden, Kanada und Großbritannien geladen. Deutschland schaffte es mit einer Ladezeit von 5,6 s immerhin auf einen fünften Rang der ausgewählten Länder." Im Akamai State of the Internet Report 2015/Q3 [12] sieht es dann zwar schon deutlich besser aus, wenn sich hier unsere durchschnittliche Ladezeit auf 2,2 s verbessert hat, aber in Relation zu Schweden mit 1,7 s, zu Dänemark mit 1,6 s und zu Neuseeland mit 1,1 s liegt Deutschland immer noch nicht vorne. Das bereits thematisierte Ansteigen der Datenvolumina von Webseiten auf der einen und die zunehmende „Verstopfung" des Internets mit Video-Streamings auf der anderen Seite werden dabei weiterhin zum Problem für alle Nationen.

Was sagen uns nun all diese Basisdaten und Rahmenbedingungen für ein digitales Deutschland 4.0 auch im internationalen Vergleich? Einfach zusammengefasst: Deutschland ist aktuell keine Online-Nation! Während die grundsätzliche Ausstattung an PCs noch verhältnismäßig gut ausfällt, liegen wir bei der Smartphone-Nutzung schon deutlich zurück. Die zugehörige „Online-Zeit" als Index für die grundsätzliche Auseinandersetzung mit dem Medium Internet liegt unter ferner liefen und dabei ist die Frage nach einer sinnvollen zeitlichen Nutzung noch nicht einmal gestellt. Bei der Breitbandversorgung und der Zugriffsgeschwindigkeit spielen wir nicht in der ersten Liga und somit sind einfach die Grundpfeiler für eine Online-Nation schlichtweg nicht gegeben. Das ist umso bedauerlicher, als dass weitere technologische Änderungen uns bereits „treiben" oder demnächst vor der „digitalen Haustür" stehen.

1.1 Die technologischen Entwicklungen

Dass Computer, Laptops & Co. immer mehr können, immer kleiner und immer schneller werden, sei an dieser Stelle nicht weiter ausgeführt. Dass sie immer mehr Funktionen haben oder übernehmen, ihre Leistungen immer weiter steigern und in nahezu allen Lebens- und Wirtschaftsbereichen eingesetzt werden, ebenso wenig. Darüber hinaus seien aber einige technologische Veränderungen im digitalen Bereich unter Berufung auf die BITKOM-Studie „Die Zukunft der Consumer Electronics 2015" [3] im Folgenden erwähnt ...

Smartphones

Die Erfolgsgeschichte begann mit dem Verkaufsstart des iPhone im Jahr 2007. Das sind immerhin drei Jahre nachdem schon in Deutschland die erste mobile UMTS-App mit grafischer Content-Oberfläche, Navigationsfunktion und

Bewegtbild-Optionen in einem Feldversuch von einem Projektteam der Universität Kiel als Event-Portal zur Kieler Woche 2004 auf einem damals zugegeben noch etwas klobigen Motorola-Handy erfolgreich getestet wurde. Aber es war das US-Unternehmen Apple, welches dieses Konzept als integrativen Bestandteil des iPhone marktreif machte. 2015 wurden laut BITKOM-Studie „voraussichtlich 25,6 Mio. Smartphones in Deutschland verkauft. Das entspricht einem Anstieg um fünf Prozent im Vergleich zum Vorjahr. Der Umsatz wird sogar um sieben Prozent auf 9,1 Mrd. Euro steigen.“ Dass sich der Kunde hierbei immer höherwertige Ausführungen mit mehr Speicher und größeren Displays wünscht, kann den zahlreichen Werbespots und aufwendigen Präsentationen der Handyhersteller entnommen werden. Kein führender Handy-Anbieter kommt dabei noch aus Deutschland oder Europa.

Tablet Computer

Was Apple im Handy-Bereich mit seinem iPhone schon geschafft hat, kopierte es quasi selbst mit dem iPad im dadurch neu geschaffenen Tablet-Markt. Wobei auch dieser Markt mit dem Verkaufsstart 2010 eigentlich gar nicht so neu war, aber alle vorangegangenen Versuche hatten sich nicht durchsetzen können. Laut der BITKOM-Studie hat sich der Tablet-Markt „nach Absatz- und Umsatzrekorden in den ersten Jahren stabilisiert und wächst nur noch langsam. 2015 wurden ca. 7,7 Mio. Geräte in Deutschland verkauft. Das waren vier Prozent mehr als in dem Jahr davor. Der Umsatz mit Tablet Computern steigt dagegen nur um knapp zwei Prozent auf 2,1 Mrd. Euro.“ Begründet wird dies mit dem zunehmenden Preisverfall für die Tablet Computer: „Lag der Durchschnittspreis pro Tablet vor vier Jahren noch bei mehr als 400 Euro, so werden es in diesem Jahr weniger als 270 Euro sein.“ Dennoch oder gerade wegen den immer günstiger werdenden Endgeräten ist der Tablet Computer eine Erfolgsgeschichte. Zum einen, weil laut der BITKOM-Studie inzwischen bereits vier von zehn Deutschen ab 14 Jahren (40 %) einen Tablet Computer haben und dies immerhin etwa 27 Mio. Personen entspricht, zum anderen, weil sich das Nutzungsverhalten geändert hat. Das iPad auf der Nachtkonsole oder auf dem Sofa ist ein weiterer digitaler Begleiter in den Haushalten geworden. Als „Second Screen“ wird er zunehmend als parallele Mediennutzung bzw. -ergänzung zum immer noch nicht ausreichend rückkanalfähigen und damit interaktiven TV-Gerät gesehen. Ergänzend verschwimmen hier die Grenzen zum sogenannten Phablet, gelegentlich auch als Smartlet bezeichnet. Hierbei handelt es sich um ein besonders großes, internetfähiges Mobiltelefon mit einer Bildschirmdiagonale zwischen fünf und sieben Zoll (ca. 127 bis 177 mm). Es gilt damit als ein Hybridgerät aus Smartphone und Tablet Computer und wird von einigen Herstellern als eigene Geräteklasse definiert.

Zusätzlich zu den 25,6 Mio. Smartphones und 7,7 Mio. Tablet Computern werden laut BITKOM-Studie „2015 voraussichtlich 6,3 Mio. Notebooks abgesetzt. Zudem befinden sich die Verkaufszahlen für TV-Geräte nach wie vor auf einem hohen Niveau.“ Das liegt nicht nur an immer neuen technischen Features für die Bildqualität, sondern auch daran, dass zunehmend digitale Steuerungs- und Entertainment-Elemente auch auf dieser Plattform Einzug halten. Set-Top-Boxen wie Apple-TV oder integrierte Multimedia-Angebote von Samsung & Co. oder Video-Dienste wie Netflix haben neben den Spielekonsolen wie der Playstation oder der Xbox den Kampf um die Vormachtstellung als Plattform im TV-Gerät aufgenommen. Es ist nur eine Frage der Zeit bis auch hier die Apps nutzerfreundlich abgerufen werden können und das T-Commerce massentauglich Einzug halten wird. Addiert man laut BITKOM-Studie „alle diese medienabspielenden Bildschirme, d. h. Smartphones, Tablet Computer, Notebooks und Flatscreen-TVs, wird eine Rekordsumme erreicht: 47 Mio. verkaufte Bildschirme werden 2015 in Deutschland erwartet. Seit 2012 sind damit hierzulande über 180 Mio. Geräte abgesetzt worden.“

Smartwatches
Auch wenn Apple in diesem Bereich einmal nicht der Trendsetter war, so versucht das Unternehmen mit der Apple Watch auch hier seine Plattform-Strategie umzusetzen. Microsoft, Sony und insbesondere Samsung waren zwar schneller am Markt, ob sie aber auch erfolgreicher sind, muss sich erst noch zeigen. Neben der modischen Renaissance einer Digitaluhr am Handgelenk sind es auch hier die Apps, die einen Einsatz am Handgelenk motivieren sollen. Dabei stehen am Anfang vor allem Gesundheits-, Ticket- und Bezahlfunktionen im Mittelpunkt. Wie begehrt Smartwatches sind, zeigt der erneute Blick in die BITKOM-Studie: „Allein in Deutschland wird 2015 ein Absatz von über 645.000 Smartwatches erwartet, was einem Umsatz von 169 Mio. Euro entspricht.“ Damit ist das Potenzial aber bei weitem noch nicht ausgeschöpft, denn weiter ist in der Studie zu lesen, dass sich „40 % der Deutschen für die intelligenten Armbanduhren interessieren. Das entspricht mehr als 28 Mio. potenziellen Anwendern. Jeder Siebte (14 %) will auf jeden Fall eine Smartwatch nutzen, jeder Vierte (26 %) kann es sich vorstellen. Besonders in der Altersgruppe der 14- bis 29-Jährigen ist das Interesse mit 56 % hoch.“

Wearables
Eigentlich gehören die Smartwatches zur weiteren Gruppe der sogenannten Wearables. Dabei handelt es sich um tragbare Computersysteme, die während der Anwendung am Körper befestigt werden können. Neben iPhone, iPod & Co. und den Smartwatches sind laut der BITKOM-Studie „zurzeit die Fitness-Tracker die erfolgreichste Produktkategorie unter den Wearables. Bereits

zum Weihnachtsfest 2014 planten 16 % der Bundesbürger ein Fitnessarmband zu verschenken oder zu erwerben. Entsprechend hoch war der Absatz mit 650.000 Stück. Für 2015 wird eine Steigerung um 65 % auf eine Million erwartet. Der Umsatz mit Fitness-Trackern wird voraussichtlich um 82 % auf 70,8 Mio. Euro wachsen." Ebenfalls zu der Kategorie der Wearables gehören intelligente Brillen.

Smart Glasses

Darf man alles und jeden über ein Computersystem in einer Brille mit der bildlichen Projektion der Informationen auf den Gläsern ungefragt beobachten, analysieren, aufnehmen und wiedergeben? Es gab viele Diskussionen rund um die Google Glass, zu der es 2014 die ersten Entwicklermodelle gab. Es waren aber nicht die technischen Möglichkeiten als solche, sondern deren Anwendung im gesellschaftlichen Umfeld, welches Google (Alphabet) 2015 zu einem Umdenken veranlasste. Die Träger wurden teilweise von ihren Mitmenschen angegangen, weil sie sich ungefragt beobachtet fühlten. Dennoch legt Google dieses Thema nicht zu den Akten, sondern plant die Zukunft mit einem neuen Modell. Auch deswegen, weil eine Gartner-Studie prognostiziert, dass das Smartphone in zehn Jahren von Smart Glasses als Kommunikationsmittel abgelöst werden könnte und es auch noch andere Anbieter gibt, die weiterhin an dieser Technologie arbeiten [18].

Ein weiteres DIGITALPARADIGMA für Deutschland 4.0 ist zu erkennen: Das Rennen um die Produktion von digitalen Technologien in Endgeräten haben wir verloren! Wir müssen uns daher auf die Entwicklung von kreativen Anwendungen für unsere Gesellschaft und innovativen Geschäftsmodellen und -prozessen für unsere Wirtschaft konzentrieren.

Zwar sind laut der BITKOM-Studie „die heutigen Nutzungsszenarien in erster Linie im Business-to-Business-Bereich (B2B) zu verorten, doch die Phantasie von Endkunden und Entwicklern ist ebenso geweckt." Und weiter kann man dort lesen, dass „sich 2013 erst 19 % vorstellen konnten, Smart Glasses zu nutzen und im Jahr darauf waren es bereits 31 %. 2015 geben 38 % der Deutschen ab 14 Jahren an, ein Gerät wie Google Glass nutzen zu wollen. Das entspricht 27 Mio. Menschen." Dass es vor allem jüngere Menschen sind, die kaum Berührungsängste mit smarten Brillen haben, mag nicht weiter verwundern. Ebenfalls zu der Familie der Wearables werden kleidungsbasierte Computersysteme gehören.

Virtual-Reality-Brille

Personalcomputer und Smartphones bedeuten für Mark Zuckerberg die Welt von gestern. Der Facebook-Gründer hat lieber die Zukunft im Blick: „Virtual-Reality-Brillen sind die nächste große Computing-Plattform. In zehn Jahren werden eine Milliarde Menschen diese Brillen nutzen", sagte Zuckerberg. Wer die Brille einmal ausprobiert, will am liebsten gar nicht mehr zurück in die reale Welt. Denn die klobig aussehenden Geräte vermitteln dem Betrachter das Gefühl, sich mitten in einer virtuellen Realität zu befinden. Man schaut keinen Film an – man ist Teil des Films, so der Eindruck. Die eingebauten Sensoren machen jede Kopfbewegung mit und ändern das Blickfeld genau wie in der realen Welt. Ergebnis: Schon nach wenigen Sekunden taucht man in die Handlung ein und vergisst seine eigentliche Umgebung. Mark Zuckerberg hat aber weit mehr als Spiele oder Filme im Sinn. Eines Tages soll man ein Headset aufsetzen und es wird die Art ändern, wie wir leben, arbeiten und kommunizieren. 2016 könnte das Jahr werden, in dem das Hype-Thema seinen Durchbruch schafft. Denn die Oculus Rift kommt unter anderem in diesem Jahr auf den Markt.

Facebook ist zwar Pionier, aber damit ist der Erfolg keineswegs sicher. Denn die Erweiterung der Realität ist aktuell eines der heißesten Themen in der Tech-Szene. Mittendrin ist auch dieses Mal Google (Alphabet). Der Konzern hat gemeinsam mit anderen renommierten Investoren 800 Mio. Dollar in das geheimnisvolle Startup Magic Leap investiert. Das junge Unternehmen aus Florida arbeitet an einer Technik, die die virtuelle und reale Welt verbindet und in der Fachwelt „Augmented Reality" heißt. Die Brille ist zwar durchsichtig, aber über das Glas wird vor dem Auge des Betrachters ein Bild projiziert, welches das Gesehene mit zusätzlichen Informationen virtuell erweitert. Auch Apple ist an dem Thema dran und hat aus diesem Grund schon zahlreiche Firmen wie Metaio aus München aufgekauft.

Weiter ist der Softwarekonzern Microsoft, dessen Brille Hololens inzwischen an die ersten Entwickler verschickt wird. Einsatzfelder für Mediziner, Architekten oder Designer liegen nahe. Autohersteller wie Audi lassen ihre Kunden virtuelle Probefahrten machen und auch Küchen lassen sich mit diesen Brillen gedanklich einrichten. Reiseveranstalter schicken ihre Kunden vorab ans Urlaubsziel. So wie das iPhone 2007 den Boom der App-Economy auslöste, sind die Brillen auf dem besten Weg, den nächsten großen Schritt der Computer-Technik einzuleiten.

Smarte Kleidung

Das Verarbeiten von Computer-Technologie steckt zwar noch in den Kinderschuhen, aber die ersten Beispiele lassen sich am Markt schon beobachten. Das Lawinen-Sicherheitssystem in der Ski-Ausrüstung, elektronische Etiketten (Tags) als Echtheitsnachweis in Markenkleidung oder Funktionsunterwäsche mit elektrischer Muskelstimulation im Fitnessbereich – die Liste an Visionen und ersten Pilotprojekten ist lang bzw. teilweise schon längst am Markt. Laut BITKOM-Studie haben insbesondere „ein Viertel aller Hobbysportler ein Interesse an smarter Sportbekleidung. Das entspricht 14 Mio. Menschen." Die Möglichkeit, digitale Computertechnologie in Kleidung zu verwenden, lässt den Schritt hin zu einer allgemeinen Integration von Online-Verbindungen und Internet-Technologie in jeder Form von Alltagsgegenständen von der Zahnbürste bis zur Waschmaschine nicht weit erscheinen.

Internet der Dinge

Hierunter wird die allgemeine Vernetzung von Gegenständen des Alltags mit dem Internet verstanden. Ziel ist es, dass diese Gegenstände dann selbstständig über das Internet kommunizieren und so verschiedene Aufgaben für den Besitzer (teil-)automatisiert erledigen können. Der Anwendungsbereich erstreckt sich dabei von einer allgemeinen Informationsversorgung über autonome Bestellungen bis hin zu Warn- und Notfallfunktionen. Ob nun Modebegriff oder stichhaltiger Hoffnungsträger, das Internet der Dinge bedient einen immer stärker werdenden Trend zur Connectivity von Alltagsgegenständen mit dem digitalen Datenaustausch im Netz. Laut BITKOM-Studie ist es deswegen nicht verwunderlich, wenn „im laufenden Jahr 2015 weltweit erstmals eine Milliarde vernetzter Gegenstände abgesetzt werden und knapp die Hälfte davon in den B2C-Bereich fällt." Lena Schipper hat die resultierende Vision in einem Artikel für die FAZ einmal so beschrieben: „Und nun stellen Sie sich vor, dass alle Dinge um Sie herum – das Besteck, der Toaster, die Hundeleine, der Regenschirm mit dem Internet verbunden sind und sich in ständigem Dialog miteinander befinden. Ihr Besteck ist mit Sensoren ausgestattet, die registrieren, was und wie schnell Sie essen, und sendet diese Daten an einen Cloud-Server, wo sie mit den Daten verknüpft werden, die Toaster, Kühlschrank und Kochtöpfe über Ihre Essgewohnheiten sammeln. Essen Sie zu schnell, zu viel oder das Falsche, piepst Ihre Gabel. Oder der Toaster weigert sich, eine weitere Scheibe Toast zu produzieren, bevor Sie nicht eine Runde joggen waren – eine Information, die Ihre internetfähigen Socken sofort an den Toaster übermitteln. Das Hundehalsband registriert, dass der Hund zum Tierarzt muss, gleicht die Datenbank der Arztpraxis mit dem Kalender ab und macht eigenständig einen Termin. Der Regenschirm färbt sich eben blau, weil er dem Online-Wetterbericht entnommen hat, dass es gleich anfangen wird zu regnen. Das ist die Welt, die den Vordenkern des sogenannten ‚Internets der Dinge' – oder des ‚Internet of Everything', wie besonders ambitionierte Vertreter sagen" [19] – vorschwebt. Es wird schnell deutlich, dass sich das Internet der Dinge im Alltag und für den Alltag etablieren soll und dabei insbesondere auch der häusliche Bereich im Mittelpunkt stehen wird. Zudem wird prognostiziert, dass auch im B2B-Bereich das „Industrial Internet of Things" eine ebenso wichtige Rolle spielen wird, wie die Ausführungen zu „Technologie 4.0" zeigen werden.

Smart Home

Das vollautomatische Haus regelt die Wärme, das Licht und die Rollläden in Abhängigkeit von Tageszeit, Außentemperatur und der Anwesenheit der Bewohner. Im Zweifel wird das Haus wie ein PC hochgefahren, wenn sich der Besitzer mit seinem dafür verbundenen iPhone per Fernmeldung den heimischen vier Wänden nähert. Und es wird heruntergefahren, wenn die Türsensoren erkennen, dass man das Haus verlässt. Sensoren im Fußboden überwachen zudem, ob Sie gestürzt sind, längere Zeit reglos liegen bleiben und daher Hilfe brauchen. Das ist insgesamt keine Zukunftsmusik, sondern heute schon möglich und dennoch konnte der Smart Home-Markt die an ihn gestellten Erwartungen (noch) kaum erfüllen. Entsprechend stellt die BITKOM-Studie fest: „Zu gering war die Nachfrage der Konsumenten nach intelligenter Hausvernetzung. Zuletzt jedoch hat das Thema deutlich an Fahrt aufgenommen. Die zunehmende Verfügbarkeit schneller Breitbandanschlüsse sowie neue Produkte, Dienste und Allianzen haben inzwischen fast schon zu einem kleinen Smart Home-Boom geführt." Die Fokusgruppe Connected Home des Nationalen IT-Gipfels prognostiziert unter Berufung auf eine Untersuchung von Deloitte „eine deutlich steigende Zahl der Smart Home-Haushalte in Deutschland von bis zu einer Million Haushalte im Jahr 2018" [20]. Es verspricht ein spannendes Rennen um die Digitalisierung des Hauses zu werden und noch ist vollkommen offen, welche Plattform sich hier durchsetzen wird. Und wenn man dann sein Smart Home verlässt, dann wartet schon das Connected Car vor der Tür, welches natürlich über Ihr Eintreffen durch das Schließen der Haustüre informiert wurde.

Connected Car

Des Deutschen liebsten Kindes in den Händen von Digitalkonzernen aus den USA? Unvorstellbar und doch (k)eine Zukunftsvision. Nämlich dann, wenn der Kunde sein Auto nicht mehr nach Kriterien der Fahrzeugtechnik kauft, sondern ihm die digitalen Services im Auto mehr interessieren. Man wird dann nicht mehr gefragt, welche Marke man fährt, sondern welches Betriebssystem man hat. Und so wartet der Markt auf das Google Car oder Apple Auto – ob mit oder ohne Kooperation mit etablierten Autobauern. Und jeder, der schon mal in einem Tesla saß, wird von der überdimensionalen Mittelkonsole und seinem Riesendisplay beeindruckt gewesen sein und ahnen, was darüber an digitalen Services demnächst angeboten werden kann. Und während VW für den Austausch seiner Manipulationssoftware die betreffenden Autos in die Werkstätten rufen muss, gibt es bei Tesla alle zwei Wochen ein Software-Update per Internet, das Autopilot-Funktionen und Energieeinsparung mit sich bringt.

Mit dem „digitalen Kampf" um das Auto geht es gerade für die deutsche Wirtschaft ans Eingemachte. Die Internetkonzerne versprechen sich ein weiteres Milliarden-Geschäft. Laut BITKOM ist es deswegen nicht verwunderlich, wenn diese „beabsichtigen, ihre Online-Dienste stärker in die Fahrzeug-Software zu integrieren. Schließlich wollen Konsumenten die zunehmende Vernetzung aller Lebensbereiche auch auf das Auto übertragen. So werden bis zum Jahr 2020 laut Gartner-Schätzungen [21] weltweit rund 250 Mio. vernetzter Fahrzeuge unterwegs sein. 90 % der Neufahrzeuge sind dann mit dem Internet verbunden." Mehr als acht Milliarden Euro Einsparpotenzial wird durch das dadurch entstehende intelligente Verkehrsnetz laut BMWi [4] jährlich erwartet.

Neben Navigations- und Infotainment-Lösungen rücken vor diesem Hintergrund nun auch Sicherheits- und Fahrerassistenzsysteme sowie der Fernzugriff auf das Fahrzeug in den Mittelpunkt. Auf die Spitze getrieben sind alle Autos so vernetzt, dass sie in gegenseitiger Abstimmung im Verkehrsfluss auch autonom fahren können. Die Vision vom „selbstfahrenden Auto" macht die Runde und damit die Frage, wer baut es, wenn der Markt es haben möchte? 1,6 Mio. Kilometer haben die selbstfahrenden Google-Autos in den USA schon erfolgreich im Live-Test abgespult. Dabei gab es nur einen Unfall, der von der Software verursacht wurde. Bei elf weiteren Unfällen waren die Fahrer in den anderen Unfallwagen verantwortlich und einmal hatte der Google-Fahrer das autonome Fahren ausgeschaltet. In Deutschland erwarten Experten erst 2020 selbstfahrende Autos im Straßenverkehr. Bis dahin müssten nämlich – typisch deutsch – noch diverse rechtliche Fragen wie Haftung geklärt werden.

Auch hier lässt sich ein DIGITALPARADIGMA für ein Deutschland 4.0 erkennen: Wir dürfen nicht immer nur die rechtliche Frage der Haftung und damit möglicher negativer Folgen von neuen Technologien in den Mittelpunkt stellen, sondern auch die gesellschaftlichen und wirtschaftlichen Chancen eines technologischen Fortschritts!

Das sind zusammengenommen nun viele bekannte, aber auch neue Möglichkeiten, um sich der Digitalisierung zu widmen. Jedoch stehen einer anderen BITKOM-Studie [22] zufolge in Deutschland nur 64 % der Bürger technischen Neuerungen im IKT-Bereich (Informations- und Kommunikationstechnologie) positiv oder sehr positiv gegenüber. Negativ eingestellt sind 20 %, weitere neun Prozent sogar sehr negativ. Es scheint gerade so, als seien wir in Deutschland besonders kritisch und vielleicht ist das ein Grund, warum wir (noch) nicht zu einer Online-Nation geworden sind. Es scheint also auch an gesellschaftlichen Komponenten zu liegen, warum wir uns mit den digitalen Möglichkeiten noch schwer tun.

Das führt uns unmittelbar zu einem weiteren DIGITALPARADIGMA für Deutschland 4.0: Wir müssen an unseren allgemeinen Bedenken und kulturellen Widerständen gegenüber innovativen Technologien arbeiten und auch der Begeisterung für neue Möglichkeiten eine Chance geben!

1.2 Die gesellschaftlichen Anforderungen

Wenn die technologischen Möglichkeiten der Digitalisierung mit dem prinzipiellen, offenen und schnellen Zugang zum Internet die eine Seite der Medaille darstellen, dann ist die andere Seite mit der Kompetenz im Umgang mit diesen Möglichkeiten belegt. Im Mittelpunkt steht hier das Wissen um den Aufbau, die Gestaltung und die Nutzung des Internets als Medienplattform. Kinder, die heute zur Schule gehen, werden nach ihrem Abschluss von einer Arbeits- und Lebenswelt umgeben sein, die in einem hohen Maß von Computern und digitalen Strukturen gezeichnet ist, sowohl im privaten Umfeld als auch im öffentlichen Bereich. Die Schule bereitet mit den derzeitigen Lehrplänen aber nur ungenügend auf diese Realität vor; bisherige Informatik- und medienpädagogische Elemente sind nicht ausreichend. Der Umgang mit Computern und digitalen Medien wird in der Zukunft jedoch so fundamental sein wie eine zweite Fremdsprache und sollte dementsprechend breit und verpflichtend in den Lehrplänen verankert werden.

Digitale Grundbildung

Die Informatikfachgesellschaft Association for Computing Machinery (ACM) hat in einer Untersuchung mit dem Titel „Informatics education – Europe cannot afford to miss the boat“ [23] festgestellt: „Europa droht aufgrund fehlender Fachkräfte in der Informatik den Anschluss an die technische Entwicklung zu verlieren.“ Zwar habe es Anfang der 1970er- und 1980er-Jahre einige Anstrengungen zur Einführung von Inhalten der Informatik und der allgemeinen informatischen Bildung („digital literacy“) in schulische Lehrpläne und universitäre Curricula gegeben, jedoch hätten mittlerweile in etlichen Ländern diese Bestrebungen wieder nachgelassen und seien zum Teil sogar rückgängig gemacht worden. Eine solche Entwicklung sei unverantwortlich. Andere Länder bildeten die Schüler in der Informatik bedeutend gründlicher aus. Der Bericht betont: „Keine angemessene Informatikausbildung anzubieten, bedeutet, dass Europa seiner neuen Generation von Bürgern in der Bildung wie auch wirtschaftlich schadet."

Auch in Großbritannien warnten die Experten, die hinter dem Report der Royal Society stehen, schon im Jahr 2012 [24]: „Wer Informatik nicht zur Allgemeinbildung zähle, versündige sich an der Chancengerechtigkeit." Menschen dürfen nicht über fehlende Medienkompetenz von der digitalen Entwicklung ausgeschlossen werden. Schon in der Grundschule sollten die Kinder mit einfacher Software umgehen können. Andere Länder wie Indien, Südkorea, Israel, USA und/oder Neuseeland haben bereits umgesteuert und nationale Computer-Lehrpläne entwickelt. Estland lässt sogar Erstklässler programmieren. In Deutschland dagegen gibt es derzeit kein übergreifendes Angebot. Hamburg gab 2013 sogar die Rücknahme von Informatik als Pflichtfach bekannt. Hier müssen neue Wege gegangen werden, um die digitale Medienkompetenz in der Ausbildung zu stärken. Wichtig in diesem Zusammenhang ist aber, dass es bei dieser Frage nicht um eine rein technische, sondern eher um anwendungsorientierte Informatik geht, bei der nicht nur die Programmierung, sondern auch die Nutzung der digitalen Medien unterrichtet wird. Daher halten viele Experten die Bezeichnung „Digitalkunde" für passender als „Computing" oder „Programmierung".

Auf der Webseite vom Bundesministerium für Bildung und Forschung (BMBF) ist entsprechend zu lesen: „Der sichere Umgang mit Computer- und Informationstechnik ist für die gesamte Bildungsbiographie besonders wichtig. Deutsche Schülerinnen und Schüler liegen im internationalen Vergleich von computer- und informationsbezogenen Kompetenzen [nur] im Mittelfeld." Das hat die internationale Vergleichsstudie „International Computer and Information Literacy Study" (ICILS) 2013 [25] gezeigt, in der Kinder auf computer- und informationsbezogene Kompetenzen hin getestet wurden. Im Mittelpunkt der Studie standen „Kompetenzen zur Nutzung von Technologien zur Recherche von Informationen (zum Beispiel im Internet); die Fähigkeit, die gefundenen Informationen im Hinblick auf ihre Qualität/Nützlichkeit zu bewerten; die Kompetenz, durch die Nutzung von Technologien Informationen zu verarbeiten und zu erzeugen; die Kompetenz, neue Technologien zur Kommunikation von Informationen zu nutzen; Kompetenzen für einen verantwortungsvollen und reflektierten Umgang mit ICT."

Das Ergebnis aus der ICILS-Studie war für uns wenig erfreulich: „Die Achtklässlerinnen und Achtklässler in Deutschland erreichen einen Leistungsmittelwert von 523 Punkten. Deutschland befindet sich damit im mittleren Bereich der Rangreihe. Schülerinnen und Schüler in der Tschechischen Republik (553 Punkte), in Kanada (Ontario; 547 Punkte), Australien und Dänemark (jeweils 542 Punkte), in Polen und Norwegen (jeweils 537 Punkte), in der Republik Korea (536 Punkte) sowie in den Niederlanden (535 Punkte) erreichen ein signifikant höheres Leistungsniveau als Schülerinnen und Schüler in Deutschland."

Stefan von Borstel kommentierte dieses Ergebnis in DIE WELT passend so: „[Das] Internet überfordert viele deutsche Schüler maßlos. Die Hälfte der deutschen Achtklässler weiß nicht mal, wie man eine Internetadresse eingibt, haben Forscher herausgefunden. Etwa ein Drittel der Schüler der Jahrgangsstufe acht kommt in Deutschland über die untersten beiden Stufen nicht hinaus und verfügt damit nur über ‚rudimentäre' bzw. sehr grundlegende Fertigkeiten im Umgang mit den digitalen Technologien." [26] Die beiden Leiter der Studie Willfried Bos und Birgit Eickelmann warnten entsprechend: „Diese Schülergruppe werde es voraussichtlich schwer haben, erfolgreich am privaten, beruflichen und gesellschaftlichen Leben im 21. Jahrhundert teilzuhaben." Damit wird deutlich, wie sich Fehler in der heutigen Ausbildung rund um Digitalisierung noch sehr lange auswirken werden. Und: Computerspiele ersetzen eben keine Digitalbildung!

Diese Warnsignale werden im BMBF aber vollkommen überhört und so ist es mehr als unverständlich, wenn Johanna Wanka als Bundesministerin für Bildung und Forschung auf dem IT-Gipfel 2014 in Hamburg sagte: „Ich sehe es nicht ein, warum wir auf ein Schulfach Alt-Griechisch zugunsten eines Schulfachs Digitalkunde verzichten sollten" und damit für einen Moment der ungläubigen Ruhe im Saal sorgte. Aber was will man schon von einem „Digital Immigrant" im Hinblick auf ein richtungsweisendes Signal für die Ausbildung der demnächst gesellschaftlich und wirtschaftlich höchst relevanten Generation der „Digital Natives" erwarten? Richtig: Nichts!

Digitalkunde als Schulfach

Andere Länder sind da mal wieder weiter: Frankreich bietet das Coding und Programming schon in der Frühphase der weiterführenden Schulen an. Belgien ist ebenso schon in den Grundschulen aktiv wie Finnland. Portugal, Bulgarien, Zypern und Tschechien bieten das Fach dagegen erst in den späteren Phasen der weiterführenden Schulen an. Japan setzt das spezielle Fach „Information Technology" dagegen schon in der Grundschule und in der Frühphase der weiterführenden Schulen ein. Die USA haben ein nationales IT-Curriculum entwickelt und Estland bietet sogar schon den Erstklässlern in der Grundschule das Fach „Programmierung" an. Wann, und das ist die zentrale Frage, wird auch Deutschland endlich ein Fach „Digitalkunde" in den Schulen einführen? Und wann wird in Deutschland „Programmierung" als zweite Fremdsprache angeboten? Es ist zu befürchten, dass es noch lange dauern wird, denn Deutschland ist nur in einer „Digitalstatistik" vorne, nämlich bei den Bedenken von Lehrpersonen hinsichtlich des IT-Einsatzes im Unterricht (Platz 1).

Im Ergebnis steht ein weiteres DIGITALPARADIGMA für Deutschland 4.0: Wir müssen unseren Nachwuchs besser auf die Herausforderungen der Digitalen Zukunft vorbereiten! Während dies in anderen Ländern ein elementarer Bestandteil der Schulausbildung ist, befinden wir uns sprichwörtlich noch in der „Kreidezeit"!

Stattdessen finden „Gefahrenstudien" wie die von Peter Vorderer im Jahr 2015 [27] immer ein großes Echo. Die Rheinische Post schreibt hierzu unter der Schlagzeile „Das Smartphone wirkt auf Kinder wie eine Droge" [28], dass jeder zweite Schüler einräumte, er könne der Anziehungskraft des Handys auch während den Hausaufgaben nicht widerstehen. Kein Wunder, wurde ihnen die Nutzung auch nie richtig beigebracht. Digitale Medienerziehung findet heute auf dem Schulhof und nicht in der Schulklasse statt! Wer im Übrigen meint, dass die Generation „Kopf runter" über die zu intensive Handy-Betrachtung den sozialen Kontakt verlieren würde, der sollte sich mal alte S/W-Fotografien aus den dreißiger und vierziger Jahren ansehen. Dort wird man viele Menschen am Straßenrand stehen sehen, die alle für sich alleine in eine Zeitung schauen. Es ist nie das Medium, das uns vor Probleme stellt, sondern die Art und Weise, wie wir es nutzen. Schließlich hat schon der griechischer Philosoph Platon, etwa 390 vor Christus, über die Erfindung der Schrift geschrieben: „Das neue Medium ist höchst gefährlich, weil es das Gedächtnis schwächt, Unbefugten den Zugang zu weit reichenden Informationen erlaubt, zu läppischen Spielchen verführt, die von der Realität ablenken und dazu verführt, Realität und ihr mediales Abbild zu verwechseln." Umso wichtiger ist die Schulung und Ausbildung unseres Nachwuchses im medialen Bereich. Das hat sich auch für die digitalen Medien nicht geändert.

Digitale Ausbildung an Hochschulen

Was an den Schulen versäumt wird, wird an den Hochschulen nur teilweise wieder aufgeholt. Zwar gibt es zahlreiche Informatik- und Wirtschaftsinformatik-Studiengänge an deutschen Hochschulen. Laut der Gesellschaft für Informatik sind es sogar genau 150 Hochschulen [29], aber sie bilden immer noch nicht genügend Absolventen für den Arbeitsmarkt aus. Immerhin studieren laut dem Statistischen Bundesamt [30] im Wintersemester 2012/2013 insgesamt 82.273 Studierende das Fach Informatik. Das sind aber nur 3,3 % aller eingeschriebenen Studierenden in unserem Land. Wenigstens steigt die Zahl der Studienanfänger in diesem Bereich. International gesehen liegt der Anteil von Informatik-Studenten bei 4,2 % der Studierenden. Die Folge ist der immer wieder zitierte Mangel an IT-Fachkräften in Deutschland. Laut einer Studie der OECD [31] war der Anteil an Beschäftigten im ICT-Sektor (= IKT, Informations-, Kommunikations- und Telekommunikationsbranche) in Deutschland bei 3,48 %. Zum Vergleich: In Finnland sind es als Spitzenreiter 6,05 %, in Schweden 5,25 %, in Großbritannien sind es 4,75 % und in den USA 4,07 %. Deutschland liegt noch hinter Belgien, Australien, Norwegen und anderen nur auf Platz 16.

Daneben wird aber auch in den Wirtschaftswissenschaften kaum bis gar nicht speziell für die Digitale Wirtschaft ausgebildet. Online-Marketing als Anhängsel an die klassische Marketing-Vorlesung oder einzelne Masterstudiengänge bleiben hier die Ausnahme. In der Folge gibt es somit kaum „E-Business-Manager" aus den Hochschulen heraus, die in den Unternehmen eine Digitale Transformation im Hinblick auf neue elektronische Geschäftsmodelle und -prozesse meistern könnten. Und noch viel deutlicher werden die Mängel im Bereich der Entwicklung von digitalen Innovationen als Basis für neue Unternehmen in diesem Bereich.

Schon die Vorgabe aus der Schule ist nicht ermutigend, denn Startups haben bei deutschen Lehrern keinen guten Ruf. Rund zwei Drittel (64 %) würden ihren Schülern davon abraten, nach ihrer Ausbildung ein Startup zu gründen. Gerade einmal jeder vierte Lehrer (24 %) würde eine Gründung empfehlen – wie eine repräsentative Befragung von 505 Lehrern der Sekundarstufe I im Auftrag des Digitalverbands BITKOM zeigt [32]. Gründer aus der Hochschule in Deutschland unterliegen speziell im Bereich des IKT-Sektors vor diesem Hintergrund einer doppelten Problematik. Zum einen kommt man schon ohne Gründermotivation aus der Schule und erlebt dann als immer noch williger Gründer innerhalb der Hochschulen weiterhin eher wenig Unterstützung, wenn man eine eigene Unternehmensidee studienrelevant in die Tat umsetzen möchte. Zum anderen wird das Fach „Unternehmensgründung" oder „Entrepreneurship", sofern es überhaupt an der Hochschule vertreten ist, in den meisten Fällen als horizontales Ergänzungsfach neben anderen Schwerpunktfächern wie „Marketing" oder „Organisation" behandelt. Eine notwendige vertikale Integration von „E-Entrepreneurship" in das universitäre Curriculum mit einer direkten Verbindung zu der IKT-relevanten Ausbildung in den Bereichen Informatik und Wirtschaftsinformatik ist dagegen kaum zu beobachten. Damit wird das notwendige Grund- und Gründungswissen hier und im MINT-Bereich (Mathematik, Informatik, Naturwissenschaft und Technik) allgemein nicht ausreichend verknüpft und das sicherlich auch in Deutschland vorhandene Potenzial für neue Unternehmen im Bereich der „Jungen Digitalen Wirtschaft" in Form von Ausgründungen aus der Hochschule nicht gehoben. Beide Problemkreise ergeben in der Schnittmenge einen klaren Handlungsauftrag für die Stärkung des Schnittstellenfachs „E-Entrepreneurship", um studentischen (Aus-)Gründungen auch in Deutschland einen ähnlichen Stellenwert zu geben, wie dies in der führenden IKT-Nation USA der Fall ist.

Zudem gibt es kaum kompetente und vor allem aktive Ansprechpartner speziell für Gründer der Digitalen Wirtschaft auf Seiten der Hochschullehrer. Entweder sprechen die Entrepreneurship-Vertreter der BWL nicht die Sprache der IT-Welt oder können Gründungspotenziale aufgrund fehlender IT-Kenntnisse nicht ausreichend fördern. Oder aber die IT-Kollegen verfügen über die Programmierkenntnisse hinaus nicht über das Wissen, relevante IT-Entwicklungen zusammen mit den Studierenden in marktfähige Produkte zu überführen. Dass diese Schnittstelle kaum oder in wenigen Fällen nur mit Hilfe von fächerübergreifenden Kooperationen konstruiert wird, zeigt ein Blick in die Statistik: Der Förderkreis Gründungs-Forschung (FGF) zählt aktuell rund 90 Professuren für Entrepreneurship an Universitäten, Fachhochschulen und sonstigen Hochschulen, davon „nur" 20 mit IKT-relevanten Themen- oder Forschungsfeldern und nur zwei explizit mit „E-Entrepreneurship" als Thema (Fachhochschule Göttingen und Universität Duisburg-Essen).

Und damit stoßen wir hier auf ein weiteres DIGITALPARADIGMA für ein Deutschland 4.0: Bei uns gehen die Studenten an die Uni, um zum IT-Angestellten ausgebildet zu werden. In den USA und anderswo studiert man an den betreffenden Digital-Standorten, um danach ein IT-Unternehmen zu gründen. Wir müssen gerade für die Digitale Wirtschaft auch das Unternehmertum als Alternative zum Angestelltentum etablieren!

Was bedeutet das alles im Ergebnis? Wir haben in unserer Gesellschaft viel zu wenig „digitale Köpfe", die entweder mit den digitalen Medien richtig umgehen können oder sie wirtschaftlich für bestehende oder neue Unternehmungen im IT- oder E-Business-Kontext einsetzen können. Und das ist gerade für Deutschland als Wirtschaftsnation fatal, denn ein Gegensatz zwischen „realer" und „virtueller" Welt existiert nicht – so lautet zumindest ein Grundsatz der Digitalpolitik der Bundesregierung. Deswegen sind digitaler Wandel, Digitale Transformation, Digitale Wirtschaft, digitale Gesellschaft, digitale Zukunft und viele andere „Digitalthemen" kein Sonderfeld oder gar nur ein vorübergehendes, tagespolitisches Momentum, sondern die elementare Herausforderung für Politik, Wirtschaft und Gesellschaft für diese und die nächsten Generationen. Die zugehörigen Veränderungen sind dabei leider kein „technischer Knopf", den man so einfach drücken kann, sondern in erster Linie ein „evolutionärer Kopf", der benötigt wird, um digitale Geschäftsprozesse und -modelle wirklich zu verstehen und anzugehen. Es geht dabei nicht um ein wenig mehr IT in den Unternehmen unter dem Deckmantel „Industrie 4.0" und auch nicht um ein Mehr oder Weniger an Bandbreite in der Spitze der digitalen Infrastruktur. Das seit vielen Jahren und vielleicht schon seit Jahrzehnten prinzipielle Fehlen von „digitalen Köpfen" aus unseren Ausbildungssystemen heraus macht sich natürlich heute und auch in Zukunft im Wirtschaftssystem Deutschland negativ bemerkbar.

1.3 Die wirtschaftlichen Auswirkungen

In der Wirtschaft wird das digitale Know-how für die Entwicklung, den Aufbau und den Betrieb von elektronischen Wertschöpfungen in Online- und Offline-Geschäftsmodellen dringend gebraucht. Dieses digitale Know-how bildet sich in den Köpfen der handelnden Akteure und da gibt es massiven Nachholbedarf – gerade auch für und in der Digitalen Wirtschaft. Die „Digitale Wirtschaft" bezeichnet dabei allgemein den wirtschaftlich genutzten Bereich von elektronischen Datennetzen (E-Business) und ist damit eine digitale Netzwerkökonomie, welche über verschiedene elektronische Plattformen die direkte oder indirekte Abwicklung oder Beeinflussung von Informations-, Kommunikations- und Transaktionsprozessen erlaubt. Kurz: Die „Digitale Wirtschaft" umfasst jede Form von elektronischen Geschäftsprozessen und -modellen auf Basis von digitalen Netzwerken. Zu den digitalen Netzwerken gehören insbesondere das Internet u. a. mit den Aspekten Einkauf (E-Procurement), Verkauf (E-Shop) und Handel (E-Marketplace) sowie der Aufbau und Betrieb von Kommunikations- (E-Community) und B2B-Kooperationsplattformen (E-Company) als soziale Netzwerke aber auch der Mobilfunk u. a. mit den Aspekten Mobile Commerce, Mobile Services/Apps und dem Mobile Payment. In Zukunft werden Online-Geschäftsmodelle auch zunehmend über das sogenannte Interaktive Fernsehen (ITV) vertreten sein. Vor diesem Hintergrund lassen folgende Meldungen die Alarmsirenen für unsere Wirtschaft laut aufheulen:

- Alarmsirene Nr. 1: Laut Vodafone Institute Survey [33] will kaum ein junger Deutscher seine Karriere in der Digitalen Wirtschaft machen oder etwa in einem zugehörigen Startup arbeiten. 33 % der Deutschen im Alter zwischen 18 und 30 Jahren schließen eine Karriere in der Digitalen Wirtschaft für sich aus. Umgekehrt beantworten nur 13 % der Befragten die Frage nach einem möglichen Berufseinstieg im digitalen Sektor mit einem eindeutigen „Ja". 70 % der „Digital Natives" in Deutschland können sich zudem nicht vorstellen, für ein Startup zu arbeiten oder gar ein Unternehmen der Digitalen Wirtschaft zu gründen (77 %). Das bedeutet, wir werden nicht nur kurzfristig, sondern auch mittel- und langfristig nicht über ausreichend „digitale Köpfe" als Manager für etablierte Unternehmen sowie Gründer für Startups verfügen.

- Alarmsirene Nr. 2: Laut der Studie „Digital Business Readiness" von Crisp Research [34] im deutschen Mittelstand gaben über 50 % der Befragten an, dass sie noch keine umfassende Digitalstrategie besitzen und Pläne allenfalls auf dem Papier existieren. Gleichwohl gaben fast 75 % der Mittelständler an, dass der digitale Wandel großen Einfluss auf ihre Unternehmensstrategie habe und IT-Expertise als unerlässliche Qualifikation angesehen werde. Vor diesem Hintergrund gab der Deutschland-Chef von Dimension Data, Sven Heinsen, im Handelsblatt zu Protokoll: „Vielen Unternehmen mangelt es neben den finanziellen oft auch an personellen Ressourcen, um den digitalen Wandel intern voranzutreiben." [35] Und BDI-Chef Ulrich Grillo ergänzte an gleicher Stelle, „dass der deutsche Mittelstand in Schwierigkeiten geraten werde, sollten sich die Firmen der Digitalisierung verweigern." Das bedeutet, wir haben zu wenig Fachkräfte und Manager, die als „digitale Köpfe" die bestehenden kleinen und mittleren Unternehmen (KMU) auf den Online-Wettbewerb ein- bzw. umstellen.
- Alarmsirene Nr. 3: Die Manager in den Chefetagen der klassischen Industrie unterschätzen immer noch den Einfluss von digitalen Geschäftsprozessen und -modellen auf das reale Kerngeschäft. Google (Alphabet) arbeitet schon heute an Produkten für die Automobil-, Medizin- und Energieindustrie. Facebook und andere Startups bereiten weltweite Finanzprodukte vor, die auch für die heimische Versicherungs- und Finanzbranche zum Problem werden könnten. Schon heute kann man über GMAIL von Google sein Geld als Überweisung versenden. Auch das Transportwesen mit Uber, die Lebensmittelbranche mit „Amazon Pantry" und viele andere werden betroffen sein.

Wenn es diesen Schwergewichten aus dem Online-Bereich gelingt, die digitalen Wertschöpfungsprozesse mit den dahinterliegenden realen Produkt- und Plattformentscheidungen zu verbinden, dann werden Nachfrageströme umgeleitet, neue Handelsstrukturen etabliert und die Wahl zu eigenen Endgeräten (Beispiel: iTunes in fester Verbindung zum iPod) diktiert. Umso unverständlicher, wenn Daimler-Boss Dieter Zetsche in einem Interview Anfang 2015 [36] keine Angst vor dem geplanten iCar von Apple mit einem kolportierten Produktionsstart ab 2020 hatte und als Antwort auf diese Herausforderung nur lapidar argumentierte: „(...) wir haben das Auto erfunden." Schon ein Jahr später musste er in einem weiteren Interview Anfang 2016 [37] einräumen, dass „Apple und Google (auch in Bezug auf den Autobau) mehr können, als Daimler dachte". Das bedeutet, wir haben zu wenig visionäre Manager und Konzernlenker, die als „digitale Köpfe" unsere Industrie durch die Digitale Transformation führen können. Das ist ein gesellschaftliches, aber eben insbesondere auch ein wirtschaftliches Problem!

Das führt uns unmittelbar zum nächsten DIGITALPARADIGMA für ein Deutschland 4.0: Wir brauchen mehr Menschen, die sich konstruktiv, durchaus kritisch, aber eben vor allen Dingen auch innovativ auf allen Ebenen der Gesellschaft und der Wirtschaft mit den Möglichkeiten und Chancen auseinandersetzen.

Was dagegen gut funktioniert ist der Einkauf im Netz – nur, dass leider ausländische Internetkonzerne davon am meisten profitieren: 2014 haben in Deutschland weit über die Hälfte der Einwohner online eingekauft. Nach einer Prognose des Handelsverbands Deutschland [38] rechnet man für das Jahr 2015 damit, dass der Einzelhandel in Deutschland nach 2013 mit 34,7 Mrd. Euro und 2014 mit 37,1 Mrd. Euro im Jahr 2015 mit E-Commerce rund 41,7 Mrd. Euro erwirtschaften wird. Der Online-Handel wächst also kontinuierlich weiter. Deutschland ist vor diesem Hintergrund inzwischen nach Großbritannien der zweitgrößte E-Commerce-Markt in Europa. Doch wer profitiert davon? 80 % des Online-Umsatzes mit gedruckten Büchern in Deutschland 2014 (2,2 Mrd. Euro) machte nur ein Unternehmen, nämlich Amazon. Diese Vormachtstellung bezieht sich aber nicht nur auf Bücher, sondern inzwischen auf das gesamte Sortiment. Laut Statista [39] erwirtschaftete Amazon 2014 einen Gesamtumsatz von 6,5 Mrd. Euro. Auf dem Amazon-Marktplatz erzielen die Händler noch einmal einen ähnlich großen Umsatz, an dem Amazon durch die Provisionen partizipiert. Weit abgeschlagen im Ranking der größten Online-Shops liegt auf dem zweiten Rang Otto mit 1,9 Mrd. Euro.

E-Commerce-Gegenwart

Dass der größte – gleich umsatzstärkste – Online-Shop in Deutschland aber durch ein US-Unternehmen betrieben wird, kommt nicht von ungefähr. Amazon hat zusammen mit den vier weiteren größten US-Internet- bzw. IT-Firmen (Apple, Facebook, Google (Alphabet), eBay) einen nahezu gleichen Börsenwert (i. S. der Marktkapitalisierung) wie die meisten deutschen DAX30-Unternehmen zusammen und der nächste Online-Riese aus dem Ausland steht mit Alibaba auch schon vor der Tür. Dieses chinesische Unternehmen schaffte am „Single-Day" (11.11.2014) im Netz einen Rekordumsatz von 7,9 Mrd. Dollar innerhalb von 24 h. Das ist doppelt so viel wie der Jahresumsatz der Kaufhauskette Karstadt, die das Internet weitgehend verschlafen hat. Die einzige Antwort aus Deutschland in diesem Bereich heißt Zalando und das ist wahrlich ein einsamer digitaler „Schrei vor Glück" im weltweiten Datennetz. Bis auf SAP gibt es kein deutsches I(K)T-Unternehmen, welches weltweit von Relevanz ist. Weltmarktführer „made in Germany" sucht man in der Digitalen Wirtschaft vergeblich.

E-Commerce-Zukunft

Neben diesem aktuellen Stand sieht auch die Prognose nicht viel besser aus: Unter den weltweit 122 wertvollsten nicht-börsennotierten Internet-Startups (Stand 09/2015), den sogenannten Unicorns mit einer Bewertung von mehr als einer Milliarde Dollar finden sich neben den dominierenden US-Unternehmen wie Uber, Airbnb, Dropbox, Palantir und Snapchat sowie der neuen chinesischen Online-Macht mit zum Beispiel Xiaomi oder Didi Kuaidi nur 13 Startups aus Europa. Davon kommen mit Delivery Hero, HelloFresh und Home24 nur drei aus Deutschland. Und während in den USA pro Jahr etwa 100.000 neue Online-Startups angeschoben werden, zählen wir in Deutschland insgesamt gerade einmal 5000 junge Unternehmen in der Digitalen Wirtschaft. Es ist daher schlichtweg nicht zu erwarten, dass es in naher Zukunft auch digitale Weltmarktführer aus Deutschland geben wird. Nun könnte man auf die Idee kommen, dass dies nicht weiter tragisch ist, denn wir haben unsere Stärke ja immer noch in der realen Wirtschaft mit den vielen mittelständischen und industriellen Weltmarktführern. Doch diese Position ist gefährdet, denn die Player der digitalen Ebene dringen zunehmend auch in die klassischen Branchen ein.

Google (Alphabet) arbeitet wie bereits angeführt schon heute an Produkten für die Automobil-, Medizin und Energieindustrie und Facebook und andere Startups bereiten weltweite Finanzprodukte vor, die auch für die heimische Versicherungs- und Finanzbranche zum Problem werden könnten. Auch das Transportwesen mit Uber, die Lebensmittelbranche mit Amazon Pantry und viele andere werden betroffen sein. Wenn es diesen Schwergewichten aus dem Online-Bereich gelingen wird, die digitalen Wertschöpfungsprozesse mit den dahinterliegenden realen Produkt- und Plattformentscheidungen zu verbinden, dann werden Nachfrageströme umgeleitet, neue Handelsstrukturen etabliert und die Wahl zu bestimmten Endgeräten oder Plattformen diktiert. Wenn das passiert, dann müssen wir uns warm anziehen, denn dann geht es an das Eingemachte unserer deutschen Wirtschaft!

Das führt uns unmittelbar zum nächsten DIGITALPARADIGMA für ein Deutschland 4.0: Wir müssen uns an dem Rennen um digitale Innovationen über den Aufbau und Unterstützung von zugehörigen Startups beteiligen und endlich mal antreten, um auch aus Deutschland heraus neue digitale Weltmarktführer zu entwickeln.

Denkt man zudem generell an innovative Startups der Digitalen Wirtschaft, liegt die Verbindung zum Silicon Valley auf der Hand. Google, Facebook, eBay, Apple aber auch Yahoo!, Cisco Systems, Electronic Arts, Hewlett-Packard, Intel, Oracle Corporation, Sun Microsystems oder Adobe haben hier ihren Firmensitz. Insgesamt sollen es alleine im Silicon Valley über 10.000 mehr oder weniger junge Unternehmen der Digitalen Wirtschaft sein und jährlich kommen, wie oben schon angedeutet, landesweit laut US Small Business Administration [40] ca. 100.000 neue Startups hinzu, die unmittelbar ein Geschäftsmodell im Zusammenhang mit dem Internet zum Gegenstand haben. 100.000! Zusammen mit anderen Startup-Hochburgen in New York, Boston oder Austin dominieren die US-amerikanischen Internet-Unternehmen den Online-Wettbewerb. Und alle haben nur ein Ziel: „Die Techies, die Startupper, ja sogar die Nerds an der Stanford-Universität wollen nicht einfach nur ihr eigenes Unternehmen. Sie wollen nicht einfach nur reich werden oder erfolgreich sein. Wer nach ihrem ureigenen Motiv fragt, erhält stets dieselbe Antwort: ‚I want to change the world.' So lautet das Credo des kalifornischen Entrepreneur-Clubs und seiner Anhänger." stellt Guido Bohsem in einem seiner Artikel für die Süddeutsche Zeitung fest [41]. Und das eben nachweislich erfolgreich, denn so ist in dem Artikel weiter zu lesen: „Junge Unternehmer aus dem Silicon Valley haben die Welt bereits verändert und dabei ehemalige Konzernriesen und ganze Branchen vom Feld gekickt. Und sie werden es wieder tun." Entsprechend sollten sich alle Verantwortlichen in der Deutschen Wirtschaft jeden Tag aufs Neue die folgende Frage stellen: Mit welchem innovativen digitalen Geschäftsprozess/-modell würde ein Unternehmen mit sehr viel Kapital aus dem Silicon Valley die nächste/eigene Branche disruptiv verändern?

Digitale Vorteile der USA

Die Gründe für den Erfolg der US-amerikanischen Startups gerade im digitalen Bereich sind im Detail vielfältig, können aber unter der Annahme eines prinzipiell gleichen qualitativen Kreativitätspotenzials für innovative Ideen sowohl dort als auch hier auf drei wesentliche Aspekte reduziert werden:

- Eine allgemein starke Gründungsneigung und zugehörige Gründungsausbildung mit einer hohen Risikobereitschaft in der (jungen) Bevölkerung.
- Eine enorme Verfügbarkeit von Risikokapital für die Finanzierung gerade von den jungen Unternehmen und deren Wachstum im nationalen und internationalen Kontext.
- Ein sehr großer (Online-)Binnenmarkt für den schnellen und homogenen Markteintritt.

Neben der laut dem Global Entrepreneurship Monitor [42] allgemein höher ausgeprägten Gründungsneigung in den USA steht den jungen Startups vor allem ein ausgeprägter Venture-Capital-Markt zur Verfügung, um das oft benötigte Gründungs- und Wachstumskapital um ein Vielfaches schneller und um ein Vielfaches höher aufzunehmen als in Deutschland. Aktuelle Zahlen zeigen, dass alleine in Q3/2013 in den USA 5,82 Mrd. Euro an Venture Capital in Startups investiert wurden, während es in Deutschland im gleichen Zeitraum nur 0,13 Mrd. Euro waren. Auch in der Relation werden diese Zahlen nicht besser, denn im Verhältnis bedeutet dies immer noch, dass in den USA 18,77 Euro pro Kopf investiert werden. In Deutschland sind es dagegen nur 1,67 Euro. Laut der „Allianz für Venture Capital“ [43] wurden in Deutschland von 2011 bis 2014 dann insgesamt rund zwei Milliarden Euro Venture Capital in junge Unternehmen investiert, aber im internationalen Vergleich werden die bestehenden Potenziale des deutschen Venture-Capital-Marktes bei weitem nicht ausgeschöpft: In den USA waren es im gleichen Zeitraum 87 Mrd. US-Dollar, d. h. mehr als 40 Mal so viel. Dort erwirtschaften ursprünglich mit Venture Capital finanzierte Unternehmen heute Umsätze in Höhe von einem Fünftel des Bruttoinlandproduktes und beschäftigen elf Prozent aller Arbeitnehmer in der US-Privatwirtschaft.

Auch hier lässt sich ein DIGITALPARADIGMA für ein Deutschland 4.0 erkennen: Wir müssen akzeptieren und es auch anerkennen, wenn Gründer und Investoren über erfolgreiche und nachhaltige Startups viel Geld verdienen können. Wir dürfen daher nicht über eine überzogene Besteuerung die ohnehin sehr risikoreichen Entscheidungen von Investoren noch unattraktiver machen.

Venture Capital ist und bleibt aber der beste Hebel für das Hervorbringen und die Finanzierung von disruptiven Innovationen. Von diesen hat Deutschland im Rahmen der Digitalen Wirtschaft in der Vergangenheit zu wenig hervorgebracht. Vielleicht auch deswegen, weil Geld geben und Geld verdienen in den USA vor dem Hintergrund der rechtlichen, steuerlichen aber auch gesellschaftlichen Akzeptanz einen deutlich höheren Stellenwert hat als in Deutschland. Und so wird der Spieß umgedreht. Während Europa über seine Einwanderer in den USA den realen „Wilden Westen“ eingenommen hat, erobert die USA nun mit seinen Internetunternehmen den digitalen „Zahmen Osten“ in Europa.

Trotzdem hat die IT-(Hardware/Software) oder eben in Erweiterung besser die IKT-Branche (Informations- und Kommunikationstechnologien mit den zusätzlichen Bereichen Internet, E-Business, Web Services usw.) in den letzten Jahren aber auch in Deutschland eine signifikante Bedeutung für die deutsche Wirtschaft erreicht. So wird nach Informationen des BMWi laut Monitoring Report Digitale Wirtschaft 2015 [44] im IKT-Bereich von rund einer Million Beschäftigten ein Umsatz von 221 Mrd. Euro erwirtschaftet. Der größte Anteil entfällt davon mit 43 % auf Datendienste, gefolgt von 25 % für Applikationen und Services. Dieser Bereich hat damit eine höhere Wertschöpfung als der deutsche Automobilbau und ist umsatzstärker als der Maschinenbau. Die reine Internetwirtschaft erreicht zudem einen Umsatz von 73 Mrd. Euro und ist damit größer als die Elektrotechnik. So ist es nicht verwunderlich, wenn auch die Prognosen für diese „Digitale Wirtschaft" weiter positiv sind. In vier Jahren wird beispielsweise laut dem Verband der deutschen Internetwirtschaft „eco" ca. 53 % des deutschen Bruttoinlandsprodukts (BIP) in Verbindung mit E-Commerce bzw. dem E-Business stehen [45]. Der Verband fasst dabei alle Aktivitäten im Internet zusammen, bei denen „verbindliche Geschäftsprozesse" wie beispielsweise Bestellen, Bezahlen oder Reklamieren online abgewickelt werden, sowie den Online-Handel, das Cloud Computing und elektronische Verwaltungsprozesse, unabhängig davon, mit welchem Gerät (PC, Tablet oder Smartphone) sie genutzt werden. Unabhängig von begrifflichen Definitionen oder Branchenbezeichnungen wird vor diesem Hintergrund eines ganz deutlich: E-Business ist auf Basis einer Querschnittstechnologie ein zentraler Wirtschaftsfaktor geworden, der nicht mehr wegzudenken ist!

Darüber hinaus kann „eine Wirtschaft, die im Internet stattfindet, kaum mehr sinnvoll abgegrenzt werden von solcher, die nicht im Internet stattfindet. Digitalisierung der Landwirtschaft, Robotereinsatz in der Altenpflege, Online-Marktplätze für Handwerker sind nur einige Phänomene, die auch traditionelle Branchen auf den Kopf stellen." Eine Netzpolitik für die Digitale Wirtschaft und darüber hinaus sichert entsprechend die Freiheit für die weitere Entfaltung und wohlfahrtssteigende Produkt- und Prozessinnovationen im E-Business.

Das E-Business bzw. die zugehörige IKT-Branche ist dabei stark von kleinen und mittelständischen Unternehmen geprägt und gerade jungen und neugegründeten Unternehmen (Startups der Jungen Digitalen Wirtschaft; E-Entrepreneurship) kommt dabei eine besondere Rolle als Innovationstreiber zu. Erfahrungsgemäß werden gerade im IKT-Sektor etliche Innovationspotenziale von großen, etablierten Unternehmen vernachlässigt – gerade junge und neugegründete Unternehmen haben dann in diesem Zusammenhang die volkswirtschaftliche Funktion, solche Innovationspotenziale zu realisieren und in marktfähige Geschäftsmodelle umzusetzen.

Digitalisierung als Wirtschaftskraft

In der IKT-Branche werden im Zeitraum 2011 bis 2013 laut dem Monitoring Report Digitale Wirtschaft vom BMWi [44] „etwa 7000 Unternehmen pro Jahr gegründet. Bezogen auf den gesamten Unternehmensbestand entspricht dies einer Gründungsrate von 7,2 %". Was diese Statistik leider nicht zum Ausdruck bringt, ist die Tatsache, dass hier nicht auf die reine Digitale Wirtschaft fokussiert wird, sondern auch die Gründungen in den Bereichen Hardware, Software und IT-Dienstleistungen mitgezählt werden. Bei den reinen Internet-Startups, also den Unternehmen mit einem Geschäftsmodell im Netz, kämpfen wir seit Jahren je nach Schätzung mit einer Unternehmensbasis von 5000 bis optimistisch 8000 insgesamt in ganz Deutschland. Viel zu wenig, um von einer wirklichen Startup-Szene im internationalen Vergleich zu sprechen. Nochmals zur Erinnerung: In den USA wurden und werden 100.000 neue Unternehmen pro Jahr gegründet. Dabei rechnet man in Deutschland mit 50.000 Arbeitsplätzen, die durch Startups im Jahr 2015 repräsentiert werden.

Und genau deswegen sind die Startups als Wirtschaftsfaktor so wichtig! Der Bundesverband Deutsche Startups e. V. (BVDS) [46] stellt im aktuellen Startup-Monitor 2015 fest, dass diese jungen Unternehmen im Durchschnitt bereits nach 2,8 Jahren ihrer Existenz schon 17,6 Arbeitsplätze (inklusive Gründer) geschaffen haben, während klassische Gründer im gleichen Zeitraum durchschnittlich „nur" weitere 0,8 Mitarbeiter beschäftigen. Wir sprechen hier also von einem Bereich, der als wertvolle Quelle für neue Technologien, Unternehmen und Arbeitsplätze dienen kann und dessen Entwicklung der Politik am Herzen liegen sollte. Auch hier ist der Grund offensichtlich, denn gerade Startups begreifen Veränderungen als Mut zum Fortschritt und lassen sich von den Risiken nicht den Blick auf die Chancen verwehren. Sie stellen sich dem globalen Wettbewerb im digitalen Netz und versuchen mit Fleiß und Kreativität eine individuelle Verantwortung für den eigenen Erfolg zu übernehmen.

Hier lässt sich ein weiteres DIGITALPARADIGMA für ein Deutschland 4.0 erkennen: Jeder, der den Mut hat, ein risikoreiches Startup zu gründen, verdient ebenso Respekt und Anerkennung wie hart arbeitende Angestellte. Das gilt nicht nur für den digitalen Bereich, sondern auch für jede andere Form der Selbstständigkeit. Insbesondere wenn die Unternehmung nicht klappt, darf der Versuch nicht zu einer gesellschaftlichen und wirtschaftlichen Stigmatisierung für die Betreffenden werden.

Neben Startups ist aber auch die Digitalisierung von Mittelstand und Industrie entscheidend! Die Digitalisierung von Industrie und Mittelstand ist unausweichlich. Dafür sprechen drei Gründe: 1. Der (potenzielle) Kunde nutzt das Internet zunehmend für geschäftliche Entscheidungen. 2. Der nationale und internationale Wettbewerb nutzt zunehmend das Internet für die Abwicklung von Geschäftsprozessen. 3. Die Anbieter von digitalen Geschäftsmodellen beeinflussen, wie bereits dargestellt, zunehmend die reale Handelsebene und werden auch zu realen Produktanbietern und Dienstleistern. Das bedeutet, dass das Internet die nachfragerelevanten Entscheidungsprozesse im Hinblick auf Information, Kommunikation und

Transaktion sowie die Wahrnehmung von relevanten Wettbewerbern nachhaltig verändert hat.

Digitale Kaufentscheidungen
Im Hinblick auf den ersten Punkt weist zum Beispiel der Global New Products Report von Nielsen [47] nach, dass der „Digital Influence“, also der Einfluss des Internets und der Social Media auf die Kaufentscheidung für neue Produkte in Kategorien wie Elektronik, Haushaltsgeräte, Bücher oder Musik einen Anteil von 70 bis 80 % hat. Auch im Bereich Kleidung und beim Kauf eines neuen Autos ist den Befragten das Internet besonders wichtig (69 %). Außerdem waren die Befragten viel eher dazu bereit, neue Produkte zu kaufen, nachdem sie sich die Informationen aus dem Internet, etwa von der Hersteller-Webseite, dem Social Media Auftritt oder in Internetforen, eingeholt hatten. 45 % der Befragten gaben an, dass sie sich auf der Hersteller-Webseite informieren, 30 % über Social Media Kanäle wie Facebook oder YouTube.

Erneut lässt sich ein DIGITALPARADIGMA für Deutschland 4.0 ableiten: Unsere Unternehmen müssen erkennen, dass sich die Konsumenten schneller an den Online-Handel gewöhnt haben, als man im Gegensatz zu der internationalen Online-Konkurrenz darauf reagiert hat. Die Erkenntnis daraus kann nur sein, sich der digitalen Herausforderung schnell, intensiv und auf allen Unternehmensebenen zu stellen!

Zudem ist das direkte Kaufverhalten seit Jahren zunehmend. 1211 Euro soll laut einer E-Commerce-Studie von deals.com jeder deutsche Online-Shopper im Jahr 2015 im Netz ausgeben [48]. In unserem größten Bundesland Nordrhein-Westfalen haben laut statistischem Landesamt 2014 etwa 9,5 Mio. Menschen mindestens einmal Waren und Dienstleistungen für private Zwecke über das Internet bestellt bzw. gekauft [49]. Das waren nahezu drei Viertel (73 %) aller 12,9 Mio. Online-Nutzer/-innen an Rhein und Ruhr.

Digitale Transformation
Im Hinblick auf den zweiten Punkt kann festgehalten werden, dass 67 % aller deutschen Unternehmen inzwischen eine Webseite haben und viele von ihnen auch in den sozialen Netzwerken unterwegs sind. Doch was heißt das? Die Studie „Digitalisierungsbarometer 2014“ von PricewaterhouseCoopers (PwC) [50] weist nach, dass Unternehmen trotz dieser positiv wirkenden Zahl in der Mehrheit noch ganz am Anfang stehen. Echte Elemente der Digitalisierung wie zum Beispiel mehr Mitsprache der Kunden oder der Mitarbeiter bei der Produktentwicklung sind noch eine Seltenheit. Lediglich ein Drittel der Unternehmen experimentiert mit digitalen Technologien in dieser Richtung. Nur

etwa die Hälfte hat überhaupt eine digitale Strategie, um den Einsatz digitaler Technologien und Prozesse in das Geschäftsmodell zu integrieren.

Es ist jedoch zudem fraglich, ob es sich hierbei um eine echte Digitale Transformation handelt oder nicht vielmehr um eine Übertragung bisheriger Ansätze in einen anderen Bereich. So geben 65 % der befragten Unternehmen in der PwC-Studie an, sie nutzen Social Media, um Informationen über ihre Kunden zu erhalten oder mit ihnen zu kommunizieren. Doch entscheidend ist die Art der Nutzung. Drei Beispiele: Zu viele Unternehmen nutzen Facebook-Seiten lediglich dazu, um die auch anderswo verbreiteten Pressemitteilungen zu veröffentlichen. Viele Unternehmen stellen einfach nur einen E-Shop ins Netz und wundern sich, dass die Verkaufszahlen nicht von alleine in die Höhe schnellen. Eine Anpassung von Geschäftsmodellen an digitale Rahmenbedingungen wie E-Customization, Dynamic Pricing oder Big-Data-Analysen findet nicht statt. Dieses Vorgehen kann dann wohl kaum ernsthaft als Digitale Transformation bezeichnet werden.

Digitaler Wettbewerb

Im Hinblick auf den dritten Punkt spüren sowohl Industrie als auch Mittelstand, wie der Online-Wettbewerb die Spielregeln auch für den realen Handel beeinflusst. Schon heute beherrschen große Internet-Unternehmen aus den USA die wesentlichen Handelsebenen und zwingen gerade kleineren realen Händlern ihre Marktmacht auf. Die, die sich schon dem Online-Handel zugewendet haben, müssen also deren Spielregeln akzeptieren. Laut dem Marktforschungsinstitut GfK Enigma [50] hat zudem für 70 % der deutschen Betriebe mit einem Umsatz von unter fünf Mio. Euro im Jahr die Digitalisierung im Herstellungs- und Wertschöpfungsprozess kaum oder noch gar keine Relevanz. Deshalb ist die Digitalisierung auch nur bei der Hälfte aller mittelständischen Unternehmen mit einem Umsatz von bis zu 125 Mio. Euro Teil der Geschäftsstrategie. Das ist umso erstaunlicher, da die gleiche Studie feststellt, dass grundsätzlich 82 % der Unternehmen davon ausgehen, dass die Digitalisierung notwendig ist, um in Zukunft wettbewerbsfähig zu bleiben.

Als weiteres DIGITALPARADIGMA für Deutschland 4.0 bedeutet das: Wer in Zukunft nicht digital mitspielen kann oder will, wird bald gar nicht mehr mitspielen. Die Notwendigkeit einer Digitalen Transformation von Mittelstand und Industrie muss in den Köpfen wahrgenommen und in den Strategien konsequent umgesetzt werden.

Der Mittelstand spürt also, dass Umsätze immer häufiger in den Online-Bereich zu anderen Playern abwandern. Entsprechend brauchen wir gerade bei der starken Mittelstandsstruktur in NRW im Fazit dessen Aktivierung für digitale Themen und konkrete Unterstützungsleistungen gerade für die ersten Schritte in die Welt der digitalen Geschäftsprozesse und -modelle. Das ist auch eine Frage von Aus- und Weiterbildung in diesem Bereich. Es besteht die Gefahr, dass unter dem Schlagwort „Industrie 4.0“ nur ein weiteres elektronisches System für die Effizienzsteigerung bekannter realer Produktionsprozesse eingeführt wird. Das ist keine Digitale Transformation!

Digitale Disruption

Auch die großen Industrie-Unternehmen werden in Zukunft nur dann wettbewerbsfähig bleiben, wenn sie auch auf der digitalen Handelsebene tätig werden. Sie müssen mit Hilfe von elektronischen Geschäftsprozessen und -modellen in der Lage sein, ihre Wertschöpfung auch im Online-Wettbewerb gegenüber den weltweit führenden Internet-Unternehmen aus den USA und zunehmend auch Asien zu behaupten. Die Antwort kann nicht alleine „Industrie 4.0“ sein! Typische Antworten der deutschen Industrie zu dem Einsatz von digitalen Technologien sind, dass diese die Produktivität steigern (73 %), und die Kosten senken sollen (72 %). Zu diesem Ergebnis kommt die Studie „Disrupt or be Disrupted: The Impact of Digital Technologies on Business Services“ von Accenture [52]. Die Unternehmen haben zwar laut dieser Studie einhellig die Bedeutung digitaler Geschäftsmodelle erkannt, aber im Vordergrund stehen straffe Prozesse in Verkauf und Marketing, in der Lieferkette und der Beschaffung und nicht eine risikoorientierte Innovationskultur im Hinblick auf neue digitale Geschäftsprozesse und -modelle. Vor diesem Hintergrund suchen gerade Konzerne in letzter Zeit verstärkt die Nähe zu innovativen Startups, um von deren disruptiven Innovationen mit Blick auf die Anforderungen der Digitalen Transformation zu profitieren. Entsprechend kann beobachtet werden, wie über Inkubatoren, Acceleratoren oder Corporate Venture Capital eine Schnittstelle zwischen Konzernen und Startups aufgebaut wird. Es geht hierbei vielmehr um ein externes Innovationsmanagement in Form einer „Innokubation“, um gemeinsam mit jungen Gründern an deren spannenden Ideen zu arbeiten.

Dies lässt ein weiteres DIGITALPARADIGMA für Deutschland 4.0 erkennen: Wir brauchen eine Strategie für die Digitale Wirtschaft, die sowohl auf einer Unterstützung von digitalen Startups als auch der Digitalen Transformation von Mittelstand und Industrie mit zugehörigen Kooperationen basiert.

Stattdessen zeigt eine GfK-Umfrage im Auftrag von Etventure (2016) [53], dass als Haupthindernis für die Digitale Transformation die Verteidigung bestehender Strukturen angesehen wird. In einem übergreifenden Ergebnis ist

Deutschland im und für den Bereich der Digitalen Wirtschaft vor diesem Hintergrund im Vergleich der größten Volkswirtschaften lediglich Mittelmaß. Im Accenture-Index 2015 zur digitalen Durchdringung (Digital Density Index) [54] erreicht unser Land lediglich einen Wert von 51,9 von 100 möglichen Punkten und landet damit im Ranking der 17 untersuchten Volkswirtschaften nur auf Rang neun. Spitzenreiter sind hier die Niederlande gefolgt von den USA, Schweden, Südkorea, Großbritannien und Finnland. Auch Österreich und Australien liegen hier noch vor uns. Der Accenture-Index erfasst laut eigenen Angaben, „in welchem Umfang digitale Technologien sowohl einzelne Unternehmen als auch die gesamte Wirtschaft eines Landes durchdringen. Der Grad wird anhand von 50 Einzelindikatoren bemessen. Darunter fallen etwa Umsatzvolumina im Online- Handel, die Nutzung von Cloud-Anwendungen und anderer Technologien zur Prozessoptimierung, die Verbreitung technologischer Expertise in den Unternehmen sowie die Akzeptanz neuer, digitaler Geschäftsmodelle."

Digitale Wettbewerbsfähigkeit

Die Studie von Accenture zeigt auch den Einfluss der digitalen Durchdringung auf das BIP und dass sich Investitionen in den digitalen Wandel auszahlen: „Eine Anhebung um zehn Punkte durch die gesteigerte Nutzung digitaler Technologien könnte das Wachstum der weltweit zehn größten Volkswirtschaften um zusätzliche 1,36 Billionen Dollar bis zum Jahr 2020 befeuern. Allein für Deutschland würde dies einen Schub von 75 Mrd. US-Dollar bedeuten. Das entspricht einer Steigerung der durchschnittlichen Wachstumsrate um 0,27 Prozentpunkte pro Jahr und einem 1,9 % höherem BIP im Jahr 2020 als bislang prognostiziert."

> Das zugehörige DIGITALPARADIGMA für Deutschland 4.0 lautet: Das zukünftige Wachstum wird davon abhängig sein, ob wir für unsere Wirtschaft eine digitale Marktorientierung, eine digitale Wettbewerbsfähigkeit und eine digitale Evolution für und über Industrie, Mittelstand sowie jungen Startups hinbekommen.

1.4 Die politischen Veränderungen

Laut der aktuellen Allensbacher Computer- und Technikanalyse [55] „stimmen immer mehr Menschen der Aussage zu, für ihre tägliche Information keine Tageszeitung mehr zu benötigen, weil die elektronischen Medien (Internet und Fernsehen) genügen. Während das Internet in der Gruppe der jungen Akademiker besonders deutlich an Bedeutung als Nachrichtenquelle gewinnt, gehen die Werte aller anderen Medien (Fernsehen, Zeitung und Radio) mehr oder weniger schnell zurück. Das Internet gewinnt somit in allen Bevölkerungsschichten an Bedeutung als Nachrichtenmedium, besonders schnell aber bei jungen Menschen, bei denen sich der Medienwandel erwartungsgemäß schneller vollzieht als bei den älteren Menschen in Deutschland."

Entsprechend können Veränderungen in der öffentlichen Meinungsbildung und Meinungswahrnehmung beobachtet werden. Damit sind in einer hohen Bandbreite sowohl Entwicklungen – wie die Zunahme freier Blogger (freie Meinungen im Internet aus der Ich-Perspektive) als neue Nachrichtenquelle – als auch die Möglichkeiten digitaler Shitstorms (massenhafte öffentliche Entrüstung auch auf Basis unsachlicher Beiträge) verbunden.

Digitale Meinungsvielfalt

Im Ergebnis kann jeder einzelne Netzteilnehmer seine Meinung kundtun und diese auch im Zweifel mit Hilfe der anderen Nutzer rasend schnell verbreiten. Während Andy Warhol einmal sagte, dass jeder Mensch für 15 min berühmt sein kann, bedeutet dies übersetzt für das Internet: „Jeder kann mit nur einem Tweet, YouTube-Video oder einem Facebook-Posting berühmt werden." Dies hat auch Auswirkungen auf die politische Ebene, wie die Enthüllungsplattform WikiLeaks oder die Internet-Meinungskampagne rund um „Zensursula" zeigten. Das Internet wird nicht nur als freies Medium, sondern auch als freie Meinungsplattform interpretiert. Dies hat in der Spitze zahlreiche Netzaktivisten hervorgebracht, die das Medium Internet sowohl für politische Botschaften nutzen, aber auch die Verteidigung des Mediums selbst als freiheitliche Plattform zum Ziel haben. Bekannt geworden ist in diesem Zusammenhang auch die Gruppe „Anonymous", die sich mit ihren Aktionen immer mehr gegen die aufkommende Internetzensur wendet.

Digitale Überwachung

Nicht ohne Grund, denn spätestens seit Edward Snowden ist die breite Öffentlichkeit darüber informiert, dass insbesondere der US-amerikanische Geheimdienst NSA mit Hilfe des PRISM-Programms und der britische Geheimdienst mit seinem TEMPORA-Programm alle Datenströme überwacht. Eine unerlaubte und damit rechtlich höchst problematische private und wirtschaftliche Überwachung aller Netzteilnehmer unter dem Deckmantel der Anti-Terror-Bekämpfung von einem Ausmaß, das bis zur Aufdeckung bestenfalls Insider vermutet haben, die breite Bevölkerung jedoch nicht für möglich gehalten hatte. Das Netz als freier Kommunikationsraum, welcher jedoch nicht mit einem rechtsfreien Raum verwechselt werden darf, hatte in diesem Moment seine Unschuld verloren. Seitdem befindet sich das Netz in einem unlösbaren Spannungsfeld zwischen der notwendigen Kontrolle rechtsstaats- und demokratiefeindlicher Kommunikation seiner Nutzer seitens legitimierter und gewählter Regierungen und der Forderung einer prinzipiellen Informations-, Kommunikations- und Transaktionsfreiheit von Privatnutzern und Unternehmen mit allen Sicherheiten gegen eine prinzipielle und anhaltslose Generalüberwachung. Doch wer steht hier auf dem Prüfstand? Das Netz oder die Menschen, die es nutzen?

Entsprechend haben sich als eine Antwort darauf verschiedene Enthüllungsplattformen entwickelt, die insbesondere Informationen über die Überwacher veröffentlichen. Die bekannteste ist dabei sicherlich WikiLeaks, auf der Dokumente anonym veröffentlicht werden können, die laut Wikipedia „durch Geheimhaltung als Verschlusssache, Vertraulichkeit, Zensur oder auf sonstige Weise in ihrer Zugänglichkeit beschränkt sind“ [56]. In Deutschland wurde 2015 in einem ähnlichen Zusammenhang der Fall von netzpolitik.org bekannt, in dem auf der zugehörigen Plattform wie tagesschau.de berichtete „im Frühjahr zwei Mal Auszüge aus einem als Verschlusssache – vertraulich eingestuften Berichts des Verfassungsschutzes für das Vertrauensgremium des Haushaltsausschusses des Bundestages veröffentlicht wurde“ [57]. Darin ging es „den Angaben zufolge um den Aufbau einer neuen Einheit zur Überwachung des Internets, die Verbindungen und Profile von Radikalen und Extremisten in sozialen Netzwerken wie Facebook analysieren und überwachen soll“ [58]. Daraufhin ermittelte der damalige Generalbundesanwalt Harald Range wegen Landesverrats und der Veröffentlichung von Staatsgeheimnissen gegen die Journalisten Markus Beckedahl und Andre Meister von netzpolitik.org. Diese Ermittlungen wurden wenig später eingestellt.

Digitale Kommunikationskraft

Eine weitere Wendemarke in der Geschichte der politischen Veränderungen durch das Internet und der zugehörigen Kommunikationskanäle waren die Ereignisse rund um den „Arabischen Frühling“. Zwar hat laut dem jungen Blogger Abdallah aus Kairo am Ende des Tages „die Revolution auf der Straße stattgefunden und nicht im virtuellen Raum“ [59], aber laut einer Analyse der Bundeszentrale für politische Bildung war „Facebook anfänglich das wichtigste Medium zur Mobilisierung der Bevölkerung [60]. Über Twitter und YouTube sendeten junge Araberinnen und Araber Informationen über Massenproteste um die Welt. Vor allem die symbiotische Vernetzung traditioneller und neuer Medien war für die Umbrüche entscheidend. Das Zusammenspiel von TV, Internet und Mobiltelefonen veränderte die politische Kommunikation grundlegend und machte somit die Umstürze erst möglich.“ Und auch die Menschen der ersten großen Flüchtlingswelle 2015 nutzten digitale Netzwerke über das Handy, um die Fluchtrouten und die zugehörigen -möglichkeiten zu organisieren bzw. zu koordinieren. Vielleicht war auch die Transparenz über verschiedene Lebensqualitäten und Sicherheits- und Versorgungsräume, die tagtäglich über das Netz und die Medien allgemein transportiert werden, neben der eigenen Lebensrettung ein Baustein für die Motivation, bestimmte Länder als Asyl-Ziel anzusteuern.

Das zugehörige DIGITALPARADIGMA für Deutschland 4.0 lautet: Das Netz ist politisch, sowohl in seinen Kommunikationsströmen, seinen Meinungen als auch in seinen Strukturen. Die zugehörigen Probleme sind umfassender, internationaler, schneller und mengenorientierter geworden. Entsprechend müssen politische Lösungen auch größer, gemeinsamer, integrativer und transparenter angegangen werden.

Neben diesen Content-orientierten Veränderungen durchdringt die Digitale Transformation aber auch die Politik selbst. Während in den USA (im Fall von Barack Obama oft zitiert) schon Präsidenten auch aufgrund massiver Internet-Kampagnen gewählt wurden, wird die deutsche Kanzlerin mit dem „Neuland"-Gedanken zitiert. Entsprechend scheint es bis auf einige wenige Spezialisten in den einzelnen Fraktionen einen Nachholbedarf sowohl in der politischen Nutzung des Mediums Internet als auch in der zugehörigen Politik für das Internet zu geben. Erste Anzeichen einer höheren Bedeutung dieses Themenfeldes für die Zukunft konnten aber dennoch schon beobachtet werden: Neben der Enquete-Kommission „Internet und digitale Gesellschaft" und den bundesweiten IT-Gipfeln fand sich auch in den Koalitionsverhandlungen zwischen CDU/CSU und SPD eine eigene Untergruppe „Digitale Agenda".

Digitale Netzpolitik

Im Ergebnis teilen sich gleich drei Ministerien die zugehörigen digitalen Themen auf: Alexander Dobrindt (CSU), zuständig für digitale Infrastruktur im Bundesministerium für Verkehr und digitale Infrastruktur, Thomas de Maizière (CDU), zuständig für digitale Netzpolitik im Bundesministerium des Innern und Sigmar Gabriel (SPD) zuständig für die Digitale Wirtschaft im Bundesministerium für Wirtschaft und Energie. Im Resultat der gemeinsamen Arbeit wurde 2014 die „Digitale Agenda" [61] veröffentlicht, welche die Vorhaben der Bundesregierung in diesem Feld zusammenfasste. Im Mittelpunkt stehen hier drei strategische Kernziele: 1. Digitale Wertschöpfung und Vernetzung schaffen Wachstum und geben Impulse für gutes Arbeiten in der digitalen Welt (Wachstum und Beschäftigung); 2. Ein leistungsstarkes und offenes Internet eröffnet flächendeckend den Zugang zur digitalen Welt. Medien- und Technologiekompetenz schaffen die Voraussetzung für den selbstbestimmten Umgang mit den digitalen Technologien (Zugang und Teilhabe) und 3. IT ist einfach, transparent und sicher zu nutzen (Vertrauen und Sicherheit) [61, S. 2–3].

Als DIGITALPARADIGMA für Deutschland 4.0 muss aber festgestellt werden: Die Zeit der Digitalen Agenden ist vorbei! Niemand muss eigentlich mehr von der Wichtigkeit des Themas überzeugt werden und wir brauchen daher konkrete Maßnahmen, die unsere Gesellschaft und Wirtschaft digital besser aufstellen.

Auf der parlamentarischen Ebene wurde die Aufnahme der digitalen Politik in den drei Ministerien mit einem eigenen Ausschuss „Digitale Agenda" beantwortet. Auf der zugehörigen Internet-Seite ist zu lesen: „Mit dem Ausschuss ‚Digitale Agenda' hat der Deutsche Bundestag zum ersten Mal ein ständiges parlamentarisches Gremium, das sich den aktuellen netzpolitischen Themen widmet. Im Ausschuss sollen die verschiedenen Aspekte der Digitalisierung und Vernetzung fachübergreifend diskutiert und entscheidende Weichen für den digitalen Wandel gestellt werden. Netzpolitik ist für den Ausschuss kein ‚Nischenthema'. Das Gremium sieht sich vielmehr als wichtiger Impulsgeber für die parlamentarische Arbeit" [62].

Neben diesen allgemeinen Ansätzen rücke auch das Startup-Thema in den letzten Jahren zunehmend in den Mittelpunkt. Wir schreiben das Jahr 2013 und E-Entrepreneurship ist über den synonymen Begriff „Junge Digitale Wirtschaft" als Thema (endlich) wieder in der Politik angekommen. Was mit einem Internetgipfel im Juni 2012 als Gesprächskreis mit Bundeskanzlerin Angela Merkel anfing, setzte sich auf dem IT-Gipfel im November 2012 in Essen fort und mündete in die Gründung des Beirats „Junge Digitale Wirtschaft" (BJDW) durch Bundeswirtschaftsminister Philipp Rösler im Januar 2013 im Bundesministerium für Wirtschaft und Technologie (BMWi). Parallel wurde der Bundesverband Deutsche Startups (BVDS) gegründet und auch der BITKOM erklärte die „Young IT" zu einem Themenschwerpunkt.

Im Vorfeld der Bundestagswahl 2013 findet diese Entwicklung mit dem Ergebnisbericht des BJDW, der Deutschen Startup Agenda des BVDS, den Get Started-Vorschlägen der BITKOM und dem Startup-Manifesto auf EU-Ebene ihren vorläufigen Höhepunkt. Startups und deren Gründungsprozess (E-Entrepreneurship) sind zu einem zentralen Thema für Politik, Gesellschaft und Wirtschaft geworden. Und das aus gutem Grund, denn die „Junge Digitale Wirtschaft" beinhaltet zusammen mit dem übergeordneten Sektor der IKT-Branche (Informations- und Kommunikationstechnologie) eine zentrale Querschnittstechnologie für die gesamte Wirtschaft und Startups sind ein wichtiger Schlüssel für die Wettbewerbsfähigkeit des Standorts Deutschland in der Zukunft.

Digitale Europapolitik

Auch auf europäischer Ebene ist das Thema „Digitalisierung“ angekommen und mit Günther H. Oettinger gibt es seit 2014 erstmals einen eigenen EU-Kommissar für die „Digitale Wirtschaft und Gesellschaft“. Er soll insbesondere den gemeinsamen digitalen Binnenmarkt in Europa für die Aspekte digitale Infrastruktur, Datenschutz und -transfer, Sicherheit der Online-Kommunikation sowie dem Leistungsschutz im Netz gestalten. Als besondere Hindernisse hatte die Europäische Kommission bezogen auf Europa schon 2010 folgende Punkte ausgemacht: „Fragmentierung der digitalen Märkte; mangelnde Interoperabilität; Zunahme der Cyberkriminalität und Gefahr mangelnden Vertrauens in Netze; mangelnde Investitionen in Netze; unzureichende Forschung und Innovation; mangelnde digitale Kompetenzen und Qualifikationen sowie verpasste Chancen für die Bewältigung gesellschaftlicher Herausforderungen“ [63]. Diese Mängel wurden dann 2015 zur Basis einer Strategie „Europa 2020“ mit einer Leitinitiative „Digitale Agenda für Europa“ [64], in der u. a. folgende Ziele vereinbart wurden: Schaffung eines pulsierenden digitalen Binnenmarktes; Vereinfachung der Interoperabilität und Vereinheitlichung von IKT-Normen; Förderung von schnellen und ultraschnellen Internetzugängen; Vorantreiben von IKT-Innovationen durch Forschung und Entwicklung; Verbesserung der digitalen Kompetenzen, Qualifikationen und Integration; Förderung von IKT-gestützten Vorteilen für die Gesellschaft in der EU sowie internationale Aspekte.

Das zugehörige DIGITALPARADIGMA für Deutschland 4.0 lautet: Deutschland muss sich als digitaler Teil Europas sehen! Europa kann und muss gemeinsam digital sein, denn jedes Land für sich ist für die Online-Welt zu klein. Nur gemeinsam kann man sich als digitaler Wirtschaftsraum im Online-Wettbewerb gegen die USA und Asien behaupten.

Es gibt daher einen großen Bedarf für eine stärkere Kooperation der Länder auf unserem Kontinent für den notwendigen digitalen Binnenmarkt in Europa. Ein Baustein für diese europäische Entwicklung war 2015 eine gemeinsame Konferenz zur Digitalen Wirtschaft der Regierungen aus Deutschland und Frankreich unter Beteiligung der Europäischen Kommission in Paris. Hierfür hatte der Beirat „Junge Digitale Wirtschaft“ (BJDW) gemeinsam mit dem „Nationalrat für Digitales“ (Conseil national du numérique, CNNum) einen deutsch-französischen Aktionsplan für Innovation (API) mit dem Titel „Digitale Innovation und Digitale Transformation in Europa“ entworfen und diesen auf der Konferenz an Sigmar Gabriel, Bundesminister für Wirtschaft und Energie und Emmanuel Macron, Minister für Wirtschaft, Industrie und Digitales übergeben. Zu der Konferenz im Élysée-Palast hatte der Staatspräsident der Französischen Republik François Hollande gemeinsam mit der Deutschen Bundeskanzlerin Angela Merkel eingeladen. Der Aktionsplan enthält 15 konkrete Vorschläge für den gemeinsamen digitalen Binnenmarkt in Europa zu den Themen Ausbildung und Förderung von digitalen Kompetenzen, Aufbau eines europäischen Ecosystems für digitale Startups, Finanzierung von digitalen Innnovationen, Etablierung eines europäischen digitalen Marktes und Digitale Transformation der europäischen Wirtschaft [65].

Netzpolitisches Neuland

Insgesamt muss vor diesem Hintergrund festgestellt werden, dass sich die „Digitalpolitik" in den letzten Jahren etabliert hat, ohne aber schon den gleichen und notwendigen politischen Stellenwert zu erhalten wie andere Kernthemen. Deutschland ist politisch hier immer noch im #neuland und eben nicht im #digitalland. Ferner existiert immer noch kein übergeordneter und integrativer Ansatz für eine „Digitalpolitik" in Deutschland. Auf der einen Seite hat sich ein Themenfeld „Netzpolitik" entwickelt, in dem sich Aspekte wie Netzneutralität, Datenschutz, Breitbandausbau, Cyberkriminalität, WLAN- bzw. Störer-Haftung (gerade erst in Deutschland aufgrund eines Gutachten des Europäischen Gerichtshofs endlich wieder abgeschafft [66]) oder Vorratsdatenspeicherung wiederfinden und auf der anderen Seite gibt es das Themenfeld „Digitale Wirtschaft", in dem sich beispielsweise Aspekte wie Startup-Förderung, Venture-Capital-Gesetz, Industrie 4.0 und Arbeit 4.0 wiederfinden. Sowohl auf Bundesebene als auch auf der Ebene der Länderregierungen finden sich entsprechend unterschiedliche Aufhängungen der Thematik in Ministerien oder Staatskanzleien. In Berlin wird hinter vorgehaltener Hand schon längst zugegeben, dass die Verteilung der Digitalpolitik auf drei Ministerien vorsichtig ausgedrückt „nicht optimal" ist. Damit verfängt sich die „Digitalpolitik" hier und auch auf Landesebene oftmals in ressortübergreifenden Zuständigkeiten und verliert an Durchschlagskraft.

Ein weiteres DIGITALPARADIGMA für Deutschland 4.0 muss daher sein: Wir brauchen nach der nächsten Bundestagswahl ein eigenständiges „Ministerium für Digitales" in Berlin und eine einheitliche Struktur für die Digitalpolitik auf der Ebene der Länder in Form von einem Staatssekretär für Digitales in den jeweiligen Staatskanzleien direkt neben den Ministerpräsidenten/innen.

Es ist also eine elementare Anforderung an jede politische Partei in Deutschland, sich das Thema „Digitalpolitik" auf die Fahne zu schreiben und Antworten auf die Fragen rund um die zukünftigen Herausforderungen in diesem Bereich zu geben. Und das aus gutem Grund, denn die Digitalpolitik ist kein Randthema. Im Zuge der immer noch rasant fortschreitenden Digitalen

Transformation von Gesellschaft und Wirtschaft wird die Digitalpolitik zu einem umfassenden Querschnittsthema. Sie ist Wirtschaftspolitik mit Themen wie Startups, IT-Mittelstand, Venture Capital, Business Angels, Inkubatoren, Industrie 4.0 usw. Sie ist Arbeitspolitik mit Themen wie IT-Fachkräfte, Online-Arbeitszeiten, IT-Arbeitsplatzgestaltung, Online-Personalentwicklung und -beschaffung, Zuwanderung ausländischer IT-Fachkräfte usw. Sie ist aber auch Bildungspolitik u. a. mit Themen wie Aus- und Weiterbildung von IT-Fachkräften und E-Entrepreneuren in Schulen und Hochschulen, Aus- und Weiterbildung in den MINT-Fächern, einheitliche und qualifizierende Abschlüsse für und innerhalb der Digital-Branche usw. Sie ist am Ende aber auch Innenpolitik u. a. mit Themen wie Datenschutz, Breitband, Cybersecurity, Zugang zu Glasfasernetzen, Netzneutralität, Vorratsdatenspeicherung, Leistungsschutzrecht usw.

Digitalpolitik ist aber nicht zuletzt ein allgemeines gesellschaftliches Thema, verbunden mit der Frage, wie in Zukunft die allgemeine Kommunikation zwischen Menschen, Unternehmen und Institutionen über und mit digitalen Netzwerken aussehen wird. Wenn man bedenkt, wie sich diese Kommunikation alleine in den letzten 20 Jahren aufgrund der technologischen Entwicklung elementar verändert hat, so kann trotzdem nur ansatzweise prognostiziert werden, wie die Veränderungen in den nächsten zehn Jahren auf diesem Gebiet aussehen wird. Die Digitale Transformation aller Lebensbereiche hat nicht nur längst begonnen, sondern wird sich auch weiter fortsetzen. Dies impliziert eine ganze Reihe von politischen Fragestellungen, die diskutiert und beantwortet werden müssen.

2
Technologie 4.0

Grundlegende technische Fortschritte waren in der Vergangenheit stets Folgen einer zentralen Erfindung. Die Dampfmaschine brachte die erste industrielle Revolution in England. Elektrizität und das Fließband kennzeichneten die zweite Revolution, während die Mikroelektronik nach 1970 eine Automatisierungswelle als dritte industrielle Revolution auslöste. Als Fortsetzung dieser Liste wurde in Deutschland der Begriff „Industrie 4.0" als vierte industrielle Revolution eingeführt, die Industrie und Informationstechnik miteinander verschmelzen lässt.

Doch der technische Fortschritt geht viel weiter. Aktuell finden entscheidende technische Fortschritte auf mindestens vier zentralen Gebieten parallel statt, deren Kombination die Wirtschaft wahrscheinlich tiefer und schneller verändert als die bisher beobachteten industriellen Revolutionen: Das Internet der Dinge, Roboter, künstliche Intelligenz (KI) und 3D-Druck. Im Hintergrund kommen noch Big Data und die Umstellung auf das Cloud-Computing hinzu, das als Infrastrukturtechnik oft als Basis für die Digitalisierung der Wirtschaft dient. Alle Entwicklungen zusammen treiben also nicht nur die Transformation der Industrie an, sondern eigentlich des gesamten Wirtschaftsprozesses.

Das Schwierige am technischen Fortschritt in diesen Zeiten ist oft sein Tempo: Die meisten Unternehmenslenker erkennen ihn nicht, bevor er als Bedrohung ihres Geschäftsmodells auftaucht und bisher weitgehend unbekannte Wettbewerber stark macht. In einer Studie der Singularity University [67] gaben drei Viertel der Vorstandsvorsitzenden der Fortune-500-Unternehmen an, grundlegende technische Entwicklungen, die ihr Geschäft nicht unmittelbar betrafen, nicht zu kennen. Noch wichtiger: 80 % der Befragten waren sich danach sicher, dass diese Technologie die Spielregeln ihrer Branche in nur zwei Jahren grundlegend ändern werden. Und 100 % der Befragten erwarteten diesen Umbruch in den nächsten fünf Jahren. Die Erkenntnisse lassen erahnen, warum die Verweildauer der großen Unternehmen an der Spitze, zum Beispiel in einem Börsenindex, in den vergangenen Jahren immer kürzer geworden ist.

T. Kollmann und H. Schmidt, *Deutschland 4.0*, DOI 10.1007/978-3-658-13145-6_2

Ein weiteres DIGITALPARADIGMA für Deutschland 4.0 muss daher sein: Manager auf die Schulbank! Wenn der technische Fortschritt wichtiger wird, müssen auch die Vorstandschefs stets auf dem Laufenden bleiben, um die Auswirkungen auf ihr Unternehmen und ihr Geschäftsmodell frühzeitig zu erkennen, lautet ein wichtiges DIGITALPARADIGMA. Wie Algorithmen funktionieren und was die künstliche Intelligenz heute bewirkt, sollte jede Führungskraft beurteilen können.

2.1 Das Internet der Dinge ist schon (bald) da

Informationstechnik prägt Unternehmen seit vielen Jahren. Zuerst wurden interne Prozesse vereinfacht und automatisiert, dann kamen die externen Beziehungen, zum Beispiel zu Lieferanten und Kunden. Aber nun erleben wir zum ersten Mal, wie Informationstechnik in Form der Sensoren auch in großem Stil in die Produkte eingebettet wird. Die smarten, vernetzten Produkte werden die Art, wie Unternehmen funktionieren und wie sie organisiert werden, viel stärker verändern als alle früheren Entwicklungsstufen der Informationstechnik, erwartet der amerikanische Management-Guru Michael E. Porter [68]. Das Internet der Dinge läutet die nächste große Entwicklungsstufe der Vernetzung ein. Maschinen, Transportmittel, eigentlich alle langlebigen Konsumgüter, werden mit Mikroprozessoren und/oder Sensoren ausgestattet und sind damit Teil des Internet. Die moderne Informationstechnik ist dann nicht mehr auf Computer und Smartphones beschränkt, sondern wird auf Milliarden physischer Produktionsfaktoren und Konsumgüter ausgeweitet. Diese Vernetzung ist die Grundlage für die nun beginnende Automatisierung großer Teile der Wirtschaft.

Denn die bisher nicht gekannte Kommunikationsfähigkeit der Produkte ermöglicht zusätzliche datenbasierte Dienstleistungen, die das Leistungsspektrum vieler Unternehmen erweitern. Zur Entwicklung hochwertiger Produkte kommen also begleitende lebenslange Dienstleistungen, zum Beispiel die Steuerung und Optimierung dieser Produkte aus der Ferne. Produzierende Unternehmen wandeln sich zu Dienstleistern, die ihren Kunden beim Einsatz des Produktes helfen, die Lebensdauer verlängern, den Energieverbrauch senken und rechtzeitig vor möglichen Schäden warnen können. Zudem erhalten die Hersteller erstmals direkte Nutzungsdaten, mit deren Hilfe sie ihre Produkte verbessern können. Jedes fünfte Unternehmen weltweit hat mit der Vernetzung schon begonnen und weitere 28 % planen das in der nahen Zukunft, hat eine Befragung des Marktforschungsunternehmens Forrester Research unter 3600 Entscheidungsträgern in aller Welt ergeben [69]. Die höchsten Zustimmungswerte wurden übrigens unter chinesischen Unternehmen gemessen. Die meisten Anwendungen für das Internet der Dinge werden aktuell in den Bereichen Logistik, Sicherheit und Überwachung sowie Inventar- und Warenhausmanagement eingeführt. Smarte Produkte sind vor allem im Gesundheitswesen und im Energiemanagement zu finden, hat die Studie ergeben.

Daraus lässt sich ein weiteres DIGITALPARADIGMA ableiten: Produktbegleitender Service auf Basis der erstmals verfügbaren Daten der vernetzten Produkte wird zum Geschäftsmodell. Die Leistung der Unternehmen endet nicht mehr am Fabriktor; Service über die gesamte Dauer des Produktlebenszyklus wird ein wichtiger Wettbewerbsfaktor. Dies hat weitreichende Folgen für die Organisation der Unternehmen.

2.2 Die Digital-Roboter stehen vor der Tür

Weil immer weniger junge Menschen den Beruf des Maurers erlernen wollen, sind die Löhne in Australien in die Höhe geschossen. Grund genug für das australische Unternehmen Fastbrick Robotics, in siebenjähriger Entwicklungszeit einen Bau-Roboter zu konstruieren, der mit seinem 28 m langen Greifarm ein normales Einfamilienhaus in nur zwei Tagen mauert. Ganz allein, ohne menschliche Hilfe. Der Roboter, zuvor mit einem 3D-Bauplan des Hauses gefüttert, greift sich die Steine von einer Palette, kürzt sie bei Bedarf, taucht sie in den Mörtel und setzt die Steine an die richtige Stelle. 1000 Steine pro Stunde sind möglich, was Hadrian zehn Mal schneller macht als einen erfahrenen Maurer. Hadrians New Yorker Kollege Sam des Konkurrenten Construction Robotics ist ähnlich geschickt, braucht allerdings noch menschliche Hilfe bei komplizierten Stellen, ist dafür aber schon fertig für den Verkauf. Eine halbe Mio. Dollar soll Sam kosten.

Roboter werden Kollegen

Hadrian und Sam sind nur zwei Beispiele für den Einsatz moderner Roboter, die überall gemeinsam mit den Menschen arbeiten können. Zwei wesentliche Entwicklungen haben die Einsatzgebiete der Maschinen in jüngster Zeit wesentlich verbreitert: Sie reagieren flexibel auf Menschen, können also von ihnen lernen und dann vorgemachte Arbeitsschritte übernehmen. Während Roboter früher nur die zuvor von den Entwicklern fest programmierten Arbeitsschritte in einer auf Massenproduktion ausgelegten Fabrik ausführten, sind sie heute auf dem Weg, lernfähige und fleißige Kollegen der Menschen zu werden. In den Warenhäusern von Amazon arbeiten inzwischen mehr als 30.000 Logistik-Roboter, die komplette Regale durch die Hallen zu den Pick-Stationen fahren. Innerhalb eines Jahres hat Amazon die Zahl dieser Maschinen verdoppelt, weil sie etwa vier Mal effizienter als Menschen arbeiten. Noch werden Menschen benötigt, um die Waren aus den vollautomatisch transportierten Regalen zu nehmen und in Pakete zu packen. Aber es ist nur eine Frage der Zeit, bis auch diese Aufgaben von Maschinen schneller und günstiger erledigt werden können. Den von Amazon ausgeschriebenen Wettbewerb für den besten Greifarm hat übrigens ein Team der Technischen Universität Berlin gewonnen. Während Gerichte in Deutschland die Sonntagsarbeit bei Amazon verbieten, arbeiten die Amerikaner intensiv am vollautomatischen Logistiksystem, das immer weniger Menschen benötigt. Bis zum ersten selbstfahrenden Lieferwagen oder zur ersten automatisch fliegenden Transportdrohne werden wohl keine zehn Jahre mehr vergehen.

Der Einsatz von Robotern in der Produktion war bisher meist großen Unternehmen vorbehalten, die hohe Investitionen stemmen konnten. Das ändert sich nun: Inzwischen gibt es Leichtbau-Roboter ab 25.000 Dollar, die direkt in den Fertigungshallen mit den Menschen arbeiten. Starre Produktionslinien, die auf die Herstellung eines Produktes in großen Mengen ausgerichtet waren, werden durch flexible Anlagen abgelöst. Fabriken werden kleiner und können besser auf lokale Märkte ausgerichtet werden. Auch diese Entwicklung könnte der mittelständisch geprägten deutschen Industrie in die Hände spielen. Da Roboter billiger als Menschen arbeiten, ist der Wettlauf um die billigsten Arbeitskräfte von einem Wettrüsten im Robotermarkt abgelöst worden: Zwischen 2013 und 2018 wird die Zahl der installierten Industrieroboter in aller Welt von 1,3 auf 2,3 Mio. steigen, erwartet der Branchenverband IFR [71]. Interessant ist dabei die ungleiche Verteilung: 70 % entfallen auf die fünf Länder China, USA, Japan, Südkorea und Deutschland. Diese Länder investieren im Moment so kräftig in die neue Technik, dass ihr ohnehin großer Vorsprung vor dem Rest der Welt in den kommenden Jahren weiter wachsen wird. Deutschland ist an fünfter Stelle und damit zwar in der Spitzengruppe dabei, aber weder in der Zahl der Neuinstallationen noch im Kriterium der Roboterdichte je Arbeitnehmer führend. Hier führt Südkorea vor Japan. Deutschland liegt auf Rang 3, hat aber großen Abstand vor den USA und China. Haupteinsatzorte sind die Automobilproduktion und Elektronik, gefolgt von Metall und Chemie – also genau die Branchen, denen Deutschland einen großen Teil seines Wohlstands und seiner Arbeitskräfte verdankt.

Menschen werden aber weiterhin nur dann von Maschinen ersetzt, wenn es sich für den Unternehmer rechnet. Und das wird es: Im Hochlohnland Deutschland, das mit seiner starken Industrie viele Einsatzmöglichkeiten für eine weitere Automation bietet, werden Roboter die Arbeitskosten um 21 % senken, erwartet die Unternehmensberatung Boston Consulting Group [72]. Werden das zu erwartende Automatisierungstempo und die Entwicklung der Lohnkosten einkalkuliert, erhöhen Roboter die relative Wettbewerbsfähigkeit

Deutschlands deutlich. Im Vergleich zu den USA verbessert sich der „BCG Global Manufactoring Cost-Competitive Index“ Deutschlands um vier Prozentpunkte. Nur Südkorea wird nach dieser Berechnung einen noch größeren Vorteil aus der Automatisierung erzielen, während fast alle europäischen Nachbarländer weniger wettbewerbsfähig werden. Hier liegt eine große Chance für Deutschland, seine starke Position durch entschlossene Investitionen zu stärken, bevor es andere Länder aus der Spitzengruppe tun.

Wie schnell Roboter für spezielle Anwendungsfälle mit einer Knappheit an Arbeitskräften entwickelt werden (siehe Hadrian-Beispiel), ist schwer zu prognostizieren. In Japan, wo die Bevölkerung sehr schnell altert und Arbeitskräfte knapp sind, könnten sich Pflegeroboter vergleichsweise schnell durchsetzen. Dort wurde auch das erste Hotel mit Service-Robotern in Betrieb genommen. Noch arbeiten dort Menschen im Hintergrund, um bei Bedarf eingreifen zu können. Aber der Trend ist eindeutig: Roboter sind ein wichtiger Faktor bei der Beantwortung der Frage, wie künftige Knappheiten am Arbeitsmarkt beseitigt werden können.

Eines der wichtigsten DIGITALPARADIGMEN: Der Roboter ist der Freund des Menschen, nicht sein Feind. Wer seine Fähigkeiten intelligent für sich nutzt, kann sich von vielen lästigen Routinearbeiten befreien und gewinnt Zeit für Innovationen. Wer auf Roboter aus Angst vor einem Arbeitsplatzabbau verzichtet, verliert schnell seine Wettbewerbsfähigkeit.

2.3 Der 3D-Druck ändert die Arbeitsteilung

Die zweite Digital-Technologie mit einem großen Einfluss auf Industriestrukturen ist der 3D-Druck. Wobei der Name eigentlich in die Irre führt, denn gedruckt wird dabei nichts. Eher „gebacken“, denn die Maschinen kombinieren meist mehrere Rohmaterialien unter Einwirkung von Hitze in einem Arbeitsschritt zu einem Endprodukt. Was so unspektakulär klingt, hat aber das Potenzial, die 150 Jahre lang praktizierte Produktionsweise der Industrieländer, nämlich Rohmaterialien möglichst kostengünstig an einem Ort zu einem Endprodukt zu fertigen, in den kommenden Dekaden in eine individuelle On-Demand-Produktion am Ort des Konsums zu transformieren. Den Extremfall dieser neuen Produktionsweise zeigt ein neues Amazon-Patent: Die Amerikaner wollen 3D-Drucker auf Lastwagen montieren und das bestellte Produkt dann quasi direkt vor der Haustür des Kunden „drucken“.

Drucker am Ort des Verbrauchs

Man denke den Effekt der 3D-Drucker auf die globale Arbeitsteilung zu Ende: Welches Produkt ein solcher Drucker herstellt, hängt ausschließlich von den eingesetzten Rohmaterialien und der Software ab. Skalenvorteile großer Fabriken, die meist nur ein oder wenige Produkte herstellen, verlieren an Bedeutung – und damit auch die Wettbewerbsvorteile und Markteintrittsbarrieren etablierter Unternehmen. Zudem hängt die Wahl des Produktionsstandortes künftig kaum noch von der Ausstattung mit den Produktionsfaktoren Arbeit und natürliche Ressourcen ab, sondern hauptsächlich von den Transportkosten, um das Rohmaterial zuerst zur Maschine und das Endprodukt anschließend zum Kunden zu bringen. Das Ergebnis ist eine Re-Regionalisierung der Produktion an den Ort des Verbrauchs. Neben den Robotern ist der 3D-Druck also langfristig die zweite große technologische Herausforderung für die bisherigen Wettbewerbsvorteile der Billiglohnländer.

3D-Drucker sind in der Industrie in der Herstellung von Prototypen schon lange im Einsatz, aber erst in den vergangenen Jahren sind die Anwendungsgebiete breiter geworden. Heute wird 3D-Druck noch überwiegend als Substitution vorhandener Produktionsprozesse gesehen, vor allem verbunden mit Zeitgewinnen gegenüber der klassischen Herstellung. Das US-Unternehmen Carbon 3D hat ein Druckverfahren entwickelt, das ein wenig an die Roboter aus „Transformers“ erinnert und bis zu 100 Mal schneller als herkömmliche Druckverfahren sein soll. Google hat schon 100 Mio. Dollar in das Unternehmen investiert und der Ford-Chef Alan Mulally ist davon so begeistert, dass er nun im Aufsichtsrat des Unternehmens sitzt. Carbon 3D wird inzwischen mit mehr als einer Milliarde Dollar bewertet und zählt zu der großen Zahl an Startups, die aktuell in diesem Gebiet arbeiten. Ein großer Vorteil wird aktuell in Produkten gesehen, die auf klassische Art und Weise gar nicht hergestellt werden können. Der Leichtbau gilt als ein solcher Anwendungsfall für 3D-Druck, zum Beispiel für Flugzeuge oder Autos. Ihre Vorteile wird die neue Technik schnell zeitnah auch bei Einzelanfertigungen in der Medizin ausspielen. Ersatzzähne aus dem 3D-Drucker werden nicht mehr lange auf sich warten lassen, während die Transplantation der ersten „gedruckten“ Ersatzleber von Fachleuten, die das World Economic Forum befragt hat, bis zum Jahr 2024 erwartet wird.

Der 3D-Druck ist dabei längst keine Nischenerscheinung mehr. Der Markt legt um 25 % im Jahr zu, schätzt der Verband der Deutschen Maschinen und Anlagenbauer (VDMA) [74]. Deutschland hat als Ausrüster bei den 3D-Druckern für die Metallverarbeitung die Nase auf dem Weltmarkt vorn, während die Amerikaner beim Druck von Kunststoffen und in der Medizin Vorsprung besitzen. Auch die Chinesen haben das Thema erkannt und investieren kräftig, wieder unterstützt mit üppigen staatlichen Fördertöpfen. Der Wettbewerb wird aber nicht nur über den Bau der besten Drucker (und damit einer deutschen Stärke) ausgetragen, sondern auch über die anwenderfreundlichste Software für die Entwicklung der digitalen Baupläne. Obwohl schon Hunderte junger Unternehmen auf diesem Markt aktiv sind, ist noch alles offen – auch für deutsche Unternehmen.

3D-Drucker „drucken" Häuser, Autos und Organe. Ihr Potenzial, die bisherige Arbeitsteilung auf den Kopf zu stellen, ist gewaltig. Aber nicht im Bau der Drucker liegt die Kunst, sondern in der Software zu ihrer Steuerung, lautet das passende DIGITALPARADIGMA zum 3D-Druck. Hier muss Deutschland mehr investieren, um seine gute Position zu verteidigen.

2.4 Die künstliche Intelligenz wird enorm sein

„Künstliche Intelligenz ist die neue Währung im Silicon Valley" überschrieb das Technologiemagazin Wired einen Beitrag über den Kampf der Tech-Titanen Google und Facebook um die besten Köpfe in dieser Disziplin [75]. Denn Computer können jetzt dazulernen und Dinge erkennen, die bisher nur das menschliche Gehirn verarbeiten konnte. Verantwortlich dafür sind zwei technische Entwicklungen, die nach Jahrzehnten mühsamer Forschung in künstlicher Intelligenz jetzt riesige Fortschritte möglich machen: „Machine Learning" und „Deep Learning". Beim maschinellen Lernen merken sich Computer Anwendungsbeispiele, erkennen Gesetzmäßigkeiten und können mit diesem Wissen später auch neue Situationen ohne menschliche Hilfe meistern. Beim „Deep Learning" werden viele Berechnungen nacheinander auf unterschiedliche Datenschichten angewendet, was nur mit gigantischer Rechenleistung und riesigen Datenmengen („Big Data") möglich ist. Dann aber können Computer erstmals Klänge oder Bilder erkennen. „Deep Learning" steckt noch in den Anfängen, aber viele Tech-Firmen haben sich schon mit Begeisterung darauf gestürzt. Zum Beispiel haben Google und Apple ihre Spracherkennungssysteme mit Hilfe dieser Methode wesentlich verbessert. In nicht allzu ferner Zukunft ist diese Technik soweit, die Jobs vieler Dolmetscher zu übernehmen.

Google gibt das Tempo vor

Viele Startups haben sich auf diese neue Disziplin gestürzt, aber niemand treibt die Forschung schneller voran als Google. Die Zahl der Projekte, die auf künstlicher Intelligenz basieren, hat sich seit 2012 von 50 auf etwa 2700 erhöht. Besonders die Google-Tochter Deep Mind in London hat sich zum Hotspot für künstliche Intelligenz entwickelt. Deep Mind ist quasi das ausgelagerte Superhirn der Suchmaschine. 550 Mio. Euro hat Google für das junge Unternehmen bezahlt – und sich damit die Dienste von 150 der weltbesten Wissenschaftler für neuronale Computersysteme und maschinelles Lernen gesichert. Der Gründer Demis Hassabis, einst als Wunderkind der Schach-Szene gefeiert, arbeitet dort an seinem 20-Jahres-Plan, die menschliche Intelligenz nachzubilden. Wie viele Wissenschaftler geht auch Hassabis die Sache spielerisch kreativ an: Seine Software hat gerade eigenständig 49 Atari-Videospiele gelernt. Wichtig daran: Die Spielintelligenz stammt nicht mehr wie bei Schachcomputern von Programmierern, sondern die Software eignet sie sich selbst an. Computer lernen auf diese Weise, auf ihre Umgebung zu reagieren. Was die Wissenschaftler oft spielerisch erforschen, hat am Ende natürlich einen kommerziellen Hintergrund: Google baut die Supertechnik aus London auch in seine Produkte ein, zum Beispiel in das selbstfahrende Auto. Genau damit tun sich deutsche Unternehmen noch schwer. Machine-Learning-Wissenschaftler aus Deutschland sind zwar überall in der Welt begehrt, aber da die Arbeitsbedingungen bei Google oder Facebook besser sind, wandern sie häufig ab. Deutschland braucht ein weltweit sichtbares Engagement der Industrie. Allein können die Hochschulen den Wettbewerb um die klügsten KI-Forscher nicht gewinnen.

Im Wettbewerb um die Talente geben die Unternehmen sogar ihre wertvollsten Geheimnisse preis. Zuerst Google und dann auch Facebook haben ihre Deep-Learning-Software als Open Source der Öffentlichkeit zur Verfügung gestellt. Natürlich mit dem Hintergedanken, dass möglichst viele intelligente Forscher die Software einsetzen, damit das eigene Ökosystem verbreitern und den technischen Fortschritt in diesem Feld massiv beschleunigen. Mit der Rechenkraft, der Nähe zu anderen Forschern und natürlich den beinahe unbegrenzten finanziellen Möglichkeiten der Amerikaner kann Deutschland nicht mithalten.

Das zugehörige DIGITALPARADIGMA für Deutschland 4.0 lautet: Haltet die KI-Forscher in Deutschland! Im Bereich der künstlichen Intelligenz gehören deutsche Wissenschaftler zur Weltspitze. Aber sie wechseln die Seiten: Immer mehr Top-Wissenschaftler arbeiten für Google oder Facebook, die mit viel Geld und optimalen Forschungsbedingungen locken. Der Brain-Drain muss gestoppt werden, will Deutschland in dieser Zukunftstechnologie weiter mitspielen.

2.5 Die Tipping-Points werden elementar sein

In die beschriebenen Techniken sind zum Teil schon Jahrzehnte an Entwicklungsarbeit geflossen, doch viele Durchbrüche wurden erst jetzt erreicht. Daher werden bald die Tipping-Points für wichtige digitale Entwicklungen wie künstliche Intelligenz, selbstfahrende Autos und 3D-Druck erwartet. Sie werden dann zu Massenanwendungen in Wirtschaft, Medizin und Verkehr, erwarten 800 Technologieexperten, die vom World Economic Forum befragt wurden [76]. Tipping-Points sind die Meilensteine des digitalen Zeitalters: Sie kennzeichnen den Zeitpunkt, an dem das zuvor lineare Wachstum einer technischen Entwicklung abrupt aufhört und – im besten Fall – in eine Phase exponentiellen Wachstums übergeht. Da sich im Moment der technische Fortschritt in vielen Feldern parallel beschleunigt, können aus deren Kombination auch schneller neue Produkte entstehen als viele erwarten. Ein Beispiel dafür ist das selbstfahrende Auto, das vor fünf Jahren noch als ferne Utopie bezeichnet wurde und heute auf den Straßen in Kalifornien fährt. Hier kommen nun die Prognosen der WEF-Experten für die Tipping-Points, die viele Märkte auf den Kopf stellen werden:

- Service-Roboter: Der erste Roboter, der als Apotheker Kunden berät, könnte 2021 seinen Dienst antreten, erwarten die Befragten. Das ist nur der Auftakt für viele wissensbasierte Dienstleistungen, die automatisiert werden.
- Wearable Internet: Bis 2022 werden zehn Prozent der Menschen Kleidung tragen, die mit dem Internet verbunden ist. Bis zum Jahr 2025 erwarten 91 % der befragten Fachleute das Erreichen des Tipping-Points. Einsatzgebiete sind Gesundheitsdienste und Quantified-Self-Anwendungen.
- 3D-Druck und Produktion: Bis 2022 wird die erste Autokarosserie von einem 3D-Drucker produziert werden. 3D-Druck ist mit hoher Wahrscheinlichkeit eine disruptive Technik für viele Branchen. Dann werden Baupläne in Form von digitalen Druckanleitungen transportiert: produziert (gedruckt) wird dann lokal.
- Das Internet der Dinge: Bis zum Jahr 2022 werden eine Billiarde Sensoren mit dem Internet verbunden sein. Bis zu diesem Zeitpunkt werde es ökonomisch sinnvoll sein, beinahe jedes Produkt mit dem Netz zu verbinden. Intelligente Sensoren sind inzwischen für wenig Geld erhältlich. Die Vorteile liegen in einer erhöhten Effizienz bei der Nutzung von Ressourcen oder neuen Produktservices. Das Internet der Dinge hat die Kraft, ganz neue Geschäftsmodelle hervorzurufen, die vom Kunden her gedacht sind.
- Technik-Implantate: Das erste Mobiltelefon, das zum Beispiel in Form eines Smart Tattoos unter die Haut eines Menschen implantiert werden wird, wird für das Jahr 2023 erwartet. Bis zum Jahr 2025 werde diese Technik ihren Tipping-Point erreicht haben, erwarten 82 % der Befragten. Einsatzgebiete sind vor allem Gesundheitsdienste. Diabetiker können sich zum Beispiel auf diese Weise die lästige Blutentnahme zur Messung ihres Blut-

zuckerspiegels sparen. Viele Körperfunktionen lassen sich auf diese Weise genauer überwachen und somit rechtzeitig vor Erreichen kritischer Werte behandeln.

- Intelligente Brillen: Den Nachfolger der Google-Brille erwarten die Experten ebenfalls spätestens im Jahr 2025. Schon 2023 werden zehn Prozent aller Brillen mit dem Internet verbunden sein. Wahrscheinlich werde die Brille, die möglicherweise auch die Form einer Kontaktlinse hat, Virtual-Reality-Funktionen mit sich bringen. Microsofts Hololens-Brille, die schon 2016 auf den Markt kommen wird, ist ein Beispiel für die Möglichkeiten. Die Tatsache, dass eigentlich alle großen Tech-Unternehmen wie Facebook, Apple und Google an einer solchen Brille arbeiten, zeigt, wie hoch deren Potenzial eingeschätzt wird. Einsatzgebiete sind Lernen, Navigation, Instruktionen aus der Ferne und Unterhaltung.
- 3D-Druck und Gesundheit: Bis 2024 wird die erste Transplantation einer Leber stattfinden, die aus einem 3D-Drucker stammt. Bis 2025 werden fünf Prozent aller Verbrauchsprodukte von 3D-Druckern hergestellt, erwarten die befragten Fachleute. Die Wirkungen auf die Medizin sind vielfältig: „Ersatzteile" lassen sich künftig individuell, günstiger und ohne Zeitverlust anfertigen. Bei Zahnersatz ist der 3D-Druck heute schon so weit.
- Smart Home: Bis 2024 werden 50 % des Internet-Traffics der Haushalte auf smarte Anwendungen und Geräte entfallen – und damit nicht mehr auf Unterhaltungs- oder Kommunikationsdienste der Bewohner. Vorteile sind geringere Energiekosten sowie mehr Komfort und Sicherheit.
- Smart Cities: 2026 wird die erste Stadt mit mehr als 50.000 Einwohnern ohne Ampeln auskommen. Diese Smart Cities werden ihren Energiebedarf drosseln sowie Material- und Verkehrsströme optimieren. Vorteile sind eine erhöhte Lebensqualität, eine geringere Umweltbelastung und eine steigende Produktivität.
- Autonome Autos: Bis 2026 werden zehn Prozent der Autos auf den Straßen der USA autonom fahren. Diese Autos fahren effizienter, verursachen weniger Unfälle und vergeuden keine Zeit mit Parkplatzsuche.
- Künstliche Intelligenz: Der erste Computer mit künstlicher Intelligenz, der einen Sitz im Aufsichtsrat eines Unternehmens innehat, wird 2026 erwartet. Die Vorteile sind rationale Entscheidungen, mehr Arbeitsplätze und Innovationen. Künstliche Intelligenz ist der Schlüssel zur Automatisierung vieler Bürotätigkeiten, so dass technischer Fortschritt und Effizienzsteigerungen nicht mehr nur in den Fabriken, sondern auch in der Verwaltung stattfinden.

Als Fazit der Prognosen und Ereignisse rund um die beschriebenen Tipping-Points kann festgehalten werden:

> Wer glaubt, der technische Fortschritt habe seinen Höhepunkt schon erreicht, irrt gewaltig. Eine ganze Reihe essentieller Tipping-Points wird erst in der kommenden Dekade erwartet. Eines der wichtigsten DIGITALPARADIGMEN lautet daher: Unternehmer und Arbeitnehmer müssen beginnen, Technik zu lieben. Sonst überrollt uns der Fortschritt.

3
Wirtschaft 4.0

Die Digitalisierung mit einer „normalen" industriellen Revolution wie der Erfindung der Dampfmaschine zu vergleichen, greift zu kurz. Denn die Digitalisierung erfasst alle Bereiche der Wirtschaft, nicht nur die Produktions- und Logistikprozesse, wie das deutsche Konzept der „Industrie 4.0" fälschlicherweise interpretiert wird. In der „Wirtschaft 4.0" bestehend aus „Breitband", „Industrie 4.0" und „Digitale Wirtschaft" bleibt nichts, wie es war: Der sich gegenseitig verstärkende technische Fortschritt in zentralen Feldern wie Softwareentwicklung (Künstliche Intelligenz), 3D-Druck, Robotertechnik und dem Internet der Dinge reißt mit den zugehörigen digitalen Geschäftsprozessen und -modellen die Fundamente bisherigen Wirtschaftens ein und baut sie neu. Es geht dabei nicht nur um IT, sondern auch und insbesondere um das digitale Know-how für die Entwicklung, den Aufbau und den Betrieb von elektronischen Wertschöpfungen in Online- und Offline-Geschäftsmodellen. Die Quelle aller Änderungen wird daher nicht in den Fabriken, sondern in den Produkten und deren digitaler Wertschöpfung liegen, die eben auch den Ansprüchen eines zunehmend digital geprägten Verbrauchers genügen müssen. Die folgenden Digitaltrends werden Wirtschaft und Arbeit in den kommenden Jahren grundlegend verändern.

Software gewinnt gegen Hardware

Produkte werden intelligent: Mit Hilfe von Software und Sensoren erfassen sie ihre eigene Nutzung und schaffen eine stetige Verbindung zum Hersteller, der nun über die gesamte Nutzungsdauer den Einsatz überwachen und verbessern kann. Beispiel Auto: Der amerikanische Autoproduzent Tesla erweitert seine Fahrzeuge per Softwareupdate um neue Funktionen wie den Autopiloten oder die Möglichkeit, seinen „Fahrer" überall zu finden und autonom dorthin zu fahren. Softwareupdates, die Verbraucher bisher nur von ihren Computern kannten, werden künftig die Regel für langlebige Produkte sein. Hinzu kommen digitale Geschäftsmodelle, die basierend auf den Daten dem Fahrer zusätzliche Service- oder Produktleistungen anbieten werden. Damit gewinnt die Software gegenüber der Hardware erheblich an Bedeutung, was beträchtliche wirtschaftliche Konsequenzen bringt. Wieder am Beispiel Auto erklärt: Intelligente Software löst PS und Prestige als Kauffaktoren ab. An dem Beispiel

T. Kollmann und H. Schmidt, *Deutschland 4.0*, DOI 10.1007/978-3-658-13145-6_3

wird auch deutlich, warum eine effizientere Produktion klassischer Autos mit vielleicht perfekt optimierten Verbrennungsmotoren der deutschen Automobilindustrie nicht hilft, den digitalen Wandel zu bestehen. Die Intelligenz des Produktes wird wichtiger als die Effizienz der Produktion, was der deutschen Wirtschaft als „Effizienzweltmeister" einen Teil ihrer bisherigen Wettbewerbsvorteile raubt. Entsprechend groß ist der Druck in Deutschland, den noch bestehenden Vorteil auf der Hardwareseite um Software und zugehörige digitale Geschäftsprozesse und -modelle zu ergänzen, wollen die Autohersteller oder andere Weltmarktführer ein Schicksal wie Nokia im Handymarkt vermeiden.

Das Land mit den besten Robotern gewinnt

Roboter und 3D-Druck ordnen die globale Arbeitsteilung neu: Eine Roboterstunde kostet mit etwa sechs Dollar weit weniger als ein Facharbeiter in China, Amerika oder Deutschland. Nicht mehr der Ort mit den billigsten Arbeitskräften, sondern das Land mit den besten Industrierobotern wird zum bevorzugten Produktionsstandort – was vor allem China alarmiert und zu Rekordinvestitionen in Roboter bewegt hat. Dort wurde gerade eine Fabrik in Betrieb genommen, in der statt früher 650 nur noch 60 Menschen arbeiten. Den Rest erledigen Roboter, die nicht nur einen höheren Output, sondern auch eine bessere Qualität erreichen. Dass dort noch 60 Menschen arbeiten, ist allerdings nur in der Anfangsphase nötig. Danach soll die Fabrik mit 20 Menschen betrieben werden. Der Wettlauf um die billigsten Arbeitskräfte ist somit von einem Wettrüsten im Robotermarkt abgelöst worden.

Gleichzeitig lösen Erfindungen wie 3D-Drucker die lange dominanten Skaleneffekte als Grund für die zentrale Produktion in immer größeren Fabriken ab. Das Modell, Vor- und Zwischenprodukte aus aller Welt zu einer Fabrik zu transportieren, dort zu einem Fertigprodukt zu montieren und dann an den Ort des Konsums zu liefern, trifft für viele Güter nicht mehr zu. Statt der Waren werden künftig immer häufiger digitale Baupläne zum Ort des Verbrauchs geschickt, wo ein 3D-Drucker aus den Daten die gewünschten Produkte fertigt. „Der klassische Güterhandel wird zum Auslaufmodell", erklärt der Handelsexperte Thomas Straubhaar [77]. Zulieferer aller Branchen werden sich an die neuen digitalen Produktionsprozesse ebenso anpassen müssen wie die Logistik-Branche und sogar die Volkswirte, die nach Ansicht von Straubhaar nun eine neue Theorie des Außenhandels schreiben müssen.

Das Teilen von Produkten senkt die Kosten

Produkt-Sharing wird zum Standard: Das über digitale Plattformen organisierte „sich-Teilen" wird erhebliche Konsequenzen für die Zahl der benötigten Produkte und damit deren Hersteller haben. Das lässt sich wieder gut am

Beispiel Auto demonstrieren: Sobald Autos autonom fahren, was Softwareentwickler in wenigen Jahren von einer Utopie zur Realität getrieben haben, sind viel weniger Fahrzeuge nötig. Statt das eigene Auto 95 % der Zeit ungenutzt irgendwo abzustellen, werden die Menschen lieber selbstfahrende Taxis für den Transport nutzen. Wer sein selbstfahrendes Auto nicht benötigt, kann es künftig einfach Mobilitätsplattformen wie Uber zur Verfügung stellen, die es an ihre Kunden vermieten und rechtzeitig zum Besitzer zurückfahren (lassen). Auf diese Weise kann das Auto in den bisherigen Stillstandszeiten zur Deckung der Kosten beitragen.

Wichtiger Folgeeffekt: Da neue Wettbewerber aus der Technologiebranche in den Markt drängen, wird der Fahrpreis für die autonomen Fahrten dramatisch fallen und die Nachfrage deutlich erhöhen, was wiederum die Nachfrage nach eigenen Autos senkt. Nach Berechnungen von Deloitte Consulting [78] verursacht die Nutzung autonomer Fahrzeuge, die mit anderen Menschen geteilt werden, weniger als ein Drittel der Kosten je Kilometer, die bei einem Privatwagen anfallen. Das allein wäre schon ein gutes Argument, auf den schnellen Markterfolg der selbstfahrenden Autos zu wetten. Doch die eigentlichen Treiber dieser Entwicklung sind gar nicht die privaten Autofahrer, sondern die Mobilitätsdienste wie Uber, die nur deshalb mit phantastischen Summen von mehr als 60 Mrd. Dollar bewertet werden, weil ihr Geschäftsmodell langfristig auf selbstfahrende Autos und damit den Verzicht auf die Fahrer ausgerichtet ist. Denn 60 bis 80 % ihres Umsatzes fließen heute zurück in die Taschen der Fahrer. Diesen Kostenfaktor möchten die Unternehmen so schnell wie möglich ausschalten – und investieren deshalb kräftig in die Entwicklung der vollautomatischen Fahrzeuge, die künftig nicht nur Menschen, sondern auch Waren transportieren. 500.000 autonome Autos hat Uber-Chef Travis Kalanick schon einmal vorsorglich beim Tesla-Erfinder Elon Musk bestellt, sobald sie verfügbar sind. 2020 seien diese Stückzahlen realistisch, soll Serienerfinder Musk ihm geantwortet haben.

Das Car-Sharing, das in Großstädten auch mit herkömmlichen Fahrzeugen stetigen Zulauf aufweist, wird mit selbstfahrenden Taxis noch viel besser funktionieren. Car-Pooling wird selbstverständlich, wenn sich mehrere Menschen, die in eine Richtung fahren, ein Fahrzeug und damit auch den Fahrpreis teilen. Die Effekte sind in San Francisco am Beispiel Uber schon gut zu beobachten: Der Uber-Markt ist dort 500 Mio. Dollar schwer, während der Taxi-Markt nur 150 Mio. Dollar Umsatz erwirtschaftet. Und 50 % aller Fahrten entfallen bereits auf UberPool, also die Variante des gemeinschaftlichen Taxifahrens. Mit sinkenden Preis steigt die Nachfrage, was wiederum Sharing-Angebote wie UberPool erst möglich macht, die dann zu weiter fallenden Preisen für die Fahrten führt. An dem Beispiel wird deutlich, wie technischer Fortschritt Märkte verändert.

Kaum geringer sind die Effekte am Arbeitsmarkt: Viele Routine-Tätigkeiten, die bisher von Menschen ausgeführt wurden, erledigen Maschinen künftig besser und billiger. Das gilt schon lange für Arbeiten in den Fabriken, aber nun erstmals auch für Standardjobs in den Büros. 50 % aller Verwaltungstätigkeiten vom Buchhalter über den Sachbearbeiter bis zum Analysten sind ersetzbar. Damit werden die Menschen nicht automatisch arbeitslos, aber sie müssen lernen, mit den Maschinen zu arbeiten, nicht gegen sie. Die Folge ist ein gigantischer (Weiter-)Bildungsbedarf, der in den Schulen anfängt, in den Universitäten weitergeht und in den Unternehmen seinen Höhepunkt erreicht. Diese Bildungswelle hat gerade erst zaghaft begonnen. Aber wenn wir die Menschen auf dem Digitalisierungspfad mitnehmen wollen, liegt hier ein wichtiger Schlüssel für die Zukunft Deutschlands.

Die digitalen Wettbewerber kommen

Technologie ist zwar in vielen Fällen Auslöser der Digitalen Transformation, aber entscheidend sind die ökonomischen Implikationen auf digitale Geschäftsprozesse und -modelle. Die Schutzzäune etablierter Unternehmen wie hohe Skaleneffekte, Kontrolle über Distributionskanäle und eine starke Marke können im digitalen Zeitalter schnell eingerissen werden. Technologie überwindet Markteintrittsbarrieren, sogar in bislang geschützten Branchen wie der Autoindustrie, die über Jahrzehnte keine neuen Wettbewerber zu bekämpfen hatten.

Branchengrenzen verschwimmen und neue Wettbewerber tauchen auf, die bisher niemand auf dem Radar hatte. Deren Kennzeichen sind oft signifikant geringere Kosten und damit höhere Gewinne, die sie aber nur selten an ihre Aktionäre ausschütten, sondern meist in noch riskantere Zukunftsprojekte investieren. Der Beginn der Kette, die Produktivitätsunterschiede zwischen jungen Technologie-Firmen und etablierten Unternehmen, sind eklatant: Jeder Google-Mitarbeiter erwirtschaftet etwa sechs Mal mehr Umsatz als ein Beschäftigter des deutschen Softwarekonzerns SAP; zwischen Amazon und dem Handelskonzern Otto liegt die Differenz beim Faktor drei.

Dieser erste Blick auf das „Big Picture" führt uns zum ersten DIGITALPARADIGMA für die Wirtschaft: Digital denken lernen! Bisher ungeahnte Wettbewerber dringen mit neuer Technik, günstigen Kostenstrukturen und dem Wissen über die Wünsche der digitalen Verbraucher in bislang geschützte Märkte ein. Wer als Sieger aus der Digitalisierung hervorgehen will, muss sein Geschäftsmodell an diese Welt anpassen und aus den Fehlern der Vergangenheit lernen.

3.1 Die digitalen Fehler der Vergangenheit

1999 hätte noch alles gut werden können. Der Hamburger Verlag Gruner + Jahr hatte schon 1997, als es Google noch nicht gab, mit der Entwicklung der Suchmaschine Fireball begonnen. Es hätte die Geburtsstunde eines europäischen Internet-Champions werden können, denn Fireball setzte sich damals schnell an die Spitze des noch jungen Suchmaschinen-Marktes. Doch es kam anders. Denn parallel bereitete die Gruner + Jahr-Muttergesellschaft Bertelsmann den Börsengang des Internet-Portals Lycos Europe voran. Die Verträge mit dem amerikanischen Partner Lycos Inc. untersagten Bertelsmann aber den Betrieb einer konkurrierenden Suchmaschine. Um das Problem aus der Welt zu schaffen, wurde Fireball kurzerhand an Lycos Europe verkauft, das aber kein Interesse an einer zweiten Suchmaschine hatte. Also wurde Fireball in eine Tochtergesellschaft abgeschoben und verkümmerte dort noch schneller als Lycos Europe insgesamt. Eine vielleicht historische Chance war dahin. Denn beinahe zeitgleich zu diesem Manöver startete Google seinen Dienst in Deutschland, der dem Unternehmen innerhalb weniger Jahre die dominante Position einbrachte und dazu die Hälfte des gesamten Online-Werbemarktes, während Gruner + Jahr weiterhin um Anschluss im Netz kämpft.

In der Liste der vergebenen Chancen besetzt auch T-Online einen Spitzenplatz. „T-Online ist Deutschlands Nokia", beschreibt ein deutscher Internet-Manager den Verfall des Online-Portals der Deutschen Telekom, das mit einem Börsenwert von 15 Mrd. Euro einst auf dem Weg zu einem europäischen Internet-Champion mit Ablegern in Frankreich, Spanien, Österreich und der Schweiz war. Doch statt groß zu denken, wurde die Tochtergesellschaft 2006 wieder in den Telekom-Konzern eingegliedert, was den Anfang vom Ende bedeuten sollte. Nach dem Rückzug aus dem Ausland und dem Ausstieg aus neuen Geschäftsfeldern wurde das übrig gebliebene T-Online-Portal schließlich für einen Bruchteil des einstigen Wertes notverkauft, solange es zumindest noch etwas Geld dafür gab.

Auch im Bereich der „Mobilen Applikationen" für das Handy wurde der Trend in Deutschland verschlafen. Apps sind spätestens seit dem Siegeszug des iPhone von Apple seit 2007 quasi in jeder Hosentasche zu finden. Doch die erste Anwendung dieser Art ist schon viel früher entstanden, denn pünktlich zur Kieler Woche 2004 ging schon die erste mobile Applikation auf UMTS-Basis in Deutschland an den Start. Zusammen mit den Partnern T-Mobile, Motorola, beLocal und weiteren Unternehmen wurde dabei vom Lehrstuhl für E-Business und E-Entrepreneurship des Co-Autors dieses Werkes an der Universität Kiel eine mobile Applikation für die Kieler Woche aufgebaut. Dabei kam eines der ersten UMTS-Handys zum Einsatz, welches Motorola damals im Testbetrieb hatte. 200 dieser Geräte konnten inklusive der mobilen Applikation täglich an die Besucher der Kieler Woche ausgeliehen werden. Über die ersten UMTS-Sendemasten von T-Mobile, die teilweise extra für dieses Pilotprojekt aufgestellt wurden, wurde die App mit aktuellen Daten versorgt. Mit Hilfe dieser Applikation konnten sich die Besucher auf einem Touchscreen über Veranstaltungshinweise, Bühnenprogramme, Zieleinläufe der Segelregatten und Erläuterungen zu Sehenswürdigkeiten mit Text-, Bild- oder auch Videoelementen informieren. Auch die Ortung des Nutzers mit einer kartenbasierten Routenführung zu den einzelnen Veranstaltungen und Eventorten war schon integriert. Trotz dieses erfolgreichen Feldversuchs nahmen weder T-Mobile oder Motorola den Ball auf. Das machte erst Apple drei Jahre später.

Etwas anders, aber nicht minder tragisch, liegt der Fall StudiVZ im Jahr 2007. Wieder war es ein Verleger, der die Chance seines Lebens verpasste. Stefan von Holtzbrinck hatte gerade das soziale Netzwerk StudiVZ übernommen, als ihm der Facebook-Gründer Mark Zuckerberg eine Beteiligung von fünf Prozent an seinem Unternehmen im Tausch gegen den deutschen Klon anbot. Von Holtzbrinck unterschrieb sogar eine Absichtserklärung, doch dann zögerte er zu lange. Als mit der Lehman-Pleite die Finanzkrise begann, zogen die Amerikaner das Angebot entnervt zurück. Der Verleger sollte seinen Schritt schon kurze Zeit später bereuen, denn die Nutzer liefen in Scharen zu Facebook über. Am Ende stand der zaudernde von Holtzbrinck mit leeren Händen da – statt mit einer Beteiligung an Facebook, die heute einen zweistelligen Milliardenbetrag wert wäre. Sie hätte die Grundlage für ein deutsches Internet-Imperium werden können.

Fehlende Risikobereitschaft, zu späte, zu unentschlossene Reaktionen und fehlender Mut, groß zu denken, haben auch noch viele andere deutsche Chancen in der digitalen Ökonomie zunichte gemacht. Zwar sind deutsche Unternehmen in der Internet-Branche durchaus erfolgreich in wettbewerbsfähige Größenordnungen vorgestoßen. United Internet ist so ein Beispiel; Rocket Internet, Zalando, Delivery Hero und Check24 gehören auch in diese Kategorie. Doch sie sind Ausnahmen, da (zu) viele Gründer ihre Unternehmen lieber für viel Geld an die Amerikaner verkaufen. mobile.de, die Scout-Gruppe, Trivago, Brands4Friends, BigPoint, Teamviewer, Sociomatic, die 6Wunderkinder und Pay.On gingen für drei- bis vierstellige Millionenbeträge in die Hände amerikanischer Unternehmen über. Das waren wahrscheinlich gute Geschäfte für die Gründer und Investoren, aber schlecht für den Aufbau der eigenen Digitalen Wirtschaft in Deutschland.

Die Lehren aus der ersten Phase der Digitalisierung führen uns zum zweiten DIGITALPARADIGMA der Wirtschaft: Mit der Defensive wird das Spiel nicht gewonnen. Wir brauchen mehr wagemutige Unternehmer wie Oliver Samwer, die bereit sind, Risiken einzugehen und groß zu denken. Die Häme, mit der Fehlschläge hierzulande begleitet werden, ist das falsche Signal.

3.1.1 Der Status quo unserer Digitalen Wirtschaft

Wer nur einen flüchtigen Blick auf die Statistiken wirft, könnte zur Schlussfolgerung kommen, dass das Internet auf einem sehr guten Weg ist. Laut der Studie „Die Digitale Wirtschaft in Zahlen von 2008 bis 2014" vom Bundesverband der Digitalen Wirtschaft (BVDW) [79] oder dem TNS Infratest Monitoring Report 2015 [44] zeigen sich kräftige Zuwächse in diesem Bereich. Die Branche gehört eindeutig zu den Zugpferden der deutschen Wirtschaft. Der Markt hat in den vergangenen Jahren in Deutschland um durchschnittlich zehn Prozent im Jahr zugelegt und ein Volumen von 73 Mrd. Euro im Jahr 2015 erreicht. Nach Schätzung der Beratungsgesellschaft Arthur D. Little und des Branchenverbands eco [80] wird die deutsche Internet-Wirtschaft auch in den kommenden Jahren dynamisch weiterwachsen. Zwölf Prozent Zuwachs pro Jahr, lautet ihre Prognose bis zum Ende der Dekade.

Deutschlands Abstand zur Weltspitze wird größer

Die schlechte Nachricht ist allerdings: Das Wachstum reicht nicht, um im internationalen Wettbewerb aufzuholen. Das Niveau ist in Relation zur Größe der Volkswirtschaft zu gering. Der Anteil der Branche an der gesamten Wertschöpfung wird sich zwischen 2013 und 2016 laut TNS Infratest Monitoring Report 2014 [81] wohl nur von drei auf vier Prozent erhöhen. In anderen Ländern weisen die reinen Online-Sektoren schon weit höhere Werte auf: In Großbritannien tragen die Internet-Firmen zwölf Prozent zur Wirtschaftsleistung bei und auch in den USA, China, Japan oder Südkorea sind die Werte absolut und relativ gesehen höher als in Deutschland. Der Abstand zur Weltspitze wird immer größer: Von einem geschätzten Umsatzzuwachs der globalen Internet-Wirtschaft zwischen 2010 und 2016 von rund zwei Billionen Dollar in den 20 größten Ländern der Welt entfallen gerade einmal 60 Mrd. Dollar auf Deutschland. Von einem Aufholprozess, wie ihn einige Politiker gerne herbeireden, ist keine Spur zu erkennen. Ganz im Gegenteil: Deutschland fällt immer weiter zurück.

Die Leistungsfähigkeit der deutschen Digitalen Wirtschaft liegt im internationalen Vergleich bestenfalls im Mittelfeld und wird im „Monitoring Report Digitale Wirtschaft 2015" vom Zentrum für Europäische Wirtschaftsforschung daher auch nur mit 53 von 100 möglichen Punkten bewertet. Das bedeutet Rang sechs unter zehn betrachteten Ländern. „Deutschland bleibt in seiner Performance mittelmäßig" lautet das Urteil der Marktforscher. Spitzenreiter sind mit weitem Abstand die USA, gefolgt von Südkorea und Großbritannien. China hat sich seit dem vergangenen Jahr von Platz 7 auf 4 verbessert und ist an Deutschland vorbeigezogen.

Zwar schreitet die Digitalisierung in Deutschland voran, aber im Vergleich mit Wettbewerbern ist das Tempo einfach zu langsam, um den Status quo zu halten. Nicht nur die Vereinigten Staaten mit dem digitalen Gravitationszentrum Silicon Valley, sondern auch China investiert heute ein Vielfaches der deutschen Ausgaben in ihre digitalen Ökonomien. Die Amerikaner wiederholen ihr erprobtes System der ersten Internetwelle, allerdings auf einem viel höheren Niveau, da sie die Gewinne der ersten Welle mitinvestieren können. Die Chinesen haben erkannt, dass die Digitalisierung ihre große Chance ist, den nächsten großen Entwicklungssprung zu schaffen. Große Firmen wie Alibaba, Baidu oder Xiaomi sind nur die Speerspitze der chinesischen Digitalfirmen, die bald auf den Weltmarkt drängen. „Peking hat in zehn Jahren geschafft, wofür das Silicon Valley 30 Jahre brauchte", sagte der Standford-Professor Steve Blank [82]. Viele gut ausgebildete Menschen verlassen jedes Jahr die Universitäten oder kommen aus den USA zurück, um ihrem Vorbild, dem Alibaba-Gründer Jack Ma nachzueifern. Wenig überraschend kann Deutschland mit dieser Dynamik nicht mithalten, wie auch der Digital Evolution Index der amerikanischen Tufts Universität zeigt [83]. Er führt Deutschland im weltweiten Vergleich inzwischen nur noch auf Rang 13 und in der Rubrik „stall out" (durchsacken) auf. 2009 lag Deutschland noch auf Rang 9.

Das dritte DIGITALPARADIGMA der Wirtschaft lautet: Deutschland fällt im internationalen Wettbewerb zurück. Die Leistungsfähigkeit der deutschen Digitalen Wirtschaft entspricht bei weitem nicht dem Status, den wir als Industrienation erworben haben. Ohne zielgerichtete digitale Standortpolitik wird Deutschland weiter an Boden gegen Länder wie die USA, China, Indien oder Großbritannien verlieren.

Der Detailblick auf die einzelnen Sektoren der deutschen Internet-Wirtschaft offenbart die Probleme, die sich Deutschland in der ersten Halbzeit der Digitalisierung eingebrockt hat. Um die Strukturprobleme zeigen zu können, wird der Markt in vier Bereiche eingeteilt: Der Betrieb der Netze für die Internet-Verbindungen, das Angebot von Speicherplatz und Cloud-Diensten, Transaktionen wie Online-Handel und Werbung sowie der Verkauf digitaler Inhalte.

- Zur Ebene 1 zählen alle Anbieter von Übertragungswegen und Zugangspunkten zum Internet. Wesentliche Akteure sind Netzbetreiber wie die Deutsche Telekom, Vodafone, Telefónica und Level 3 oder Internet-Austauschknoten wie DE-CIX. Für das Jahr 2015 schätzen eco/Arthur D. Little den Umsatz in dem Segment auf 22,7 Mrd. Euro, der sich in den kommenden Jahren moderat um durchschnittlich sieben Prozent erhöht [81].
- Aufbauend auf die Netzwerkinfrastruktur bieten die Unternehmen der Ebene 2 Speicherplatz im Netz, verwalten die Web-Adressen oder betreiben öffentliche Cloud-Dienste. Zu den Anbietern gehören United Internet oder Amazon-Web-Services. Mit 2,6 Mrd. Euro Umsatz ist dieses Marktsegment noch sehr klein, wächst mit 21 % im Jahr aber am schnellsten.
- Zur Ebene 3 gehören die Dickschiffe wie Google, Amazon, Ebay, Otto, Xing, Immobilienscout oder Paypal. Diese Ebene umfasst die Unternehmen, die entweder Inhalte aggregieren (wie Marktplätze oder Suchmaschinen) oder von Transaktionen mit Produkten leben (wie Online-Händler, Werbevermarkter und Zahlungsdienstleister). Entsprechend ist das Umsatzvolumen mit 43 Mrd. Euro am größten, zeigt mit durchschnittlich 13 % Zuwachs in den kommenden Jahren aber eine mittlere Dynamik unter den vier betrachteten Marktsegmenten.
- Die Akteure der Ebene 4 verkaufen Inhalte im Netz. Dazu gehören Verlage, Spielehersteller wie Goodgame Studios, Anbieter von Filmen und Musik wie Netflix oder Spotify sowie Electronic-Publishing-Angebote. 4,2 Mrd. Euro Umsatz werden hier erzielt, aber 18 % erwartetes Wachstum pro Jahr deuten auf ein großes Potenzial. Vor allem der Videomarkt ist in Deutschland im Vergleich zum Ausland noch sehr klein und bietet viele Wachstumschancen.

40 % des Digitalgeschäfts in ausländischer Hand

Ein wichtiger Grund für die geringe Leistungsfähigkeit ist laut eco/Arthur D. Little [80] der hohe Anteil ausländischer Unternehmen, die in Deutschland in der Regel nur Vertriebsorganisationen unterhalten, aber die Forschung, Entwicklung und Verwaltung meist in ihren Heimatländern behalten haben und auch ihre Gewinne ins Ausland transferieren. Etwa 40 % des Digitalgeschäfts in Deutschland liegt in der Hand ausländischer Unternehmen, hat Arthur D. Little errechnet. Der Anteil ist mit 60 bis 70 % auf der Ebene der Bezahlinhalte besonders hoch, weil hier Unternehmen wie Netflix, Spotify oder Apple den Markt dominieren. An zweiter Stelle mit einem Auslandsanteil von 50 bis 60 % folgt das Segment Service und Anwendungen, in dem amerikanische Cloud-Dienste wie Amazon-Web-Services oder Microsoft Azure den Ton angeben. Im Bereich der Netzwerke und der Infrastruktur ist zwar die Deutsche Telekom marktführend, aber mit Vodafone und Telefónica sind die Nummern zwei und drei im Markt schon in ausländischer Hand, so dass insgesamt etwa die Hälfte der Nachfrage in dieser Sparte von Ausländern erbracht wird. Lediglich auf der Ebene 3, der Aggregation und der Transaktion, liegt der Auslandsanteil mit 25 bis 35 % deutlich darunter. Grund hierfür ist der hohe Anteil des elektronischen Handels zwischen Unternehmen, auf den allein etwa 36 % des gesamten Internet-Marktes entfällt und der zu großen Teilen zwischen deutschen Unternehmen abgewickelt wird. Die vergleichsweise günstige Importquote ist also nur diesem großen B2B-Anteil zu verdanken, denn in den anderen Teilsegmenten wie dem Online-Handel mit privaten Endkunden, der Online-Werbung, dem Bezahlverfahren und den Online-Marktplätzen liegen jeweils US-Unternehmen klar vorne.

Besonders prekär daran: Viele ausländische Firmen sind eindeutige Gewinner zentraler Online-Märkte wie die Suche (Google), Soziale Medien (Facebook), Online-Handel (Amazon), Musik (Apple/Spotify), Video (YouTube/Amazon/Netflix) oder Reise (Booking/Expedia/Airbnb). Als eine Folge sind in den Top Ten der umsatzstärksten Internet-Unternehmen (ohne E-Commerce) in Deutschland heute acht amerikanische Firmen vertreten.

Ein DIGITALPARADIGMA ist die Erkenntnis, dass keine andere große Wirtschaftsnation ihre Online-Märkte bisher ähnlich umfassend aus der Hand gegeben hat wie Deutschland. Um in der Digitalen Wirtschaft nicht weiter zurückzufallen, ist ein radikal neues Denken in den Unternehmen und der Politik notwendig.

3.1.2 Die erste Halbzeit: Digital verschlafen!

In der Konsequenz muss man feststellen, dass Deutschland die erste Halbzeit der Digitalisierung verschlafen hat. Und werden die bislang dominanten Konsumenten-Märkte betrachtet, ist die Aussicht auf eine schnelle spürbare Besserung der Lage kaum realistisch. Im Gegenteil: In vielen Märkten gewinnen ausländische Plattform-Player zurzeit Marktanteile gegenüber deutschen Anbietern hinzu. Da clever geführte Plattformen in der Regel immer mehr Geschäft an sich ziehen, steigt in diesen Märkten die Konzentration an. Macht der Plattform-Betreiber keine schwerwiegenden Fehler, ist sogar eine Tendenz in Richtung einer Monopolbildung erkennbar. Die Gefahr, dass also weitere Marktanteile auf die großen ausländischen Anbieter wie Google, Facebook oder Amazon entfallen, ist groß – und sie wächst.

Ein prägnantes Beispiel für diese These ist der Online-Handel, in dem Marktführer Amazon seine Position stetig ausbaut und der deutschen Konkurrenz weiter enteilt. Seit 2010 geht die Umsatzschere zwischen amazon.de und Verfolgern wie otto.de und zalando.de weiter auf. Besonders interessant ist dabei der zusätzliche Plattform-Effekt: Externe Verkäufer, die ihre Produkte auf der Amazon-Plattform vertreiben, wachsen in der Summe sogar schneller als ihr Marktplatzbetreiber und erzielen zusammen inzwischen fast so viel Umsatz wie Amazon selber. Das stärkt die Position des Marktführers weiter, da er bei jedem verkauften Produkt eine Provision kassiert, die etwa seiner Gewinnspanne bei Eigenverkäufen entspricht. Amazon kann es also weitgehend egal sein, selbst Anbieter oder nur Marktplatzbetreiber zu sein. Der Effekt in der Bilanz ist weitgehend gleich, wenn nicht sogar besser.

Jahr für Jahr wird der amerikanische Weltmarktführer also mächtiger in Deutschland. 2014 wurden schon 38 % des deutschen Online-Umsatzes über Amazon und seinen Marktplatz getätigt. Viele Online-Käufer ersparen sich heute die Suche nach einem Anbieter für ihr Produkt, sondern gehen direkt zu Amazon. Mit einem guten Service, einem immer breiteren Produktangebot, einer schnellen Lieferung (vielfach noch am selben Tag) und einem geschickten Kundenbindungsprogramm (Amazon Prime) setzt sich das Unternehmen weiter von seinen Wettbewerbern ab.

Ein wichtiger Grund für den Erfolg ist die Strategie des Amazon-Gründers Jeff Bezos, jeden Gewinn sofort zu reinvestieren, vor allem in eine gute Logistik und den Aufbau neuer Geschäftsmodelle. Zehn Jahre hat Bezos aus diesem Grund mit einem stagnierenden Aktienkurs agieren müssen, weil die Börse seinen Wachstumskurs um jeden Preis nicht belohnte. Erst 2008 fassten die Anleger Vertrauen und katapultierten Amazon seitdem in die Top Ten der wertvollsten börsennotierten Unternehmen der Welt. Dort ist Amazon nur einer von inzwischen fünf amerikanischen Tech-Giganten, denn auch Apple, Google, Microsoft und Facebook gehören 2015 zu den Top-10 der Welt. Nie zuvor hatten Tech-Unternehmen einen solch hohen Stellenwert: Betrug ihr Anteil am gesamten Börsenwert der Spitzengruppe 1995 noch null Prozent und zehn Jahre später immerhin zehn Prozent, waren es 2015 schon 59 %. Auch an der Börse wird der Unterschied zwischen den USA und Deutschland sichtbar: Mit SAP gibt es nur ein „junges" Softwareunternehmen im Dax-30-Index. Die beiden wertvollsten Internet-Unternehmen hierzulande, United Internet und Zalando, gehören mit zehn und acht Milliarden Euro Börsenwert (Stand Ende 2015) inzwischen zwar zu den Top 30 in Deutschland, sind von der Spitzengruppe trotz vielversprechender Zuwächse aber noch weit entfernt.

Der Grund für die hohen Börsenwerte der US-Firmen liegt einerseits in der Hoffnung auf weiterhin hohes Wachstum, andererseits aber auch ganz klassisch in den hohen Margen der Unternehmen. 30 % Umsatzrendite sind in der Tech-Branche keine Seltenheit, aber in traditionellen Sektoren nur sehr selten anzutreffen. Die hohen Renditen verschaffen den Tech-Firmen die Möglichkeit, mehr Geld in Forschung und Entwicklung zu investieren als ihre Konkurrenten aus den klassischen Industriezweigen. Sie können also aus eigener

Kraft stetig neue Geschäftsfelder aufbauen oder sich einfach einkaufen. Hohe Risiken oder auch Fehlschläge werden ihnen an der Börse schneller verziehen als ihren Konkurrenten aus den klassischen Branchen, solange die Aussicht auf weiteres schnelles Wachstum und hohe Margen bestehen bleiben.

Als Beispiel hat Amazon mit seinem Cloud-Dienst Web Services einen sehr profitablen neuen Geschäftsbereich aufgebaut, der schon mit Abstand Weltmarktführer ist. Dessen Profitabilität würde heute sogar reichen, um das Handelsgeschäft mit Quersubventionen zu stützen. Fehlschläge wie die teure Entwicklung eines eigenen Smartphones, das am Markt überhaupt nicht ankam und zu einer Abschreibung in dreistelliger Millionenhöhe führte, werden Amazon schnell verziehen. „Ich habe bei Amazon Milliarden Dollar in den Sand gesetzt. Aber mein Job ist es, die Leute zu ermuntern, kühn zu sein", sagt Bezos. Ein paar große Erfolge machten aberdutzende Fehlschläge wett, die meist ganz schnell revidiert werden, um es beim nächsten Versuch besser zu machen. Ähnlich agieren auch die Risikokapitalgeber im Silicon Valley, die deutlich größere Wetten eingehen als ihre europäischen Wettbewerber.

Konsumentenmärkte sind dauerhaft verloren

Dass die beschriebenen Konsumentenmärkte wahrscheinlich dauerhaft „verloren" sind, sollte Deutschland ein Anreiz sein, es in den nun zu digitalisierenden Branchen besser zu machen. Wer es sich nun einfach machen will, mag sich darauf berufen, dass Deutschland diese neu entstandenen Konsumentenmärkte gegen die Amerikaner mit ihrem großen Heimatmarkt, ihrer geballten Softwarekompetenz und Finanzkraft im Silicon Valley gar nicht gewinnen konnte. Diese strukturellen Nachteile seien in den nun zur Digitalisierung anstehenden Märkten wie dem Maschinenbau und der Automobilindustrie nicht zu befürchten. Im Gegenteil: Deutschland habe wegen seiner Industriekompetenz dieses Mal einen klaren Vorsprung. Dieser Vorsprung ist in vielen Industriemärkten sicher noch vorhanden, aber in bisher dominierten Konsumentenmärkten wie dem Automobilbau schon kräftig geschrumpft.

Wenige Jahre haben Google und Tesla genügt, um mit Innovationen wie dem selbstfahrenden Auto und dem Elektroantrieb technologisch an der lange Zeit unangefochten führenden deutschen Autoindustrie vorbeizuziehen. Noch immer bauen die Deutschen die besten Autos, aber sind die Deutschen auch vorbereitet, wenn die Konsumenten künftig ein bequemes Mobilitätskonzept, das sie schnell und günstig von A nach B bringt, dem eigenen Auto vorziehen? Sind sie vorbereitet, wenn die Nachfrage nach einem vernetzten Elektroauto wie dem Tesla plötzlich anspringt, weil das Unternehmen sein bezahlbares Modell für den Massenmarkt fertig hat? Erste Anzeichen dafür sind schon zu erkennen: Einen Tag nach der offiziellen Vorstellung seines Modells 3 hat Tesla für sein neues Elektroauto, welches in der Grundausstattung nur noch 35.000 Dollar kosten soll, insgesamt mehr als 230.000 Vorbestellungen erhalten. Jeder Kunde hat sein Interesse mit einer Hinterlegung von jeweils 1000 US-Dollar dokumentiert. Sollen die klassischen Industriebranchen dauerhaft für Wohlstand und Wachstum in Deutschland sorgen, muss vor diesem Hintergrund ein ähnliches Desaster wie in den anderen Konsumentenmärkten wie dem Handel vermieden werden.

Eine Lehre aus der ersten Halbzeit ist die große Bedeutung der Geschwindigkeit in der Digitalen Wirtschaft. Wer zu lange zögert, kann den Marktführer oft nicht mehr einholen, sofern dieser keine gravierenden Fehler macht. Und wer zu lange zögert, kann böse überrascht werden, wenn plötzlich neue, gänzlich unerwartete Wettbewerber auftauchen. Das ist in vielen Märkten schon zu beobachten. Nach eigener Einschätzung sehen sich im Durchschnitt 56 % aller Unternehmen aus den Branchen Banken, Medien, Auto, Touristik und Pharma heute eher als digitale Nachzügler, acht Prozent gar schon als abgeschlagen, hat eine Umfrage des Branchenverbandes BITKOM zur hub conference 2015 ergeben [84]. Etwa die Hälfte der Befragten kämpft bereits gegen neue Wettbewerber aus der Digitalbranche, die in ihren Markt eingedrungen sind.

Ein wichtiges DIGITALPARADIGMA aus der ersten Phase: Mit ihren erfolgreichen Plattform-Strategien haben die Amerikaner den Grundstein für ihre Dominanz in den Konsumenten-Märkten gelegt. Mit einiger Wahrscheinlichkeit werden digitale Angreifer diese bewährten Plattform-Strategien auch in der zweiten Phase einsetzen. Ihnen zuvorzukommen wäre aus Sicht der Verteidiger essentiell.

3.1.3 Die zweite Halbzeit: Digital aufwachen!

Mit der Digitalisierung ist es wie mit allen Veränderungen: Es gibt Gewinner und Verlierer. Alle Technologien, die schneller, besser und/oder günstiger waren, haben sich in Wirtschaft und Gesellschaft durchgesetzt und die bis dahin gültigen Regeln und Strukturen verändert: das Rad, die Dampfmaschine, das Radio, das Auto. Heute sind es das Internet und die damit verbundenen digitalen Technologien, die gemeinsam die bestehende Ordnung umwälzen. Die deutsche Wirtschaft braucht für die zweite Halbzeit zunächst einmal den Mut und die konsequente Haltung, diesen digitalen Wandel als wesentliche Veränderung der eigenen Strukturen zu akzeptieren und den Wandel aktiv zu gestalten statt nur Getriebener zu sein. Das klare Ziel muss es sein, mit möglichst vielen Gewinnern ins digitale Zeitalter zu gehen und die zweite Halbzeit zu gewinnen. Dafür müssen wir insbesondere eins tun: Endlich aufwachen und digital mitspielen!

Keine Branche wird sich Veränderungen aufgrund technologischer Innovationen auf Dauer verschließen können. Gerade die disruptiven Auswirkungen der digitalen Technologien brechen oft unglaublich schnell über uns herein, dass die Reaktionszeiten gar nicht kurz genug sein können. Laut einer Studie von Capgemini beträgt die durchschnittliche Reaktionszeit klassischer Wirtschaftsbranchen auf disruptive Veränderungen allerdings zwei Jahre. Da kann einem um die Zukunft der deutschen Wirtschaft angst und bange werden. Innerhalb dieser Reaktionszeit hat Airbnb in weltweit 34.000 Städten rund 30 Mio. Gäste an rund zwei Mio. Unterkünfte vermittelt. Snapchat konnte in dieser Zeit mehr als 100 Mio. monatliche Nutzer gewinnen, die täglich bis zu 700 Mio. Fotos ins Netz stellen. Angesichts dieser Geschwindigkeiten kann man nur feststellen, dass viele etablierte Unternehmen und Branchen noch auf dem Deck der Titanic feiern, während sie bereits auf den digitalen Eisberg zusteuert. In Studien kommt immer wieder zum Ausdruck, dass die befragten Entscheidungsträger in den Unternehmen zwar den digitalen Wandel sehen, aber die Auswirkungen auf die eigenen Unternehmen für gering halten.

Mittelstand unterschätzt den digitalen Wandel

Sorgen bereiten vor allem kleine und mittlere Unternehmen. „KMU scheinen sich mit der Umsetzung neuer Geschäftsmodelle der Digitalen Wirtschaft besonders schwer zu tun. Je kleiner das Unternehmen, desto geringer ist (...) die Bedeutung digitaler Technologien. Die Expertenkommission ist daher in Sorge, dass ein Großteil der KMU die Bedeutung des digitalen Wandels unterschätzt“, heißt es im Gutachten 2016 der Expertenkommission Forschung und Innovation (EFI) [85], die Digitalisierung generell als Schwachstelle der deutschen Wirtschaft ausgemacht hat. „Deutsche Unternehmen sind bei der Nutzung neuer digitaler Möglichkeiten derzeit allenfalls internationales Mittelmaß“, sagte der EFI-Vorsitzende Dietmar Harhoff bei der Präsentation des Berichts [86]. Die deutschen Firmen hätten mit wenigen Ausnahmen in den neuen Bereichen der Digitalen Wirtschaft bislang keine Stärken aufgebaut.

Speziell rügt die Kommission die geringen Fortschritte in der elektronischen Verwaltung (E-Government), weshalb Deutschland inzwischen deutlich hinter andere Industrienationen zurückgefallen sei. Die „digitale Wüste in deutschen Amtsstuben“ lasse wichtige Potenziale für Innovation und Wertschöpfung brachliegen. Nachholbedarf attestieren die Forscher auch im Bereich der Servicerobotik. Zwar sei Deutschland in der industriellen Robotik gut aufgestellt, aber außerhalb der Fabriken sei die Nutzung der Roboter noch ausgesprochen gering. Die Konzentration auf die Industrie und dort speziell auf die Automobilproduktion verstelle den Blick auf aktuelle Entwicklungen in der Servicerobotik, zum Beispiel in der Pflege älterer Menschen, in der Medizin oder der Logistik.

Die EFI-Forscher mahnen also vor allem die kleinen und mittleren Unternehmen, die Bedeutung der Digitalisierung und die Auswirkungen auf ihre Geschäftsmodelle nicht zu unterschätzen. Denn Digitalisierung der Wirtschaft bedeutet viel mehr als eine Webseite, elektronischen Handel oder digitales Marketing und ist künftig nicht mehr auf bestimmte Branchen (Handel, Medien) oder Unternehmensbereiche (Marketing, Kommunikation) beschränkt. Digitalisierung bedeutet auch mehr als die Umsetzung des produktionsorientierten deutschen Industrie-4.0-Konzeptes. Künftig erfasst die Digitalisierung alle Branchen und auch alle Stufen der Wertschöpfung. Bildlich gesprochen hat sich die Digitalisierung aus den Büros der Online-Marketers und -Kommunikatoren in die Vorstandsbüros, die Fabrikhallen und die Entwicklungslabors vorgearbeitet. Erst jetzt wird die Digitalisierung auch in den deutschen Kernbranchen zu einem entscheidenden Wettbewerbsfaktor, in denen selbstfahrende Autos, intelligente Roboter, aus der Ferne zu steuernde Maschinen oder datenbasierte Geschäftsmodelle traditionelle Wettbewerbsfaktoren ergänzen oder ganz ablösen.

Das wichtigste DIGITALPARADIGMA für die Wirtschaft: Digitalisierung betrifft alle Unternehmen, ändert Geschäftsmodelle grundlegend und erfordert neues Denken in den Köpfen aller Manager. Die Zeiten, als Digitalisierung von den Chefs delegiert werden konnte, weil es nur Teilaspekte des Unternehmens betraf, sind endgültig vorbei. „Digital Leadership" ist gefragt.

Da Digitalisierung einerseits eine erhöhte Effizienz in angestammten Märkten, andererseits auch die Entwicklung neuer Produkte und Märkte bedeutet, sind beide Schritte notwendig, um die Wettbewerbsfähigkeit der deutschen Wirtschaft langfristig zu erhalten. Da das Industrie-4.0-Konzept meist als Digitalisierung der Fabriken und damit oft nur als Instrument zur Steigerung der Effizienz aufgefasst wird, ohne sich über neue Produkte Gedanken zu machen, reicht es nicht aus, den Status quo zu erhalten oder gar den Vorsprung vor der Konkurrenz auszubauen. Industrie 4.0 manifestiert dagegen vielfach ein Grundproblem der deutschen Herangehensweise, die neuen Daten-Produkte nicht vom Kunden her zu denken und erst am Ende des Prozesses die Produktion entsprechend auszurichten, sondern mit der Optimierung/Digitalisierung des bestehenden Produktionsprozesses zu beginnen. Das Ergebnis sind reine Prozessverbesserungen, aber keine Produktinnovationen. Kodak hätte es auch nichts genutzt, die Produktion seiner Filme zu digitalisieren, um sie 30 % billiger zu produzieren, wenn niemand mehr das Produkt kauft.

Was Deutschland in der zweiten Halbzeit der Digitalisierung erreichen will, hat Siemens-CTO Siegfried Russwurm einmal gut formuliert: „Ich glaube nicht, dass Deutschland über Industrie 4.0 wieder zur Werkbank der Welt wird“ [88]. Ziel sei es vielmehr, auch künftig die Welt mit Maschinen zu beliefern, die aber intelligent sind. „Wenn Deutschland die Produktionstechnologie-Abteilung der Welt bleibt, dann haben wir viel erreicht. Auf dieses Ziel arbeiten wir hin“, sagt Russwurm. Entsprechend schnell investieren Industrie-Ausrüster wie Siemens oder SAP in die Digitalisierung. Deutlich langsamer ist aber die Fertigungsindustrie in Deutschland unterwegs. Sie läuft große Gefahr, dass Konkurrenz aus dem Ausland mit digitalisierten Produkten an den heute noch vielfach führenden deutschen Unternehmen vorbeiziehen. Vor allem Geschäftsmodelle, die auf der Analyse von Daten beruhen und streng am Kundeninteresse ausgerichtet sind, gehören bisher nicht zu den deutschen Stärken. Beide Faktoren werden aber in einem Internet der Dinge deutlich an Bedeutung gewinnen.

Da der Grundsatz „Was digitalisiert werden kann, wird digitalisiert“ gilt, hat das Tempo der Digitalisierung im Vergleich zu den Wettbewerbern einen wichtigen Einfluss auf den künftigen Erfolg. Das immer vergebliche Hoffen, dass die Digitalisierung vielleicht an der eigenen Branche vorbeigehen werde, und die anschließenden zögerlichen Initiativen haben sich meist als Fehler erwiesen. Da wir gesehen haben, mit welchem Elan und Nachdruck andere Nationen die Digitalisierung vorantreiben, kann die Konsequenz also nur lauten, nun mit mindestens der gleichen Entschlossenheit die Weichen in Richtung „Deutschland 4.0“ zu stellen. Allzu viel Zeit sollten wir uns dabei nicht lassen. „Der digitale Wandel wird nie wieder so langsam sein wie heute“, sagt Philipp Justus voraus [89]. Er muss es wissen. Er hat lange im Silicon Valley gearbeitet und ist heute der Deutschland-Chef von Google, dem wichtigsten Tempomacher der Digitalisierung.

Ist Deutschland auf die zweite Digitalisierungswelle vorbereitet? Offenbar noch nicht richtig. Im „Wirtschaftsindex Digital“, der im Monitoring Report Digitale Wirtschaft 2015 [44] errechnet wurde, erreicht Deutschland nur 49 von 100 möglichen Punkten. „Dieser Wert unterhalb der 50-Prozent-Marke zeigt, dass wir mit der Digitalisierung noch nicht weit fortgeschritten sind“, schreiben die Autoren. Der Index misst den Grad der Digitalisierung der Geschäftsabläufe, der internen Prozesse und die Nutzungsintensität digitaler Technologien und Services. Die erwarteten Zuwächse zeigen auch einen nur „verhaltenen“ Aufholprozess auf 56 Indexpunkte bis zum Jahr 2020. Raum für Verbesserungen ist also reichlich vorhanden.

Die erste Repräsentativbefragung deutscher Unternehmen aller Größenklassen zur Vorbereitung auf Industrie 4.0 zeichnet ebenfalls das Bild einer zögernden Wirtschaft. Nur 18 % der Unternehmen kannten zum Zeitpunkt der Befragung (Anfang 2015) den Begriff überhaupt und gar nur vier Prozent hatten entsprechende Digital-Projekte schon umgesetzt oder in Planung, hat das Zentrum für Europäische Wirtschaftsforschung (ZEW) unter 4500 Unternehmen in Deutschland herausgefunden [90]. „Trotz zahlreicher Forderungen aus der Politik und den Verbänden, den Vorsprung der heimischen Industrie im Zuge der Digitalisierung nicht zu verlieren, sind die tatsächlichen Investitionsvorhaben überschaubar und auf wenige Unternehmen beschränkt“, kritisiert ZEW-Forscherin Irene Bertschek. Seitdem haben sich die Zahlen wahrscheinlich erhöht, aber ein freudiger Aufbruch ins digitale Zeitalter ist nur in wenigen Unternehmen zu spüren.

Zu einem ähnlichen Ergebnis kommt der erste Strukturreport des Instituts der Deutschen Wirtschaft (IW) [91]. „Industrie 4.0 gilt zwar als Zukunftskonzept zur Absicherung der internationalen Wettbewerbsfähigkeit der deutschen Industrie, ist aber de facto kaum verbreitet. Über zwei Fünftel der Unternehmen geben an, von Industrie 4.0 noch nichts gehört zu haben oder schätzen das Thema als für sie nicht relevant ein“, bilanziert das arbeitgebernahe IW.

Industrie 4.0 noch nicht implementiert

Die Ergebnisse des IW lassen auf einen erheblichen Nachholbedarf schließen. 58 % der Unternehmen sind noch Außenstehende, 31 % gelten als Anfänger. Das bedeutet: Nur etwa zehn Prozent der Unternehmen des verarbeitenden Gewerbes in Deutschland hatten sich zum Zeitpunkt der Untersuchung ernsthaft mit der Implementierung von Industrie 4.0 beschäftigt. Industrie-4.0-Experten waren damals kaum oder gar nicht vorhanden, weil selbst Pioniere diese Stufen erst erreichen können, wenn auch ein großer Teil der Lieferanten, Partner und Kunden in die digitalen Prozesse einbezogen sind. Da große Teile des verarbeitenden Gewerbes in Deutschland aber noch abwarten, wird auch die Avantgarde bei der weiteren Digitalisierung behindert.

Einigkeit herrscht im Urteil über das wichtigste Hindernis, die fehlende Breitbandversorgung in Deutschland. Während alle wesentlichen Industrieländer verstärkt in Glasfaser investieren, hinkt Deutschland sowohl bei der aktuellen Leistung seiner Netze als auch bei den Ausbauplänen hinterher. Die (Vor-)Entscheidung der Bundesnetzagentur, der kurzfristig günstigeren Aufrüstung der alten Kupferkabel den Vorzug vor Investitionsanreizen in Glasfaser zu geben, hilft zwar beim Erreichen des 50-Megabit-Zieles der Digitalen Agenda der Bundesregierung, behindert aber die erforderlichen Investitionen in eine zukunftsfähige Breitband-Infrastruktur, die weit mehr als 50 Mbit/s erfordert. Gesicherte kurze Reaktionszeiten sind für das Internet der Dinge wichtiger als hohe Übertragungsraten, die aber wiederum als Standortfaktoren für ländliche Regionen an Bedeutung gewinnen.

Die Vergangenheit hat gezeigt, wie Infrastruktur Innovationen fördert und neue Geschäftsmodelle vorantreibt. Das nächste DIGITALPARADIGMA lautet daher: Dass sich Deutschland als eine der leistungsfähigsten Industrienationen eine zweitklassige Netzinfrastruktur für das digitale Zeitalter leistet, ist ein nicht entschuldbarer Fehler. Heute nicht in Glasfaser zu investieren gehört zu den Fehlentscheidungen, die sich die Politik ankreiden lassen muss.

Erhebliche Unterschiede zeigen sich zwischen den Branchen. Fast die Hälfte der Unternehmen aus der Informationstechnik, der Telekommunikation, dem Maschinenbau und der Elektroindustrie kennt immerhin das Thema. Im Durchschnitt hat auch etwa jedes fünfte Unternehmen aus diesen Branchen schon Projekte am Start. Hinter dieser Spitzengruppe fallen aber Bekanntheitsgrad und die Zahl der Vorhaben zur Digitalisierung stark ab. Ganz am Ende der Skala findet sich überraschenderweise die Transport- und Logistikbranche, in denen nur sechs Prozent der Firmen Kenntnis vom Begriff haben und gar nur 1,3 % schon konkret an der Umsetzung arbeiten, obwohl die Vernetzung der Lieferkette erhebliche Potenziale bietet. Daher wird die Logistik wahrscheinlich schon sehr früh in den Digitalisierungsstrudel hineingezogen. Dass die erforderlichen hohen Anfangsinvestitionen die Branche nicht vor Neueinsteigern schützen, zeigt wieder das Beispiel Amazon. Das Unternehmen baut gerade eine komplette Logistik-Infrastruktur einschließlich einer Flotte von Containerschiffen und Frachtflugzeugen auf, um seine Logistik selbst in die Hand zu nehmen. Folgt Amazon seinem bisherigen Modell, wird der zweite Schritt bedeuten, diese Logistikleistungen auch anderen Unternehmen anzubieten. Auf diese Weise hat Amazon schon den Handel und das Cloud-Computing auf ein deutlich höheres Produktivitätsniveau gehoben. Das könnte nun genauso mit der Logistikbranche passieren.

Mangelndes Digitalwissen der Manager

Noch immer ist das Verständnis für die bevorstehenden Änderungen im digitalen Zeitalter nicht verbreitet. Testet man das Digitalwissen deutscher Manager, zeigen sich deutliche Lücken, die zum Beispiel bei Studierenden deutlich geringer sind. „Die Digitalisierung im verarbeitenden Gewerbe wird nur von IT-Verantwortlichen als wesentliche Herausforderung in den nächsten zwei Jahren bewertet. Auf Seiten der Produktions- und Fachbereichsverantwortlichen fehlt nach wie vor das Verständnis, in welchem Ausmaß technologische Entwicklungen die Geschäftstätigkeit ihres Betriebs verändern werden", lautet ein Ergebnis des Marktforschungsunternehmens IDC, das größere Unternehmen des verarbeitenden Gewerbes mit mindestens 100 Beschäftigten nach dem Thema Industrie 4.0 befragt hat [93].

Im Fokus der bereits erfolgten Industrie-4.0-Anwendungen stehe aktuell die Erfassung, Überwachung und Kontrolle von Prozessen und Produkten. Die Fehlerreduzierung habe offenbar eine größere Relevanz als die Neugestaltung und Optimierung von Fertigungsverfahren. Es zeichnet sich eine Industrie 4.0 der zwei Geschwindigkeiten zwischen den Fabrikausstattern, die ihr „traditionelles“ Produktgeschäft durch innovative, zusätzliche Services erweitern und neue Umsatzquellen erschließen wollen, und den Fabrikbetreibern ab.

Nächstes DIGITALPARADIGMA: „Industrie 4.0" ist der falsche Ansatz. Die Digitalisierung der Fabriken reicht nicht aus, Wettbewerbsvorteile auf Dauer zu sichern. Im Gegenteil: Die Konzentration auf Effizienzvorteile in der Produktion verstellt den Blick auf die nötigen Innovationen auf der Produktseite, um die Kundenbedürfnisse besser zu befriedigen. Hier liegt das Manko der deutschen Wirtschaft.

Der volkswirtschaftliche Effekt dieser zweiten Phase der Digitalisierung ist unzweifelhaft größer als die erste Phase. Deutschlands langfristiger Wohlstand hängt von der Digitalisierung ab, beschreibt Top-Ökonom Clemens Fuest die volkswirtschaftliche Bedeutung [94]. Jetzt werden die entscheidenden Weichen für das digitale Zeitalter gestellt. Noch hat Deutschland gute Chancen, aufgrund seiner starken Position in der traditionellen Wirtschaftswelt auch eine führende Rolle in der digitalen Welt zu übernehmen. Doch dafür müssen wir aus den Fehlern der ersten Phase lernen und nun die richtigen Wege einschlagen, bevor auch unsere Maschinenbauer oder Autohersteller aus der ersten Reihe verdrängt werden.

Noch sind viele Unternehmen aus Deutschland klare Weltmarktführer. Ihre bisherigen Wettbewerber aus den USA oder China sind auch noch nicht viel weiter mit der Digitalisierung. Aber: Nicht unbedingt müssen die Wettbewerber von heute auch noch die Wettbewerber von morgen sein. Im Moment treten viele Digitalunternehmen, angefangen bei Google oder Facebook bis hin zu Tausenden von Startups aus den USA, China oder Israel, in etablierte Märkte ein. Wer nur seine bisherige Peer-Group im Auge behält, übersieht die neuen Konkurrenten schnell. Denn diese Unternehmen kommen nicht nur aus dem Silicon Valley. Denn Digitalunternehmen wie Google, Apple, Uber oder Tesla bauen auch in diesen Branchen globale Plattformen auf, entwickeln Betriebssysteme für das Internet der Dinge oder investieren Milliarden in Roboter. Die Kombination aus chinesischen Robotern und der Software von Google könnte eine gefährliche Kombination für Deutschland werden, warnt Fraunhofer-Forscher Thomas Bauernhansl [95]. Die ersten autonomen Autos, die im normalen Straßenverkehr unterwegs sind, stammen von Google und fahren heute in Kalifornien – und nicht in Deutschland. Die meisten Industrieroboter werden heute in China eingesetzt – und nicht in Deutschland. Erst 2020 werden wir sehen, ob Google oder andere US-Firmen in der Lage sind, auch das dominante Betriebssystem und entsprechende Plattformen für Roboter zu bauen, erwartet Bauernhansl.

Wer vor diesem Hintergrund weiterhin meint, die Digitalisierung sei nur ein Randthema für eine kleine Startup-Gemeinde, der muss schnellstens umdenken. Die horizontale Deutschland-AG mit großen realen Unternehmen hat ausgedient. Wir brauchen einen neuen vertikalen Deutschland-Inkubator, einen Mittler zwischen großen und mittleren realen Unternehmen sowie kleinen digitalen Unternehmen für das Online-Zeitalter. Warum? Die einen haben (noch) den Zugang zu Märkten, die anderen die digitalen Innovationen auf der Produktseite. Es wird für jede Branche in Zukunft ein digitales Startup-Unternehmen mit einer disruptiven Geschäftsidee geben, welches ausgestattet mit viel Risikokapital die klassischen Strukturen ändern will und wird. Vor diesem Hintergrund müssen wir für die zweite Halbzeit für die Digitale Wirtschaft in Deutschland insbesondere die drei folgenden Aspekte im Auge behalten:

- Wir müssen die digitale Wettbewerbsfähigkeit der klassischen Industrie und des Mittelstands in der Zukunft immer und immer wieder thematisieren.
- Wir müssen die digitale Innovationskraft über die Förderung von Startups unterstützen und ein Ecosystem aufbauen, aus dem heraus die jungen digitalen Unternehmen auch aus Deutschland bzw. Europa heraus zu Online-Weltmarktführern aufsteigen können.
- Wir müssen die digitalen Synergien zwischen den Geschäftsmodellen der klassischen Industrie, dem Mittelstand und den innovativen Startups aufzeigen und die handelnden Akteure organisiert und konsequent zusammenbringen.

Wer in Zukunft nicht digital mitspielen kann oder will, wird früher oder später aus dem Markt verdrängt. Die Digitale Wirtschaft, als Querschnittsbranche aus Informations- und Kommunikationswirtschaft, Kreativ- und Medienwirtschaft sowie der reinen Internetwirtschaft, ist deswegen für den Wirtschaftsstandort Deutschland von herausragender Bedeutung und bietet enorme Chancen für unser Land. Dies bezieht sich sowohl auf die Aktivierung, die Multiplizierung und die Syndizierung von handelnden Akteuren (Wirtschaft, Politik, Finanzsektor) als auch auf die Unterstützungsleistungen (Beratung, Finanzierung, Ecosystem). Dies kann und muss dann gleichgesetzt werden mit einer konsequenten Verbesserung der Rahmenbedingungen für die Digitale Wirtschaft in Deutschland. Wir können das! Wir können auch „digital“!

Und wir müssen es für die zweite Halbzeit auch können und dafür die neuen Spielregeln der digitalen Ökonomie akzeptieren.

3.2 Die Spielregeln der digitalen Gegenwart

Die große Reise der Unternehmen in die digitale Zukunft hat also begonnen. Die letzte Phase in der Geschichte der Industrie, die so spannend war wie die heutige, war die Elektrifizierung. Dieser Transformationsprozess hat Jahrzehnte gedauert – und am Ende war nicht mehr England, sondern Amerika die führende Wirtschaftsmacht. Denn in der Geschichte der großen technologischen Umwälzungen haben sich meist die Unternehmen durchgesetzt, die besonders stark in der neuen Technologie waren – und nicht die Unternehmen, die in der vorherigen Technik führend waren. Den Kampf zwischen „Zerstörern" und „Verteidigern" haben meist die Zerstörer gewonnen. Deutsche Unternehmen befinden sich aber meist in der Rolle der Verteidiger, deren größter Fehler in der Vergangenheit oft darin bestand, die angreifenden „Zerstörer" zunächst nicht ernst zu nehmen.

Ein schönes Beispiel sind die deutschen Schuhhändler, die sich noch 2008 nicht vorstellen konnten, dass ihre Kunden schon bald Schuhe im Netz bestellten, bevor dann Zalando ab 2009 zeigte, wie es geht. Trotz der negativen Erfahrungen unterschätzen die aktuellen Industriekapitäne die digitalen Angreifer weiterhin. Beste Beispiele kommen aus der Autoindustrie. VW-Chef Matthias Müller („Selbstfahrende Autos sind ein Hype" [96]) und Daimler-CEO Dieter Zetsche („Wir haben das Auto erfunden. Ein Apple-Auto würde uns nicht beunruhigen" [97]) lassen auf eine ähnlich geringe Vorstellungskraft für die disruptiven Kräfte neuer Technologien schließen wie sie zuvor die Schuhverkäufer, Zeitungsverleger und Telekommunikationsmanager auszeichneten. Immerhin: Ein Lernprozess ist erkennbar. „Unserem Eindruck nach können und wissen diese Unternehmen schon mehr, als wir angenommen hatten", musste Zetsche jüngst nach einem Besuch im Silicon Valley zugeben [98]. Drastischer formulierte es ein Toyota-Manager: „Ich war geschockt, wie schnell Google es geschafft hat, auf dieses Niveau zu kommen". Kurz nach dieser Aussage verkündete der Autohersteller, eine Milliarde Dollar in ein Forschungszentrum im Silicon Valley zu investieren, um den Rückstand beim selbstfahrenden Auto möglichst schnell aufzuholen.

Denn dort sind risikobereite Unternehmenslenker eines neuen Typs wie den Tesla-Gründer Elon Musk tätig, der seinen Autos Selbstfahrfunktionen per Software-Update aufspielt und wichtige Patente allen Konkurrenten kostenlos zur Verfügung stellt, um den Markt für die Elektroautos schneller gemeinsam aufzubauen. Ein gutes Netz an Ladestationen für die Elektroautos gilt als entscheidendes Kriterium für das Erreichen des Massenmarktes, das Tesla gemeinsam mit Konkurrenten schneller aufbauen kann als allein. Was deutsche Manager vielleicht als völlig verrückt abtun, ist in Wahrheit ein schlauer Schachzug, um mit vereinten Kräften einen globalen Markt zu schaffen – und das Unternehmen gleichzeitig in die Rolle des Plattformbetreibers zu hieven.

Nächstes DIGITALPARADIGMA: Der Einsatz neuer Geschäftsmodelle, verbunden mit einer hohen Geschwindigkeit des technischen Fortschritts, zeichnen viele Digitalunternehmen aus. Wer seinen Markt verteidigen will, muss auf beide Aspekte entsprechend schnell reagieren. Die Beobachtung der alten und neuen Konkurrenz gewinnt enorm an Bedeutung für den Erfolg des Unternehmens.

3.2.1 Der Gewinner bekommt (fast) alles

Etwas mehr „Kühnheit“, wie sie Jeff Bezos oder Elon Musk zeigen, würde deutschen Vorstandschefs sicher auch guttun. Denn in der Digitalen Wirtschaft besetzt der Gewinner einer Kategorie oft 70 oder 80 % des Marktes und damit das große Geschäft; schon die Plätze zwei und drei müssen mit kleinen Anteilen oft ums Überleben kämpfen. US-Unternehmen zielen daher meist nur auf die Position des Kategorie-Gewinners auf einem globalen Niveau; schon ab Rang zwei wird es für sie ökonomisch weniger interessant. Unternehmen, die dies verstanden haben, gehen in der digitalen Welt größere Risiken ein, um die Marktführerschaft zu erringen. Hohe Verluste werden einkalkuliert, wenn die Aussicht auf die Marktführerschaft und damit hohe Gewinne besteht. Der Mobilitätsdienst Uber nimmt zum Beispiel jedes Jahr eine Milliarde Dollar Verlust allein in China in Kauf, um den dortigen Marktführer Didi Kuaidi von der Spitze zu verdrängen. Vielen deutschen Unternehmen ist dieses digitale Risikoverhalten völlig fremd. Aber das Spiel mit hohem Einsatz, sei es um globale Märkte zu besetzen oder auf den Erfolg einer neuen Technologie zu wetten, ist symptomatisch für die digitale Welt. Fehlschläge sind einkalkuliert; und mit jedem Fehlschlag steigt die Wahrscheinlichkeit, dass der nächste Versuch erfolgreicher verläuft.

Hat ein Anbieter aber erst einmal die Führungsposition besetzt, steigt der Kapitalbedarf für die Angreifer, doch noch in den Markt zu kommen. Google baut stetig schnellere Datencenter, damit die Antworten in seiner Suchmaschine besser werden und noch ein paar Millisekunden schneller ausgeliefert werden. Amazon baut ein engeres Logistiknetz, um die Produkte möglichst noch am selben Tag zuzustellen. Roboter in den Logistikzentren oder Drohnen für die Zustellung sind nur zwei der teuren Großprojekte, die sich außer Amazon kaum jemand leisten kann, die aber den Vorsprung sichern. Diese Absetzbewegungen sind auch in anderen Märkten zu beobachten. Wer so erfolgreich ist und solche Margen erwirtschaftet, kauft zur Not gefährlich aussehende Konkurrenten dann einfach vom Markt weg, wie Facebooks Akquisitionen von WhatsApp und Instagram gezeigt haben.

Die Vorteile der Marktführer wachsen also mit dessen Größe; der Abstand zum Zweit- oder Drittplatzierten nimmt ebenfalls zu. Entsprechend schwierig wird es, den Marktführer aus dieser Position heraus noch einmal anzugreifen. Es sei denn, man besitzt wie Google, Apple oder Facebook eine der großen Internet-Plattformen, die über die genügend große Nutzerbasis verfügen, von ihren angestammten Märkten aus in neue Märkte einzusteigen. Apples Start ins Musikstreaming ist ein Beispiel für einen solchen Angriff auf den Weltmarktführer Spotify, dessen Ergebnis noch offen ist.

Im Netz zählt nur der erste Platz. Da der Marktführer viel mehr Geld verdienen kann, gehen die Unternehmen auch viel höhere Risiken ein, um den Platz an der Spitze zu erreichen. Sobald es zu einer Materialschlacht kommt, haben deutsche Unternehmen wenige Chancen, gegen die Amerikaner zu bestehen. Wenn die Chance also vorhanden ist, einen Markt zu gewinnen, ist Zögern ein sträflicher Fehler, lautet ein weiteres DIGITALPARADIGMA.

3.2.2 Die Ökonomie der Online-Plattformen

Der Wettbewerb in der Digitalen Wirtschaft weist erhebliche Unterschiede zur traditionellen analogen Welt auf. Wer diese Unterschiede nicht kennt, kann schnell von einem Konkurrenten aus dem Markt gedrängt werden. Im Zentrum steht die Entwicklung des Plattformmodells, das sich im Geschäft mit Endkunden (B2C) bereits als dominantes digitales Wettbewerbsmodell etabliert hat. Zehn der 20 größten Unternehmen der Welt vor allem in Konsumentenmärkten bauen auf das Plattform-Modell und die Zahl steigt wegen des großen Erfolgs weiter. Im Geschäft zwischen Unternehmen (B2B) sind Plattformen ebenfalls auf dem Vormarsch, aber die Eigenschaften und auch die nötige Dauer für den Aufbau weichen von den Konsumenten-Märkten stark ab.

Ausgehend von klassischen „Pipeline"-Märkten mit einer vertikalen Wertschöpfungskette schieben sich in der digitalen Welt immer mehr Digitalfirmen meist als Vermittler zwischen Anbieter und Nachfrager. Fast alle großen Web-Firmen wie Apple (Plattform für App-Entwickler), Facebook (Plattform für die Medien), Uber (Transport), Airbnb (Private Zimmeranbieter) oder Booking (Hotels) arbeiten sehr erfolgreich nach dem Plattformmodell, das inzwischen in fast allen Branchen adaptiert wird. Oft begnügen sich die Digitalfirmen zu Beginn mit einer sehr geringen Wertschöpfungstiefe; ihnen genügt es, den Kontakt zum Kunden herzustellen. Ist das Ziel erreicht, werden die Geschäftsmodelle meist Schritt für Schritt erweitert, um große Teile der Wertschöpfung zu besetzen. Haben die traditionellen Anbieter aber erst einmal den Kundenkontakt verloren, wird es schwierig, das tiefere Eindringen der digitalen Angreifer zu verhindern.

Auch physische Produkte wie das Fitnessarmband von Jawbone können als Plattform aufgebaut werden, wenn sie externen Entwicklern über Schnittstellen die Möglichkeit geben, zusätzliche Funktionen beizusteuern. Generell lassen sich vor diesem Hintergrund Plattformen nach Evans/Gawer in ihrer Untersuchung „The Rise of the Platform Enterprise" [99] in verschiedene Formen einteilen:

- Transaktionsplattformen als Mittler zwischen Anbieter und Nachfrager. Beispiele sind Uber oder Airbnb.
- Innovationsplattformen bündeln die Entwicklung von Technologien oder Produkten verschiedener Firmen.
- Integrierte Plattformen vereinen Transaktionen und Innovationen. Beispiele sind die App-Stores von Apple oder Google, die als Mittler zwischen App-Entwicklern und den Nutzern dienen, gleichzeitig aber auch die Entwicklung bündeln und forcieren.

Plattformen lassen sich auch nach der Eigentümerstruktur unterscheiden:

- Offene (oder öffentliche) Plattformen stehen allen Unternehmen offen, weil sie ihre Vorteile aus der Bündelung der Ressourcen ziehen.
- Private Plattformen befinden sich in der Hand eines Unternehmens und sind in der Regel Transaktionsplattformen. Skaleneffekte spielen hier die dominante Rolle.

Die Verteilung der Plattform-Arten auf Nordamerika, Asien und Europa zeigt die eindeutige Dominanz der Amerikaner bei integrierten und Innovations-Plattformen, während die Asiaten bei den Transaktionsplattformen leicht in Führung liegen. Europa hat in allen Kategorien einen großen Rückstand. Ein nochmaliger und sehr deutlicher Hinweis darauf, dass wir im internationalen Online-Wettbewerb hinterherlaufen!

Plattformen schlagen Produkte

Ein geschickter Plattformbetreiber vereint also die Stärken vieler Anbieter, was sein Produkt meist besser macht als es ein Anbieter allein auf die Beine stellen könnte. Darin liegt ein wichtiger Grund für den Erfolg der Plattformmodelle gegenüber klassischen Anbietern. „Plattformen schlagen Produkte immer", formuliert es der US-Ökonom Marshall Van Alstyne [100]. Paradebeispiel für die These: Blackberry als Smartphone-Pionier war und ist ein gutes Produkt – aber gegen die mächtigen Plattformen von Apple war das Unternehmen als Einzelkämpfer ohne Chance. Produkte gewinnen also über ihre Funktionen, Plattformen über die Communities. Deren entscheidende Eigenschaften sind somit positive Netzwerkeffekte: Der Vorteil der Teilnahme steigt mit jedem weiteren Teilnehmer auf der anderen Marktseite überproportional an. Je mehr Reisende zum Beispiel eine Buchungs-Plattform wie booking.com nutzen, desto größer ist der Vorteil für die Anbieter (Hotels), ihre Zimmer dort anzupreisen. Umgekehrt steigt der Vorteil von booking.com für die Reisenden, je mehr Hotels dort auf einen Blick verglichen werden können, weil der Wettbewerb in der Regel für günstige Preise und eine gute Übersicht sorgt.

Für den Plattformanbieter in der Mitte ist diese Situation von einer gewissen Größe an sehr komfortabel, weil Anbieter und Nachfrager Anreize haben, als Marktteilnehmer dabei zu bleiben. Ökonomen sprechen hier von zweiseitigen Märkten. Das bedeutet: Je mehr Unternehmen als Anbieter auf einer Plattform aktiv sind, desto größer ist der Nutzen (in Form einer breiten Produktauswahl und niedriger Preise) für die Konsumenten. Und umgekehrt: Je mehr Konsumenten auf einer Plattform als Nachfrager auftreten, desto größer ist die Chance für die Anbieter, ihre Produkte zu verkaufen. Dabei gelten sogenannte indirekte Netzwerkeffekte: Für beide Gruppen, also Unternehmen und Konsumenten, steigt der Nutzen aus einer Teilnahme an der Plattform, je größer die jeweils andere Gruppe ist. Ein guter Plattformanbieter überzeugt also immer beide Gruppen von einer Teilnahme, was oft mit geschickten Anreizen, manchmal aber auch einfach nur mit viel Geld zur Subventionierung des Angebots erreicht werden kann.

Digitale Plattformen haben für beide Seiten den Vorteil, Angebot und Nachfrage transparent zu machen und damit die Transaktionskosten des Handels stark zu senken, was das Marktvolumen erheblich erhöhen kann. Vor Ebay gab es zwar auch schon Flohmärkte, die aber immer regional begrenzt waren. Plötzlich gab es einen riesigen Flohmarkt für alles, der den Handel mit gebrauchten Produkten sofort auf ein höheres Niveau hob. Wer keine Lust hatte, sich mit einem Stand auf einen Flohmarkt zu stellen, konnte nicht mehr benötigte Güter jetzt bequem einem Millionenpublikum anbieten.

Plattformen sind gut zu Konsumenten, schlecht zu Produzenten

Allerdings – und hier beginnt die Eigenheit moderner digitaler Plattformen – sind die Vorteile mit wachsender Größe der Plattform meist ungleich verteilt: Betreiber jenseits einer kritischen Größe neigen dazu, vor allem Produzentenrente abzuschöpfen, also die Anbieter zu Preissenkungen zu veranlassen, um den Konsumenten neben dem guten Marktüberblick stets auch günstige Konditionen anbieten zu können. Die Nachfrager lieben Plattformen also meist umso mehr, je größer sie sind, während es auf Seiten der Anbieter eher eine Art Hassliebe wird, weil sie mit wachsender Größe dort zwar viel Umsatz, aber immer weniger Gewinn erzielen können. Sie tragen oft das alleinige Risiko, müssen aber stetig größer werdende Teile ihrer Gewinnmarge an den Plattformbetreiber abgeben. Ist die kritische Größe überwunden, haben diese quasi eine Lizenz zum Gelddrucken, sofern sie auf der Konsumentenseite keine gravierenden Fehler machen. Diese Fehler sind selten. Ebay ist ein Beispiel für eine funktionierende Plattform, die aber ihren Vorteil eingebüßt hat, weil das Angebot irgendwann nicht mehr transparent war.

„Der Wettbewerb zwischen Plattformen tendiert dazu, dass ein Gewinner alles bekommt", erklärt Van Alstyne [100]. Allerdings ist das Marktergebnis nicht zwingend. Oft nutzen die Konsumenten auch mehrere Plattformen gleichzeitig, wenn diese nicht kompatibel zueinander sind. Ein Beispiel ist die parallele Nutzung mehrerer sozialer Netzwerke wie Facebook und Twitter oder Linkedin und Xing. Inzwischen bestehen genügend Märkte, auf denen sich zwei oder mehrere Plattformen etablieren und dauerhaft halten. Spielekonsolen (Microsoft Xbox, Sony Playstation und Nintendo Wii) oder Smartphone-Systeme (Google Android, Apple iOS) sind solche Beispiele mit mehreren konkurrierenden Plattformen als Vermittler zwischen den Nutzern und den App-Entwicklern. „Multi-Homing" nennen die Ökonomen dieses Phänomen.

Das Rennen um die B2B-Plattformen

So wie die Plattformen immer mehr zuvor stark fragmentierte Konsumentenmärkte ordnen, indem sie Angebot und Nachfrage bündeln, wollen auch B2B-Unternehmen agieren. Statt der unsichtbaren Hand des Marktes könnten künftig eine Reihe von Plattformen Struktur in stark fragmentierte Märkte bringen. Ein Beispiel ist der Duisburger Stahlhändler Klöckner, der die Ineffizienzen des heute dominanten Handelsmodells in Form teurer Lagerhaltung senken will. Dafür will Konzernchef Gisbert Rühl eine „offene" Plattform schaffen, der auch andere Unternehmen beitreten können und die dem Betreiber keine als unfair empfundenen Vorteile gegenüber den anderen Unternehmen bringt. Erst dann werden sich andere Unternehmen daran beteiligen.

Dieses Modell der offenen Plattformen wird in der B2B-Welt favorisiert, steckt aber noch vielfach in einem frühen Entwicklungsstadium. Deutsche Unternehmen haben hierbei eine weit bessere Ausgangsposition als auf den Konsumentenmärkten und wollen die Rolle des Plattformbetreibers einnehmen. Siemens, SAP, Bosch, Trumpf und mehrere Mittelständler arbeiten mit Hochdruck am Aufbau dieser Plattformen und haben dabei oft noch einen Vorsprung vor der Konkurrenz aus Amerika. Aber auch hier könnte der Vorteil schnell dahin sein. SAP hatte sich das US-Unternehmen Jasper Technologies als Partner ausgesucht, das aber nun vom US-Konkurrenten Cisco für 1,4 Mrd. Dollar übernommen wurde. Jasper baut eine Plattform auf, um die verschiedenen Gegenstände im Internet der Dinge leichter miteinander zu vernetzen, die schon 3500 Unternehmen verwenden. Auch am Beispiel Cisco ist der Mentalitätsunterschied gegenüber deutschen Unternehmen schön abzulesen. Das Unternehmen steckt mitten im Transformationsprozess von einem der größten Hersteller von Netzwerktechnik zu einer Plattform für das Internet der Dinge. Und geht diesen Wandel an, wie es die Amerikaner eben tun: entschlossen, aus deutscher Sicht beinahe brachial. „Cisco hat radikal die Menschen ausgetauscht, die für die alte Welt standen. Nicht weil sie schlecht waren. Aber wenn man Veränderung will, dann muss man oben beginnen", erläutert Deutschland-Chef Oliver Tuszik [101]. Und zwar ganz oben: John Chambers, der 20 Jahre lang ein ziemlich guter Vorstandschef war, ist Mitte 2015 von Chuck Robbins, seinem Ziehsohn, der aber einen ganz anderen Stil pflegt, abgelöst worden. Robbins hat dann Silos aufgelöst und auch die Hälfte des globalen Management-Teams ausgetauscht. „Die Bereitschaft, sich radikal zu verändern, wird sehr hart vorgelebt – aber auch sehr hart umgesetzt", erklärt Tuszik. Das Entwicklungstempo müsse deutlich steigen, weil die Innovationszyklen kürzer werden. Wer von einer deutschen Firma zu Cisco kommt, ist erst einmal vom Tempo beeindruckt. „Mich hat die Geschwindigkeit hier völlig umgehauen – das hätte ich bei einem so großen Unternehmen nicht erwartet", erzählt ein Manager. Vom Höllentempo der Amerikaner berichten übrigens viele Manager nach ihrem Seitenwechsel. Auch an diesem Beispiel wird deutlich: Wer Plattformen aufbauen und zu digitalen Champions machen will, muss nicht nur geschickt, sondern auch schnell sein.

Plattformen haben die „unsichtbare Hand" des Marktes als ordnende Kräfte der Wirtschaft abgelöst. Wie Plattformen für Verbraucher aufgebaut werden, haben uns die Amerikaner gezeigt. Nun sollten wir ihnen zeigen, wie Industrie-Plattformen erfolgreich hochgezogen werden, so lautet das vielleicht wichtigste DIGITALPARADIGMA für die Digitale Wirtschaft.

3.2.3 Die Macht der Daten-Produkte

Die Digitalisierung geht aber über Plattformen hinaus, da diese meist nur bestehende Angebote bündeln oder durch die Schaffung größerer Marktplätze auch neue Anbieter anlocken. Sie ordnen Märkte und sind damit Geschäftsmodellinnovationen, aber die Produkte waren meist schon vorher vorhanden. Digitaltechniken ermöglichen aber auch Verbesserungen bestehender oder die Erfindung ganz neuer Produkte. Neue Anbieter setzen dabei häufig auf Daten als Wettbewerbsfaktor, da diese von den etablierten Anbietern noch selten eingesetzt werden. Reine Digitalprodukte sind zum Beispiel moderne Navigationssysteme, die auf den Echtzeitdaten aller Mobilfunknutzer basieren. Google nutzt diese Daten für sein Landkartenprodukt Maps. Doch die Anwendungsfälle gehen viel weiter: Für den Tourismus können zum Beispiel Apps gebaut werden, um die aktuelle Nutzungsintensität beliebter Ziele anzuzeigen. Mit der Anzeige von Wartezeiten am Skilift, dem Andrang auf der Skipiste oder auch nur freien Parkplätzen können sich Skigebiete Vorteile gegenüber der Konkurrenz verschaffen.

Ein großer Wettbewerbsfaktor in den kommenden Jahren wird das Internet der Dinge sein. „Intelligente, vernetzte Produkte werden die Wettbewerbsstruktur vieler Branchen transformieren, wie es beim Einzug des Internets in die Informationstechnik der Fall war. Dabei werden die Umwälzungen in der Fertigungsindustrie am größten sein", sagt Wettbewerbsguru Michael E. Porter [102]. Smarte Produkte schaffen erheblich mehr Möglichkeiten der Produktdifferenzierung, vor allem durch ergänzende, datenbasierte Dienstleistungen. Hier liegt der größte Hebel für neue Produkte und die vielleicht gefährlichste offene Flanke der deutschen Industrie: Wenn ein Hersteller künftig exakte Daten erhält, wie seine Kunden sein Produkt nutzen, hat er den Rohstoff in der Hand, ergänzende Dienstleistungen anzubieten. Hersteller von Flugzeugtriebwerken zeigen ihren Kunden, den Fluggesellschaften, wie sie weniger Kerosin verbrauchen können oder die aufwendige Wartung der Motoren optimieren können.

Preis und Effizienz verlieren im Wettbewerb an Bedeutung

Als eine Folge dieser Entwicklung verlieren der Preis und damit die Effizienz der Produktion als Wettbewerbsfaktor an Bedeutung (was den Irrweg der Industrie 4.0 zusätzlich unterstreicht). Dagegen werden die Produktentwicklung, worunter neben dem physischen Produkt eben auch die zusätzliche Dienstleistung zu verstehen ist, und insbesondere die Datenanalyse wichtiger. Deutschland ist in dieser Disziplin nicht besonders gut, was vielleicht auch an einem übertriebenen Datenschutz-Verständnis liegt. Hierzulande ist Datenschutz oft der Selbstzweck, der ein wettbewerbsfähiges Geschäftsmodell zu oft verhindert. In anderen Ländern, vor allem den USA, steht das Geschäftsmodell im Vordergrund, das Datenschutz als notwendige Nebenbedingung integriert.

Ohne Änderung unserer Sichtweise werden die Datenschützer irgendwann die Digitale Wirtschaft in Deutschland vollends abwürgen. So ist es nicht verwunderlich, wenn die drei ersten Begriffe in deutschen Diskussionen rund um die Digitalisierung „Datenschutz", „Datensicherheit" und „Breitband" lauten, während es im US-amerikanischen Raum die Begriffe „Innovation", „Disruption“ und „Wachstum“ sind. Auch die Live-Umfrage auf der Welcome Night zu dem Top-Thema der CeBIT 2016 untermauert diesen Eindruck. Denn hier landeten nicht die Begriffe „Digitale Disruption“, „Digitale Transformation“ oder „Digitale Innovation“ auf dem ersten Platz, sondern das Schlagwort „Security“. Sicherlich ist das Thema IT-Sicherheit notwendig, aber eben nicht hinreichend und mutig genug für den Erfolg in der Digitalen Wirtschaft. Nun soll an dieser Stelle natürlich kein Plädoyer für unzureichenden Schutz der Daten und eine mangelhafte Datensouveränität gehalten werden, aber eine Diskussion über die Prioritäten in diesem Zielkonflikt ist dringend nötig.

Entmachtet die selbstherrlichen Datenschützer! Deutschlands rigider Ansatz auf diesem Gebiet erstickt viele Geschäftsmodelle im Keim. Dieses DIGITALPARADIGMA ist kein Plädoyer für einen laschen Umgang mit den Daten. Aber mehr Eigenverantwortung bei den Nutzern, die selbst entscheiden können, wie viel ihre Daten wert sind, wäre ein Anfang für einen pragmatischen Weg, der nicht nur Daten schützt, sondern auch Wohlstand sichert.

Daten als zusätzliche Wettbewerbsfaktoren binden einen Kunden meist enger an einen Lieferanten, da ein Konkurrent nicht über diese Nutzungsdaten verfügt. Darin liegt die große Chance für die Marktführer, die in vielen traditionellen Branchen aus Deutschland kommen. Wenn sie die datenbasierten Zusatzfunktionen selbst anbieten, werden die Markteintrittsbarrieren für Neueinsteiger aus der Technologiebranche größer. Ferner gibt es kein Startup aus Deutschland, welches über den vermeintlichen Wettbewerbsfaktor „Datenschutz“ im internationalen Umfeld hat gewinnen können.

3.2.4 Die Disruption per Geschäftsmodell

Früher waren „disruptive Innovationen“, wie sie Harvard-Business-School-Professor Clayton Christensen erstmals beschrieben hat [103], eine Ausnahmeerscheinung. Heute, in Zeiten beschleunigten technischen Fortschritts in mehreren Disziplinen wie künstlicher Intelligenz, 3D-Druck, Sensorik oder Robotik, treten Disruptionen viel häufiger auf. Im ursprünglichen, von Christensen bereits 1995 definierten Sinn bedeutet Disruption einen Prozess, in dem ein kleines Unternehmen mit wenigen Ressourcen in der Lage ist, das Geschäft eines etablierten Anbieters herauszufordern. Meist beginnt die Disruption über einen geringeren Preis, um die Kunden zu bedienen, die für den Platzhirsch wenig attraktiv sind, weil dieser sich auf die weniger preissensiblen Kunden konzentriert. Doch der Einstieg am unteren Ende der Preisspirale ist für den Neuling nur der Anfang, den Markt Schritt für Schritt aufzurollen. Das „disruptive“ Unternehmen kann auf den Angreifer nur mit einer eigenen Billigstrategie reagieren, was in vielen Märkten wie dem Mobilfunk oder bei den Fluglinien zu beobachten ist. Disruption im Sinne Christensens kann allerdings auch die Schaffung eines ganz neuen Marktes bedeuten. Uber ist daher nach Ansicht Christensens kein disruptives Unternehmen, da es mit einem hohen finanziellen Einsatz direkt im Mainstream-Markt begonnen hat und erst später sowohl das obere als auch das untere Ende des Taxi-Geschäfts bedient.

Heute wird der Begriff der Disruption deutlich breiter für eigentlich alle Arten der Zerstörung etablierter Unternehmen genutzt. Auch ein neues Geschäftsmodell oder ein Einstieg am oberen Ende der Preisspanne können etablierte Unternehmen aus dem Markt werfen. Die erweiterte Begriffsverwendung mag zwar nicht im Sinne des Erfinders sein, hat sich aber inzwischen als Bezeichnung für alle Arten der „Zerstörung" in der digitalen Welt etabliert. Ein Beispiel ist das „Uber-Syndrom", wenn ein Wettbewerber mit einem komplett anderen Geschäftsmodell plötzlich in eine Industrie eintritt und ein Unternehmen aus dem Markt wirft. Aber wie wappnet man sein Unternehmen gegen Angreifer, die man noch gar nicht kennt und nicht weiß, aus welcher Ecke sie kommen? Reichen Produktinnovationen noch aus, wenn ganze Märkte über neue digitale Geschäftsmodelle geschaffen bzw. zerstört werden? Wieder das Beispiel Uber: Das Unternehmen revolutioniert den Transportmarkt nicht über ein Produkt, sondern das Geschäftsmodell einer digitalen Plattform. Anders Apple: Am Anfang stand das iPhone. Erst nach dem genialen Produkt kam das ebenso geniale Plattform-Modell des App-Stores, der den Kunden den Zugang zu Millionen von Anwendungen brachte, die das iPhone noch besser machten. Wahrscheinlich hätte das iPhone auch allein ausgereicht, um Platzhirsch Nokia zu „zerstören". Aber gegen Apples Kombination aus Produkt- und Geschäftsmodell-Disruption waren die Finnen chancenlos.

Keine Scheu vor neuen Märkten

Wie Unternehmen auf die Digitalisierung am besten vorbereitet werden, hat IBM 5247 Entscheidungsträger aus 21 Industrien und 70 Ländern gefragt [104]. Darin enthalten war auch die Frage, was genau die innovativen, schnell wachsenden und hochprofitablen Leuchttürme anders machen als die Nachzügler. Die „Leuchttürme" waren sich des Risikos, von Neueinsteigern „disrupted" zu werden, viel stärker bewusst als die Nachzügler. Wer wachsam ist, kann entsprechend schneller reagieren. Sie wagten sich deutlich schneller auf neue Märkte hinaus mit dem Ziel, First Mover zu sein. Sie geben auch dem Kundenfeedback viel mehr Aufmerksamkeit als die Nachzügler. Und der folgende Aspekt ist der größte Unterschied zwischen digitalen Pionieren und Nachzüglern: Erst mit dezentralen Entscheidungsprozessen konnten Unternehmen die nötige Geschwindigkeit aufnehmen. Hierarchische Strukturen erwiesen sich immer mehr als Hindernis auf dem Weg zu einem schnellen Digitalunternehmen. „Mehr Scouts an die Front" lautet daher der Tipp, mehr Entscheidungskompetenz zu den Mitarbeitern mit direktem Kundenkontakt zu verlagern.

Angreifer lassen sich mit Kostensenkungen nicht dauerhaft abwehren
Technologie ist kein Selbstzweck. Das Ziel des Einsatzes ist bevorzugt die Entwicklung besserer Produkte und Services sowie engerer Kundenbeziehungen. Erst danach folgen Ziele wie eine höhere Effektivität in der Produktion, dem Marketing und dem Vertrieb. Das passt zur Erkenntnis, dass Angreifer sich mit Kostensenkungen nicht dauerhaft abwehren lassen. Zusätzlich experimentieren 80 % der Befragten mit neuen Geschäftsmodellen. Die beiden beliebtesten Modelle sind das offene Modell, bei dem es eine systematische Zusammenarbeit mit Außenstehenden gibt, um neue Wege zu finden, und das Plattform-Modell. Danach folgen die Modelle als Integrator, das Freemium-Modell, das „Rasierer-und-Klingen"-Modell (also ein Basisprodukt wie einen Rasierer günstig zu verkaufen und für entsprechende Komplementärprodukte wie die Klingen dann viel Geld zu verlangen) und das Long-Tail-Modell. Die Wahl eines neuen Geschäftsmodells, das oft zuerst in einem Testlabor geprüft wird, um das Kerngeschäft nicht zu kannibalisieren, ist ebenfalls eine beliebte Methode, erfordert aber die spätere Integration in das Kerngeschäft.

Als nächste große Welle, die auf die Unternehmen zurollt, wird das Verschwimmen der Grenzen zwischen Industrien gesehen. Plattformbetreiber nutzen ihre Kundenkontakte ebenfalls für die Expansion. Mit Hilfe des technischen Fortschritts können Unternehmen ihre Kenntnisse in einem Gebiet heute relativ einfach in einen anderen Markt übertragen. Paradebeispiel ist Google, weil der Konzern mit seinem Software-Wissen ein selbstfahrendes Auto gebaut hat. Von allen in den kommenden drei bis fünf Jahren erwarteten „nächsten Wellen" erhielt die Auflösung klassischer Branchengrenzen die höchste Zustimmung unter den befragten Entscheidungsträgern.

Angreifer aus der Digitalbranche nehmen sich meist eine Schlüsselstelle in der Wertschöpfungskette vor und setzen sich dort zwischen Kunden und traditionellen Anbieter, der dann im Hintergrund verschwindet. Dabei lassen sich zwei Arten von Eindringlingen unterscheiden: Digitalgiganten wie Alibaba oder Tencent, die in China die traditionellen Banken frontal angreifen. Oder die „Wadenbeißer", also viele kleine Startups, die einzeln oft nicht als Gefahr wahrgenommen werden, aber in ihrer Masse durchaus gefährlich werden können. Die europäische Fintech-Branche besteht aus vielen dieser „Wadenbeißer", die sich mit einem besseren Frontend zwischen Bank und Kunde setzen wollen, aber in der Regel keine Banklizenz besitzen und in das harte Banking-Geschäft auch gar nicht einsteigen wollen.

War es früher relativ einfach, seine Peer-Group im Auge zu behalten, wird die Gefahr möglicher Konkurrenten, die von außen kommen, inzwischen als viel größer eingestuft. Im Vergleich zur Umfrage im Jahr 2013 [89] ist die Erwartung neuer Konkurrenten aus anderen Industrien um 26 % gestiegen. Branchen, in denen die Digitalisierung längst begonnen hat, können sich Startups als digitale Angreifer viel besser vorstellen als die Sektoren, denen die größten Änderungen noch bevorstehen.

Wer noch nicht erlebt hat, wie ein Startup wie WhatsApp einen Markt in wenigen Jahren zerstören kann, für den ist ein ähnliches Szenario in seiner Branche nur schwer denkbar. Exponentielles Technologiewachstum trifft oft auf lineares Denken in den Köpfen der Entscheider, was dann – wie im Fall von Nokia – innerhalb weniger Jahre zum Ausscheiden aus dem Markt führen kann. Dabei zeigen Angreifer wie Uber, dass sie – ausgestattet mit den Milliarden Dollar als Risikokapital aus der ersten Online-Welle – durchaus in der Lage sind, auch große Branchen systematisch zu attackieren. Für einen großen Effekt können aber auch schon ganz kleine Unternehmen sorgen. Mobile Messenger wie WhatsApp haben die Telekommunikationsindustrie 40 Mrd. Dollar Gewinn gekostet, gab Telekom-Vorstand Reinhard Clemens zu.

Das zugehörige DIGITALPARADIGMA für Deutschland 4.0 lautet: Vielen Managern fehlt die Phantasie, mit welchen Strategien ein digitaler Wettbewerber in ihren Markt eindringen könnte. Ein Tipp: Meist kommen die Konkurrenten von der Konsumentenseite, weil sie mit Hilfe moderner Technik ein besseres Kundenerlebnis schaffen. Eine systematische Beobachtung der digitalen Angreifer ist zwar aufwendig, aber nötiger als jemals zuvor, um rechtzeitig reagieren zu können.

Dass die Telekommunikationsunternehmen oder Banken in Deutschland Jahre benötigt haben, um WhatsApp oder PayPal eigene Produkte entgegenzusetzen, ist ein Grunddilemma in Deutschland. Da sich der technische Fortschritt eher beschleunigt und damit auch die Zahl der digitalen Angreifer steigt, sind schnellere Reaktionszeiten zwingend für erfolgreiche Unternehmen. Um schneller zu sein, müssen die Hierarchien flacher und die Kompetenzen besser verteilt werden.

Während die Vorstandschefs schon seit Jahren die Technologie als wichtigsten Game Changer sehen, haben sich nun erstmals auch ihre Vorstandskollegen für Finanzen, Marketing, Technologie und Personal dieser Meinung angeschlossen. Mit Technikeinsatz aber „nur" eine erhöhte Effizienz zu erreichen genügt den Führungskräften aus aller Welt nicht, weil sich damit keine dauerhaften Wettbewerbsvorteile erzielen lassen. Ihr Ehrgeiz geht weiter – und das ist ein wichtiger Unterschied zu vielen deutschen Entscheidern. Befragt nach den Zielen ihrer Industrie-4.0-Strategie werden in Deutschland meist die Digitalisierung der Fabrik mit dem Ziel der Automation und daraus folgender Kostensenkung genannt [89]. Märkte, die disrupted werden, lassen sich mit Kostensenkungen aber bestenfalls temporär verteidigen. Selbstfahrende Autos lassen sich nun mal nicht aufhalten, wenn die Taxifahrer weniger Geld verdienen.

Das zugehörige DIGITALPARADIGMA für Deutschland 4.0 lautet: Defensiv betrachtet lassen sich mit Technologie Kosten senken. Offensiv betrachtet lassen sich mit Technologie neue Produkte entwickeln. Das eine tun, ohne das andere zu lassen, ist das Gebot der Stunde. Ein Produkt, das nicht mehr konkurrenzfähig ist, lässt sich mit Effizienz nicht retten. Innovationsfähigkeit ist daher der Kern des digitalen Zeitalters.

Um eigene Wettbewerbsvorteile zu erzielen, spielen eine größere Nähe zu den Konsumenten und direkte Interaktionen mit ihnen eine wichtige Rolle; in vielen Fällen machen sie den Unterschied zwischen Gewinnern und Verlierern aus. Amazon ist hart zu Wettbewerbern und zu seinen Mitarbeitern, aber den Anspruch, das kundenfreundlichste Unternehmen der Welt zu sein, erfüllen sie voll und ganz. Die Folge: Inzwischen starten laut einem Bericht bei VentureBeat schon 44 % der Konsumenten in den USA ihre Produktsuche bei Amazon und nicht mehr in einer klassischen Suchmaschine und einer Vergleichsmaschine, wie eine hier zitierte Umfrage von BloomReach unter 2000 Konsumenten ergeben hat [105]. Vor vier Jahren betrug dieser Wert erst 30 %.

Amazon hat also schon fast die Hälfte der Online-Käufer überzeugt, dass sein guter Service jeglichen Produkt- oder Preisvergleich überflüssig macht. Und selbst wenn die Konkurrenz einmal günstiger sein sollte, ist der gute Service vielen Kunden auch einen Aufpreis wert. Der Trend zum mobilen Shopping per Smartphone wird die Dominanz des Marktführers weiter stärken, da die Amazon-App schon klar die Nummer eins unter den Shopping-Angeboten ist. Amazon ist ein gutes Beispiel für viele Strategien der US-Digitalunternehmen, ihren Erfolg an der Schnittstelle zum Kunden zu beginnen. Dahinter stehen natürlich effiziente Prozesse, aber das können die deutschen Unternehmen auch. Der Kundenkontakt macht den Unterschied.

Ein wichtiges DIGITALPARADIGMA für Unternehmer: Machen Sie Ihre Kunden glücklich, dann machen diese auch Sie glücklich. Im digitalen Zeitalter, in dem jedes Unternehmen über Smartphones oder andere smarte Produkte einen direkten Draht zum Verbraucher hat, wird das Denken vom Kundennutzen her zentral für den Erfolg eines Unternehmens.

3.2.5 Die Notwendigkeit zu „Digital Leadership"

Steve Jobs hatte sie zweifellos, Elon Musk sicher auch. In Deutschland gehören Bosch-Chef Volkmar Denner und der Klöckner-CEO Gisbert Rühl zu dieser elitären Gruppe der Manager mit „Digital Leadership", also dem Wissen und der Fähigkeit, Unternehmen in der aktuellen Phase der Digitalen Transformation richtig zu führen. VW-Chef Matthias Müller („Selbstfahrende Autos sind ein Hype") lässt dagegen Zweifel aufkommen, ob er in der Lage ist, hunderttausende Mitarbeiter für den anstehenden Wettbewerb mit den innovativen Plattform-Unternehmen zu begeistern.

Nach eigener Einschätzung attestieren sich die deutschen Entscheidungsträger durchaus, „Digital Leadership" zu besitzen, zeigt eine Umfrage von Crisp Research unter 503 Führungskräften in Deutschland [100]. Allerdings weichen Eigen- und Fremdbild stark voneinander ab. Aus den Antworten der Entscheider haben die Marktforscher abgeleitet, dass nur 7 % als „Digital Leader" einzustufen sind, die also gleichzeitig das nötige Wissen über die Digitalisierung als auch die erforderlichen Management-Fähigkeiten verfügen, um die richtigen Entscheidungen in einer Welt voller disruptiver Entwicklungen zu treffen.

Ein Grund für die Abweichung zwischen Selbsteinschätzung und Fremdbild: Wer sich selbst als „Digital Leader" bezeichnet, aber angibt, in der Freizeit das Internet dann kaum noch zu nutzen, bekommt Punktabzug. Die Begeisterung für das Digitale darf eben nicht am Werkstor aufhören, denn die digitale Welt draußen bewegt sich viel schneller als das Digitale in den Unternehmen. Wer nicht sieht, wie sich Airbnb ausbreitet, wer Uber nicht selbst ausprobiert oder keine Idee hat, warum Snapchat die Jugend so fasziniert, kann auch nur schwer ein Gespür für die Trends in seiner eigenen Industrie entwickeln.

Die Mehrheit sind „digitale Anfänger"

Die große Mehrheit (70 %) der Entscheider wurde daher in die Gruppe der „digitalen Anfänger" eingestuft, die weder die Hälfte der nötigen digitalen Fähigkeiten noch die Hälfte der erforderlichen Management-Qualifikationen mitbringen. Als „Tech-Experte" wurde immerhin jeder fünfte Manager klassifiziert. Diese Gruppe erkennt zwar die Digital-Trends, ist aber nicht in der Lage, ihr Unternehmen entsprechend auszurichten. Über die notwendigen Management-Skills verfügen die 3,2 % der „digitalen Visionäre", denen aber das Wissen über die technischen Entwicklungen abgeht. Signifikanten Einfluss auf das Ergebnis hatte dabei das Alter: Junge Entscheidungsträger schnitten durchschnittlich besser ab als ihre älteren Kollegen. Hier herrscht eindeutig Nachholbedarf. International werden auch moderne Management-Tools viel häufiger eingesetzt als in der DACH-Region, in der Big-Data-Ansätze und Cognitives Computing eine weit geringere Rolle spielen. Dafür ist das klassische Brainstorming hierzulande als Management-Methode weiterhin sehr beliebt.

Das zugehörige DIGITALPARADIGMA für Deutschland 4.0 lautet: Deutschlands Manager brauchen mehr Digital-Kompetenz! Der Rückstand gegenüber ausländischen Kollegen ist deutlich. Wer unsicher ist, der zögert mit seinen Entscheidungen – und das ist in Märkten, in denen Tempo entscheidend ist, oft schon der entscheidende Fehler. Da Digitalstrategien in Unternehmen nur mit Erfolg umgesetzt werden, wenn sie von der Spitze ausgehen, ist ein Coaching der Vorstände ein wichtiger Schritt.

Digitalkompetenzen sind allerdings nicht nur an der Spitze des Unternehmens gefragt, sondern in allen Bereichen. Denn in allen Abteilungen eines Unternehmens müssen die Manager auf den Wandel vorbereitet sein, den Digitalisierung und das Internet der Dinge mit sich bringen. Die Informationstechnik erhält gemeinsam mit der Forschungsabteilung eine Schlüsselrolle bei der Entwicklung datengetriebener digitaler Produkte. Eine wesentliche Änderung ist der deutlich kürzer werdende Innovationszyklus: So wie Apple das iPhone regelmäßig per Softwareupdate aktualisiert, werden künftig immer mehr Produkte laufend verbessert. Die Produktionsabteilung muss in die Lage versetzt werden, dieses Tempo mitzugehen. Gleichzeitig muss der Vertrieb die digitale Infrastruktur für die Begleitung der Produkte über ihre gesamte Lebensdauer bauen, damit der Service „Over the Air" wie die vorausschauende Wartung funktioniert. Auf die Personalabteilung kommt die Aufgabe zu, die passenden Spezialisten für den digitalen Umbau des Unternehmens zu finden oder selbst auszubilden, weil der Bedarf an diesen Qualifikationen weit größer ist als das Angebot und die Universitäten in Deutschland nicht genügend Digitalspezialisten ausbilden. Die Marketing-Fachleute wiederum müssen sich zu Big-Data-Spezialisten wandeln, die aus den vielen digitalen Kontaktpunkten mit den Kunden individuelle Ansprachen erzeugen müssen. Und die Finanzabteilung muss in der Lage sein, mit dem erhöhten Risiko, das der Aufbau digitaler Geschäftsmodelle mit sich bringt, umgehen zu können.

3.3 Die digitalen Geschäftsmodelle der Zukunft

Was bedeuten diese technischen Entwicklungen und neuen Geschäftsmodelle für die Wirtschaft in Deutschland? Am selbstfahrenden Auto lässt sich die Tragweite der Umwälzungen erahnen: Diese Fahrzeuge werden nicht nur die etablierte Autoindustrie und ihre Zulieferer herausfordern, weil neue Wettbewerber wie Tesla, Apple oder Google mit autonom fahrenden Elektroautos oder Uber mit On-Demand-Geschäftsmodellen in den Markt eintreten.

Sie werden auch den vorhandenen Fahrzeugbestand viel besser nutzen. Autos werden nicht mehr 95 % der Zeit ungenutzt herumstehen, sondern mehr in Bewegung sein und zum Beispiel die Mitglieder eines Haushalts nacheinander zur Arbeit, zum Einkauf oder zum Sport fahren. Damit entfällt die Notwendigkeit für einen Zweitwagen oder gar Drittwagen, was die Zahl der in privaten Haushalten benötigten Fahrzeuge bis zu 43 % senkt, haben Forscher der Uni Michigan für die USA ausgerechnet [107]. Die Auswirkungen auf die Autohersteller wären zumindest in den Industrieländern heftig: Nach Jahrzehnten in wachsenden Märkten und von hohen Eintrittsbarrieren vor neuer Konkurrenz geschützt hätten sie es plötzlich mit mehreren ernstzunehmenden neuen Wettbewerbern in einem schrumpfenden Markt zu tun.

Die Effekte der autonomen Autos gehen aber weit über die Autobranche und ihre vielen Zulieferer hinaus. Berührt werden auch Versicherer, deren Policen wegen rückläufiger Schäden geringer ausfallen. Mineralölunternehmen verlieren einen ihrer wichtigsten Absatzmärkte, wenn die autonomen Autos mit Elektroantrieb ausgerüstet sind. Bahn, Bus- und Taxiunternehmen verlieren Kunden; Werkstätten, Abschleppdienste und Fahrschulen werden zu einem großen Teil überflüssig und sogar die Einnahmen der Kommunen sinken, da diese Autos weder Parkgebühren verursachen noch Strafzettel für zu schnelles Fahren erhalten. Diesen Effekten stehen Ersparnisse in Milliardenhöhe für die Volkswirtschaften gegenüber: Die Unfallzahlen sinken laut einem Bericht von Iain Thomson bei TheRegister [108] um etwa 90 %; Emissionen, Flächenverbrauch und Lärm gehen zurück, während die Reisenden von einem immensen Zeitgewinn profitieren, da sie während der Fahrt arbeiten oder sich ausruhen können. Die Vorteile des Individualverkehrs blieben also erhalten, die Nachteile fielen aber weitgehend weg. Anders formuliert: Das autonome Auto ist einfach zu gut, um nicht gebaut zu werden.

Die Reihenfolge der erfassten Branchen

Umwälzungen dieser Art werden in vielen Branchen zu beobachten sein. Das Institut for Management Development (IMD) und der Netzwerkhersteller Cisco haben in einer Umfrage unter 941 Top-Managern aus aller Welt die Reihenfolge der von der Digitalisierung erfassten Branchen erfragt [109]. Das Ergebnis: Nach der Technologiebranche folgen Medien/Unterhaltung, Handel, Finanzen, Telekommunikation, Bildung, Reisen, Konsumgüter/Industrie, Gesundheit, Versorger, Öl & Gas und ganz am Schluss die Pharmaindustrie. Ganz vorne in der Liste sind also vor allem die Branchen zu finden, deren Produkte schon weitgehend digitalisiert sind (Tech, Medien, Finanzen) oder in denen die Angreifer den Kunden zwar mit den weitgehend gleichen (oft sogar weiterhin analogen) Produkten bedienen, dies aber spürbar schneller, billiger oder bequemer erledigen als ihre Konkurrenten aus der alten Welt. Dies ist vor allem im Handel, in der Reisebranche und der Telekommunikation sichtbar.

Überraschend aus deutscher Perspektive sind die relativ spät erwartete Digitalisierung der Reisebranche und die vergleichsweise frühe Erfassung der Finanzbranche. Während der Umbruch in der Reisebranche, angetrieben von Plattformen wie booking.com, schon in vollem Gang ist, kommt das digitale Bankgeschäft außerhalb der Banken bisher nur schwer in Schwung, obwohl es unzählige Fintech-Startups mit hohem Aufwand immer wieder versuchen. Ambitionierte Versuche wie Ottos Yapital und ClickandBuy der Deutschen Telekom haben sich als elektronische Zahlungssysteme nicht durchgesetzt und wurden schließlich eingestellt. Nur wenige Neueinsteiger wie PayPal haben es bisher zu einer Größe geschafft, die von den Banken ernstgenommen wird.

Am Ende der Rangliste tauchen die Branchen auf, in denen die Digitalisierung noch nicht allzu weit fortgeschritten ist. Dazu gehören die Gesundheitsbranche, die Energieversorger, die Öl-&-Gas-Branche und die Pharmaindustrie. Die Energieunternehmen verlassen sich meist auf hohe Markteintrittshürden, während sich die Gesundheits- und Pharmaindustrie aufgrund des hohen Regulierungsniveaus in Sicherheit wiegen. In den Branchen Chemie, Bergbau, Öl und Gas sowie der Bauwirtschaft ist auf Basis der heutigen Technik mit keinen schnellen Digitalisierungseffekten zu rechnen. Was aber nicht bedeutet, dass technischer Fortschritt nicht jederzeit neue Wettbewerber entstehen lassen kann.

Investitionen mit defensivem Charakter

Diese zweite Stufe der Digitalisierung weist erhebliche Parallelen zur ersten Phase auf. Damals begannen die Unternehmen, vor allem Informationsgüter wie Zeitungen, Bücher und Musik zu digitalisieren oder Online-Vertriebswege für ihre physischen Produkte aufzubauen. Die Medien legten sich Webseiten und später Apps zu, die Händler bekamen Online-Shops. Meist hatten diese Investitionen aber nur einen defensiven Charakter, dienten eher der Absicherung des traditionellen Geschäfts statt der Eroberung neuer Märkte. Entsprechend enttäuschend waren bisher die Ergebnisse. Zeitungen haben mit ihren digitalen Ablegern zwar mehr Leser gewonnen, aber daraus keine wesentlichen Zusatzeinnahmen erzielen können. Deutsche Händler erzielen mehr Online-Umsätze, profitieren aber nur unterdurchschnittlich von den Zuwächsen im E-Commerce und befinden sich in der Defensive. Kaum ein etabliertes deutsches Unternehmen ging in die Offensive und konnte sich signifikante Wettbewerbsvorteile in der digitalen Welt verschaffen.

Nun tun sich Angreifer, die kein Kerngeschäft zu verteidigen haben, naturgemäß leichter mit der Besetzung neuer Geschäftsfelder. Doch eine Lehre aus der ersten Halbzeit ist eindeutig, dass halbherzige Strategien gegen wild entschlossene und kapitalkräftige Eindringlinge nur selten zum Erfolg geführt haben. Ein schönes Beispiel ist das Engagement der Autohersteller im Markt der Taxi-Apps: Der US-Hersteller General Motors, der 2009 nur mit Staatshilfen zu retten war, investierte gerade 500 Mio. Dollar in die Expansion des Uber-Konkurrenten Lyft – während der deutsche Konkurrent Daimler nur einen Bruchteil dieses Betrages in den deutschen Konkurrenten MyTaxi steckt, der seine globalen Ambitionen längst begraben hat. Kein Beispiel zeigt die mangelnde Risikobereitschaft in Deutschland besser, die bis heute dazu geführt hat, dass kein Global Player der digitalen Welt aus Deutschland kommt.

Internet-Geschichte könnte sich nun wiederholen

Eine ähnliche halbherzige Herangehensweise ist nun im Internet der Dinge zu sehen. Viele Hersteller machen – oft in Eigenregie und isoliert voneinander – ihre Produkte „smart". Autos erhalten Online-Funktionen, Heizungen lassen sich per Smartphone steuern und Fitness-Armbänder messen den Puls, um drei Anwendungen stellvertretend für die großen Bereiche Wohnen, Mobilität und Gesundheit im menschlichen Internet der Dinge (Human Internet of Things (HIoT)) zu nennen. Wieder herrscht wilder Westen und wieder können die meisten Verbraucher keinen signifikanten Nutzen in den einzelnen, weitgehend voneinander isolierten Anwendungen erkennen. Und nun sind es abermals die großen Plattformanbieter aus dem Consumer-Internet, vor allem Google, Apple und Amazon, die als Integratoren und Konsolidierer den Kunden den Zusatznutzen bieten möchten, der sie zum Kauf der IOT-Produkte animiert. Die Gefahr, dass sich (Internet-)Geschichte wiederholt, ist hoch.

Noch ist dieser Markt nicht verteilt, da kündigt sich schon der nächste und vielleicht sogar größte Plattform-Markt an: Das „industrielle Internet der Dinge", also die Vernetzung der Industrie. Bisher ist „Industrie" eine Domäne der Deutschen, vor allem der Maschinenbau. Doch auch in diesem Markt greift der Plattform-Gedanke um sich, weil hier Standards für die Vernetzung der Maschinen eine große Rolle spielen. Aus Deutschland sind vor allem Bosch, der Softwareanbieter SAP und Siemens aufgebrochen, um international mitzuspielen. Zudem arbeiten einige Pioniere wie der Duisburger Stahlhändler Klöckner daran, über den Bau einer offenen Plattform die eigene, stark fragmentierte Industrie zu ordnen.

In den folgenden Kapiteln sind die Auswirkungen der Digitalisierung für Kernbranchen in Deutschland beschrieben. Dazu gehören Auto und Logistik, Industrie (Maschinen- und Anlagenbau, Elektrotechnik), Energie, Finanzen und Gesundheit/Medizintechnik. Die Mechanismen lassen sich aber meist auch auf alle anderen Branchen übertragen. Technischer Fortschritt und die neuen Spielregeln der digitalen Ökonomie führen für den Großteil der Unternehmen zu neuen Geschäftsmodellen, die eine Anpassung der Organisation und des Innovationstempos erfordern.

3.3.1 Das autonome Fahren (Autonomous Car)

Elon Musk, der Gründer von Tesla, treibt den Rest der Autoindustrie gerne vor sich her. Gleich vier seiner großen Projekte haben vor diesem Hintergrund das Potenzial, die Strukturen der Autoindustrie nachhaltig zu verändern:

- Erhöhung der Reichweite der Elektroautos auf 1000 Kilometer: Das Hauptargument gegen Autos mit Elektroantrieb ist die geringe Reichweite im Vergleich mit herkömmlichen Fahrzeugen. Schon 2017 sollen seine Autos 1000 Kilometer mit einer Aufladung schaffen.
- Vollautonome Fahrzeuge bis 2018: Schon jetzt fahren Teslas teilweise autonom; bis 2018 sollen sie komplett ohne Hilfe des Menschen auskommen. Teslas Vorteil: Neue Funktionen können automatisch laufend per Softwareupdate in den Autos installiert werden. Die früher üblichen langen Entwicklungszyklen der Autoindustrie wären passé.
- Ein Massenfahrzeug für 35.000 Dollar: Ein solcher Preis würde den Markt für Elektroautos schlagartig nach unten erweitern.
- Fertigstellung der „Gigafactory“: In einer gewaltigen Fabrik im US-Bundesstaat Nevada sollen Skaleneffekte die Produktionskosten für die Akkus der Elektroautos um 30 % senken.

Der Blick auf die Zulassungsstatistik zeigt, dass Tesla als einziger Premiumhersteller im Jahr 2015 in den USA mehr Autos seines Typs Tesla S verkauft hat, während alle anderen Anbieter von BMW über Mercedes, Audi und Porsche bis hin zu Jaguar weniger Fahrzeuge in dieser Kategorie abgesetzt haben. Der Wandel hat also begonnen. „Ich glaube, die Autoindustrie wird sich in den kommenden zehn Jahren stärker ändern als in den vergangenen 50 Jahren zusammen“, sagt Mary Barra, die Vorstandsvorsitzende von General Motors [110]. Ford will in den kommenden Jahren die Investitionen in Technik für selbstfahrende Autos verdreifachen. „Wir stehen an der Schwelle einer Revolution der Mobilität. Und wir wollen Autohersteller und Mobilitäts-Dienstleister sein“, sagte der Vorstandschef Mark Fields Anfang 2016 [111].

Auch die Antworten von 161 Spitzenmanagern der Branche in dem Global Automotive Executive Survey 2016 von KPMG [112] auf die Frage nach den Schlüsselfaktoren ihres Marktes bis zum Jahr 2025 zeigen das Umdenken. Langjährige Top-Prioritäten wie das Wachstum in den Schwellenländern oder das Downsizing der Verbrennungsmotoren verlieren seit Ende 2015 stark an Bedeutung; dafür gewinnen die „Konnektivität und Digitalisierung“ sowie Elektromobilität sehr deutlich an Bedeutung. Und Daimler-Chef Dieter Zetsche musste nach einem Besuch im Silicon Valley wie schon angemerkt zugeben, dass die Autopläne von Google und Apple weiter fortgeschritten seien als er gedacht habe.

Solange die deutschen Oberklasse-Hersteller wie Audi, BMW, Daimler oder Porsche aber kein autonom fahrendes Elektroauto anbieten, ist die Tür für Neulinge offen, den Premiummarkt mit disruptiver Technik anzugreifen. Die Unterschiede liegen dabei nicht nur in der Risikobereitschaft und der Softwarekompetenz, sondern auch in der Geschäftsstrategie: Tesla hat 2014 alle Patente für seine Schnellladestationen freigegeben, um möglichst vielen Unternehmen den Eintritt in den Markt zu erleichtern. Dahinter steckt kein Altruismus, sondern das Ziel, gemeinsam mit neuen Konkurrenten schneller ein flächendeckendes System mit Ladestationen für die Elektroautos aufzubauen, um die Chance auf einen schnellen Durchbruch zum Massenmarkt zu erhöhen. Musk konnte diesen Schritt riskieren, weil er zuversichtlich ist, seinen Vorsprung gegen Neueinsteiger verteidigen zu können. Dagegen hinkt Deutschland seinem politischen Ziel, bis 2020 eine Million Elektroautos auf den Straßen zu haben, weit hinterher. Anfang 2016 wurde daher die Idee entwickelt, den Kauf eines solchen Autos mit 5000 Euro je Fahrzeug anzukurbeln, was aber sofort als Subvention aller Steuerzahler für die tendenziell eher wohlhabenden Käufer dieser Fahrzeuge kritisiert wurde. Hinter dem politisch umstrittenen Plan steckt die Angst der Bundesregierung, auch in diesem Zukunftsfeld den Anschluss zu verpassen. Inzwischen hat die Bundesregierung zusammen mit Industrievertretern der Autobranche die umstrittene Kaufprämie in Höhe von 4000 Euro pro Kauf eines neuen Elektroautos eingeführt [113].

Computer auf Rädern

Ein entscheidender Aspekt für den Ausgang des Wettbewerbs sind die unterschiedlichen Herangehensweisen. Technologieunternehmen betrachten das Auto als „Computer auf vier Rädern", der ein Betriebssystem braucht, dessen Besitzer dann den Zugang zum Kunden und seine Daten in der Hand hat. Für Unternehmen wie Google läge der Vorteil in maßgeschneiderten Services für den Fahrer wie das Anzeigen und Navigieren zu freien Parkplätzen oder das Umfahren von Staus, bevor sie entstehen. Je mehr Autos mit einem Google-Betriebssystem auf der Straße sind, desto besser werden die Datenlage und damit die Produkte. Dass zumindest die deutschen Hersteller Audi, BMW und Daimler die Gefahr erkannt haben, zeigt der gemeinsame Kauf des Nokia-Kartendienstes Here für 2,8 Mrd. Euro. Die drei Unternehmen wollen schnell weitere Autoproduzenten als Partner gewinnen, um als Global Player gegen Google antreten zu können. Denn spätestens mit dem selbstfahrenden Auto werden die Informations- und Kommunikationssysteme im Auto als Verkaufsargument an Bedeutung gewinnen und Eigenschaften wie die Leistung an Einfluss verlieren. Das bedeutet: Die Vorteile der Amerikaner, die Schnittstellen zu den Menschen zu besetzen, gewinnen im Wettbewerb an Relevanz.

Wettbewerbsfähigkeit contra Datenschutz

Ein entscheidender Wettbewerbsfaktor ist der Umgang mit den Daten, die beim Autofahren anfallen. Wem gehören die Daten, die während der Fahrt anfallen? Dem Fahrer? Dem Hersteller? Oder dem Konstrukteur der Kommunikationsanlage? Viele Parteien haben ein Interesse daran. Zum Beispiel die Werbewirtschaft: Jede Minute Aufmerksamkeit aller Autofahrer in der Welt für Medieninhalte ist fünf Milliarden Euro wert, hat die Unternehmensberatung McKinsey ausgerechnet.

Die Hersteller könnten aus den Daten zum Beispiel herauslesen, ob die Fahrer einen aggressiven Fahrstil pflegen, um bei Garantieleistungen möglicherweise nicht zahlen zu müssen. Die Versicherungen können mit den Fahrzeugdaten ihre Risikokunden herausfiltern. Behörden könnten damit Verstöße gegen die Straßenverkehrsordnung nachweisen und noch ein letztes Mal ordentlich abkassieren, bevor die selbstfahrenden Autos diese Einnahmequelle versiegen lassen. Die Politik befindet sich in der Frage des Datenschutzes in einer Zwickmühle. Einerseits will sie ihre Bürger schützen, andererseits kann ein zu restriktiver Datenschutz zu einem Wettbewerbsnachteil für die deutschen Hersteller führen. Ohne die Daten aus den Autos wird es nicht gelingen, ein System für das autonome Fahren aufzubauen, das die Politik gerne zuerst in Deutschland sähe, um der heimischen Industrie einen Vorteil zu verschaffen.

Eine prominente Fürsprecherin hat die Autolobby bereits: Bundeskanzlerin Angela Merkel. Wenn Deutschland im Umgang mit Daten nur auf Datenschutz setze, werde die Autoindustrie den Wettbewerb um neue Zukunftstechnologien verlieren, warnte Merkel Anfang 2016 [114]. Derzeit werde entschieden, ob Europa in der Autoindustrie künftig noch an der Spitze mitspielen könne. Entweder setzten sich im Wettbewerb diejenigen durch, die über alle Daten der Besitzer oder Mieter von Autos verfügten. Oder aber der deutschen Industrie gelinge es, sowohl die besten Autos zu bauen als auch die besten digitalen Komponenten zu entwickeln. „Wer nur auf den Schutzgedanken setzt, der wird das, was ‚datamining' heißt, nicht schaffen können", sagte die Kanzlerin. Der Wegfall alter Jobs durch die Digitalisierung könne nur wettgemacht werden, wenn die Industrie „bei der Datenverarbeitung genauso gut ist wie bei der Verarbeitung von klassischen Werkstoffen".

Mobilität ohne Autobesitz

Parallel zur Digitalisierung des Autos wird auch das Mobilitätskonzept ein anderes. Mobilität wird sich vom Besitz eines Autos unabhängig machen. Einfach und günstig von A nach B zu kommen ist wichtiger als ein Auto zu besitzen. Die US-Unternehmen Uber und Lyft haben sich aufgemacht, die erste Anlaufstelle der Kunden für Mobilität zu werden. Diese Materialschlacht scheint für deutsche Unternehmen wie MyTaxi nicht zu gewinnen zu sein. Deren Eigentümer Daimler will mit vergleichsweise kleinen Investitionen den Markt absichern, um Uber aus Deutschland heraus zu halten. Noch hat sich bei den Nutzern nicht herumgesprochen, wie gut der Service von Uber wirklich funktioniert. Je mehr Menschen diese Erfahrung aber machen, desto größer wird die Erfolgswahrscheinlichkeit. Daimler fährt also die riskante Strategie des europäischen Lokalmatadors, die bisher aber oft – wie im Fall von StudiVZ – scheiterte. Das Risiko, den Heimatmarkt gegen globale Angreifer nicht verteidigen zu können, ist hoch. Zumal bisher kein deutscher Autohersteller den Eindruck vermittelt, das Mobilitätsmodell wirklich ernsthaft zu betreiben.

Das zugehörige DIGITALPARADIGMA für Deutschland 4.0 lautet: Die Autoindustrie muss mehr tun als autonome Fahrzeuge zu entwickeln. Da der Zugang zu einem Auto vielen Menschen wichtiger wird, der Besitz eines eigenen Fahrzeugs aber an Bedeutung verliert, gewinnt der Markt der Mobilitätsdienstleister an Gewicht. Ein Ergebnis: Uber ist inzwischen höher bewertet als BMW!

Während Deutschland im Wettbewerb um das Auto der Zukunft also Fahrt aufgenommen hat, ist das Engagement um das Mobilitätskonzept der Zukunft doch eher bescheiden. Auch wenn es längst zu spät ist, an der Materialschlacht zwischen Uber, Lyft und dem chinesischen Marktführer Didi Kuaidi auf globaler Ebene teilzunehmen, ist ein größeres Engagement auf diesem Gebiet auf dem deutschen bzw. europäischen Markt dringend nötig. Schon bei den Millennials ist zu beobachten, wie stark der Besitz eines Autos gegenüber dem schnellen Zugriff auf Mobilitätsdienste an Bedeutung verloren hat. Sich in einem solchen Trend auf die Produktion des intelligenten Produktes zu konzentrieren, aber den Aufbau einer Mobilitätsplattform bestenfalls halbherzig voranzutreiben, ist ein Fehler – zumal der Sektor Automobil/Logistik ein sicherer Kandidat für eine starke digitale Disruption ist.

Selbstfahrende Autos sind zwar die wichtigste, aber sicher nicht die einzige technische Entwicklung mit Disruptionsgarantie. Amazon testet Drohnen, zum Beispiel für die Zustellung seiner Produkte. Inzwischen gibt es erste Drohnen, die sogar Menschen transportieren können. Amazon ist laut einem Techcrunch-Bericht auch in den Markt für Luftfracht (per Flugzeug und bald auch per Drohne) und für Containerschiffe eingestiegen [115]. So wie Amazon heute schon Abfertigung und Transport nicht nur der eigenen Waren, sondern auch der verkauften Produkte seiner Marktplatzhändler an Land übernimmt, könnte das Unternehmen bald auch den Transport über das Wasser oder durch die Luft übernehmen – mit einer Effizienz, die traditionellen Systemen zumindest an Land überlegen wäre. Der Online-Händler, der eigentlich schon lange viel mehr als ein Händler ist, könnte damit auch den milliardenschweren Logistikmarkt umkrempeln.

3.3.2 Die datengetriebene Industrie (IOT)

Die Zukunft hat schon begonnen. Zumindest in der chinesischen Stadt Dongguan. Dort hat das Unternehmen Changying Precision Technology eine (beinahe) vollautomatisierte Fabrik gebaut, in der Produktion und Logistik fast komplett in der Hand von Robotern liegen. Statt früher 650 Menschen produzieren jetzt nur noch 60 Menschen die Bauteile für Mobiltelefone. Und auch das nur in der Anfangszeit, denn später sollen 20 Menschen ausreichen, um die Fabrik zu steuern. Mehr haben die Menschen nämlich nicht mehr zu tun: Sie steuern und überwachen die Arbeit der Roboter und greifen nur im Notfall ein. Die Ergebnisse zeigen, dass die Fabrik Nachahmer finden wird: Die Produktivität der Menschen ist um 162 % gestiegen, während die Ausschussquote um 80 % gesunken ist. Dongguan ist nur ein Beispiel für das Bestreben Chinas, mit Hilfe moderner Technik auf Dauer die Werkbank der Welt zu bleiben.

Natürlich hat auch die deutsche Industrie den Trend längst erkannt. Der Einsatz von Robotern wird sich im deutschen Maschinenbau bis 2018 um durchschnittlich 13 % ausdehnen, hat eine Umfrage von Quest Techno-Marketing im deutschen Maschinenbau ergeben [116]. Die Roboter-Anwender unter den Maschinenbauern wollen ihre Maschinenproduktion jährlich um 6,5 % steigern, während der Durchschnitt aller Maschinenbauer nur 3,8 % Zuwachs im Jahr erwartet. Die Produktivitätsvorteile werden die Nachzügler wahrscheinlich schnell zu Investitionen in Roboter verleiten.

Hand in Hand: Internet der Dinge und 5G-Netze

Die weitergehende Automatisierung gerade mit Hilfe der Roboter oder 3D-Drucker ist aber nur ein Aspekt der Digitalisierung in der Industrie. Die zunehmende Vernetzung im Internet der Dinge (Internet of Things – IOT) und die Verarbeitung der daraus resultierenden Daten sind ebenso wichtig wie der erstmals mögliche digitale Kundenzugang. Denn damit verbunden ändern sich auch die Produkte und das Geschäftsmodell: Ein technisches komplexes Produkt wird um lebenslange Services ergänzt, die per Fernwartung überall auf der Welt angeboten werden. Rolls-Royce kontrolliert die Daten seiner Flugzeugturbinen selbst und informiert die Fluggesellschaften rechtzeitig, damit Teile ausgetauscht werden können. Siemens baut nicht nur einen Schnellzug, sondern sorgt mit Hilfe von Big-Data-Analytics auch für den rechtzeitigen Austausch von Teilen, bevor ein Defekt auftritt. Allerdings nur im Ausland; in Deutschland übernimmt die Bahn diese Aufgabe selbst. Dies sind Beispiele für ergänzende Serviceleistungen, die Herstellern nicht nur zusätzliche Einnahmen bringen, sondern zu einem wichtigen Wettbewerbsfaktor werden. Die Unternehmen aus dem Maschinen- und Anlagenbau, der Elektroindustrie, der Medizin- oder der Energietechnik, die neben der Autoindustrie das Rückgrat der deutschen Wirtschaft darstellen, sind zwar nicht in der ersten Welle der Digitalisierung, doch die innovativen Unternehmen der Branche haben sich auf den Weg in das digitale Zeitalter gemacht.

Eine wichtige technische Infrastruktur für das Internet der Dinge wird gerade mit der 5. Mobilfunkgeneration 5G entwickelt, die wahrscheinlich um das Jahr 2020 herum Realität wird. Während die aktuelle Generation (LTE) nur eine Weiterentwicklung der 3. Generation (UMTS) im gleichen Ökosystem war, sprengt 5G die Leistungsfähigkeit in allen Dimensionen. Die Vorteile sind nicht nur deutlich höhere Übertragungskapazitäten von mindestens 100 Mbit/s, sondern auch kürzere Reaktionszeiten und ein geringerer Energieverbrauch, was für die Kommunikation zwischen Maschinen oder Autos benötigt wird. Da 5G als technische Infrastruktur für die massenhafte Vernetzung im Internet der Dinge gilt, ist auch hier ein Wettlauf zwischen den Mobilfunkprovidern in Europa, den USA und Asien ausgebrochen. Wenige Jahre Rückstand könnten sich dabei schon als kaum noch aufzuholenden Wettbewerbsnachteil für die Unternehmen herausstellen, zum Beispiel beim Einsatz vernetzter Autos.

Das zugehörige DIGITALPARADIGMA für Deutschland 4.0 lautet: Eine gute Netzinfrastruktur ist eine wesentliche Voraussetzung für das Gelingen der Digitalen Transformation. Beim Thema Glasfaser hinkt Deutschland weit hinter der Konkurrenz hinterher. Beim Mobilfunk der 5. Generation darf uns das Malheur nicht noch einmal passieren.

3.3.3 Die datenoptimierte Energie (Smart Home)

Für die Energieversorger liegen die Chancen der Digitalisierung vor allem im „Smart Grid“, also einem intelligenten Stromnetz, das Verbrauchsdaten austauschen kann, um Energie deutlich effizienter nutzen zu können als heute üblich. Da parallel der Umbau zu einer dezentralen Energieversorgung auf Basis regenerativer Energieträger weiter voranschreitet, bedeuten digitale Steuerungssysteme die Chance, die volatile Energieproduktion viel besser mit der Nachfrage in Einklang zu bringen. Die Digitalisierung der Netze ist aber nur ein wichtiger Aspekt; Smart Homes sind der andere Teil der Digitalen Transformation der Energiebranche. Vernetzte Häuser mit intelligenten Heizungssteuerungen, die das Haus nur dann aufwärmen, wenn sich ein Bewohner nähert, sollen bis zu einem Drittel der Heizkosten sparen. Die Steuerung des Lichts, der Außenanlagen, Sicherheit oder Überwachung (zum Beispiel bei älteren Menschen) sind weitere Funktionen eines vernetzten Hauses, das in Deutschland aber nur schwer vorankommt. Zwar gibt es ein Gesetz zur „Digitalisierung der Energiewende", das den Einsatz intelligenter Stromzähler (Smart Meter) vom Jahr 2017 an zunächst für Großverbraucher vorschreibt, doch in der Praxis kommt das Projekt nur schleppend voran. Zwar werden Nutzungsdaten in den Haushalten erhoben und ausgewertet, doch passende Tarife dazu gibt es vorerst nicht. Für die Haushalte entstehen also Investitionskosten für die Anschaffung des Smart Meters, aber vorerst kein Nutzen in Form einer sinkenden Stromrechnung. Die längst überfällige Ablösung der Uralt-Stromzähler verzögert sich unnötigerweise.

Auch im Smart Home: Plattformen gewinnen

Beim Wettbewerb um das Smart Home – da an dieser Stelle wieder die Kundenbeziehungen eine wichtige Rolle spielen – ist der übliche Wettbewerb zu beobachten: Tech-Firmen versuchen, sich zwischen den traditionellen Anbieter und den Endverbraucher zu setzen. Relativ weit vorgedrungen ist schon Google. Der Konzern hat auf seiner Entwicklerkonferenz im Mai 2015 ein eigenes Betriebssystem für die Produkte im Internet der Dinge mit Namen Brillo vorgestellt. Ähnlich wie Android in der Smartphone-Welt soll Brillo das Herzstück der vernetzten IOT-Produkte werden. Zuvor hat der Softwarekonzern schon für zusammen etwa vier Milliarden Dollar den Hardwarehersteller Nest, den Kamerahersteller Dropcam und den Smart Home-Spezialisten Revolv aufgekauft. Diese Investitionen sind der Einsatz für eine der großen Google-Wetten, die zentrale Plattform für das Smart Home zu bauen.

Noch steckt die Technik in den Anfängen. Nest bietet ein selbstlernendes Thermostat, einen Rauchmelder und hat mit „Nest Cam" inzwischen auch eine Überwachungskamera für die eigenen vier Wände auf den Markt gebracht. Die ersten, allerdings noch zaghaften Versuche der Vernetzung der Geräte sind zu erkennen: Erkennt der Rauchmelder ein Feuer, schaltet er automatisch die Heizung ab. Die „Nest Cam" schickt Warnungen an den Hausbesitzer bei verdächtigen Beobachtungen und das Thermostat warnt, wenn bestimmte Temperaturen im Haus über- oder unterschritten werden. Noch sind die Vorteile der Vernetzung nicht groß genug, um den Massenmarkt zu überzeugen.

Aber sie zeigen schon klar die Richtung: Mit „Works with Nest“ stellt Google inzwischen genau die Programmierschnittstellen (APIs) zur Verfügung, damit sich andere Hersteller mit Nest verbinden können und somit das Ökosystem erweitern. „Es geht nicht darum, Works with Nest in ein Geschäft zu verwandeln. Es geht darum, eine Plattform zu bauen, damit andere Unternehmen ihr Geschäft darauf bauen können. Wir verkaufen dann mehr Nest-Produkte in ein reicheres Ökosystem“, erklärt Nest-Mitgründer Matt Rogers die Strategie in einem Interview für Forbes, die ähnlich funktioniert wie das Google-Betriebssystem Android [117]. Wieder versucht ein Tech-Unternehmen mit der Plattform-Strategie, den Markt für sich zu gewinnen.

Apple geht übrigens ähnlich vor: Sein HomeKit bündelt alle Anwendungen im Smart Home unter der Oberfläche von Apple. Und Amazon geht mit seiner Hardware Echo und der Spracherkennungssoftware Alexa einen ähnlichen Weg. Samsung versucht es ebenfalls und hat dafür den Revlov-Konkurrenten SmartThings übernommen und sogar Facebook hat seine Fühler schon ausgestreckt. Immerhin haben die deutschen Unternehmen aus den Fehlern der Vergangenheit gelernt und ebenfalls mit einer Plattform-Strategie geantwortet. Die Telekom-Initiative Qivicon oder das Startup iHaus versuchen ebenfalls, mit möglichst vielen Mitstreitern den Kunden ein gutes Produkt zu liefern. Noch bewegt sich dieser Markt aber nur sehr langsam, da die Kunden noch keinen signifikanten Vorteil in den Smart Home-Anwendungen sehen, um die Anfangsinvestitionen zu stemmen.

3.3.4 Die datengesteuerten Finanzen (FinTech)

Banken und Versicherungen haben bisher vor allem eine Digitalisierung des Vertriebs erlebt. Online-Vermittler, Direktbanken oder Vergleichsportale machen den klassischen Außendienst Schritt für Schritt überflüssig, was sich in der stetig fallenden Zahl der Bankfilialen zeigt. Doch diese Entwicklung ist noch Teil der ersten Digitalisierungswelle und hat erfolgreiche Digitalunternehmen wie Check24 und Interhyp als Vermittler hervorgebracht. Aber sie hat das Grundgerüst der Banken und Versicherungen bisher nicht erschüttert. Digitalisierung hat „nur“ den Vertrieb ihrer Leistungen digitalisiert, aber grundsätzlich nicht verändert. Das kann sich nun ändern.

Blockchain gehört zu den Technologien, deren eine Disruption des Bankgeschäfts nachgesagt wird. Blockchain schafft mit kryptographischen Verfahren eine nachträglich nicht veränderbare, dezentral gespeicherte Datenbasis, die als fälschungssichere Verifizierung elektronischer Transaktionen dient. Mittelsleute wie verwaltende oder beglaubigende Instanzen, zu denen Banken oder Börsen gehören, könnten überflüssig werden. Was die Banken in aller Welt allerdings schon in Alarm versetzt hat, ihrerseits die Blockchain-Technologie zu erforschen, um nicht böse überrascht zu werden. Denn inzwischen sind die ersten Unternehmen wie Ripple unterwegs, elektronische Finanztransaktionen auf Basis der Blockchain-Technologie quer durch die Welt in einem Bruchteil der Zeit und zu einem Bruchteil der Kosten traditioneller Banken abzuwickeln. Diese Kombination birgt alle Kriterien für Erfolg am Markt, wie es das britische Startup-Unternehmen Transferwise für Auslandsüberweisungen schon vorgemacht hat.

Robo-Adviser

Die Digitalbranche konzentriert sich also einerseits darauf, margenstarke Transaktionen günstiger anzubieten. Mit Hilfe künstlicher Intelligenz lässt sich aber auch die Kundenberatung zu einem guten Teil automatisieren. Sogenannte Robo-Advisor können auf die Anlagewünsche der Kunden eingehen und die passenden Finanzprodukte ermitteln. Zwar liefern die ersten Softwarevarianten meist nur einen Überblick über die vorhandenen Angebote, ohne wirklich zu beraten. Doch der Weg bis zur echten Anlageentscheidung ist in der ohnehin komplett digitalisierten Finanzwelt nicht mehr weit. Viele Bankberater können auf diese Weise ihre Jobs verlieren, was auch in der Verwaltung von Versicherungen zu beobachten sein wird. Die Unternehmensberatung McKinsey schätzt, dass bis 2025 jeder vierte Arbeitsplatz in der Versicherungsbranche in Westeuropa verloren geht [118]. Denn Computer können besser und billiger als Sachbearbeiter unterscheiden, ob eine Versicherung im Schadensfall zahlen muss oder besser einen Mitarbeiter hinschickt, um genauer hinzuschauen.

In der Fintech-Branche gibt es inzwischen viele ernstzunehmende Startups, die von den etablierten Unternehmen genau beobachtet werden sollten. Anbieter wie Lufax, Square, Zillow, Landing Club, Stripe, Klarna, CommonBond, Credit Karma, Oscar Health, Prosper oder Dataminr bringen sich in Stellung, zumindest Teile des Finanzgeschäftes an sich zu ziehen. Dass es im Bankgeschäft bisher noch zu keinen grundlegenden Umbrüchen gekommen ist, bedeutet nicht, dass die Banken auf Dauer sicher sind. Dass die Banken in Deutschland zehn Jahre gebraucht haben, um dem amerikanischen Zahlungsdienstleister PayPal (der übrigens auch von Elon Musk erfunden wurde) ihren eigenen Konkurrenten PayDirect entgegenzusetzen, ist schon typisch für das übliche deutsche Reaktionsmuster „zu spät, zu unentschlossen". Nun bleibt PayDirect nichts anderes übrig als auf den Datenschutz als Wettbewerbsvorteil zu setzen, was bisher noch in keinem Konsumentenmarkt zu einem Erfolg wurde.

Das zugehörige DIGITALPARADIGMA für Deutschland 4.0 lautet: An allen Ecken und Enden des Bankgeschäfts attackieren Fintechs vor allem die margenstarken Geschäfte der Institute. Die Strategie des Abwartens (und damit Verteidigen des Kerngeschäfts) ist bisher gut gegangen. Doch die Margen im Bankgeschäft sind viel zu hoch, um auf Dauer Bestand zu haben. Also lieber selbst kannibalisieren als früher oder später gegen ein Fintech-Unternehmen zu verlieren.

3.3.5 Die datengestützte Gesundheit (E-Health)

E-Health ist ein Sammelbegriff für den Einsatz digitaler Technologien im Gesundheitswesen. Er bezeichnet alle Hilfsmittel und Dienstleistungen, bei denen Informations- und Kommunikationstechnologien (IKT) zum Einsatz kommen, und die der Vorbeugung, Diagnose, Behandlung, Überwachung und Verwaltung im Gesundheitswesen dienen. Wohl kein Bereich hat höhere, aber noch weitgehend unausgeschöpfte Digitalisierungsvorteile. Vor allem in Deutschland verzögern unter anderem die hohen Datenschutzanforderungen und Widerstände unter den Ärzten die Digitalisierung des Gesundheitswesens. Die elektronische Gesundheitskarte, die eigentlich schon zum 1. Januar 2006 eingeführt werden sollte, enthält selbst ein Jahrzehnt später kaum mehr als die persönlichen Angaben des Patienten, ohne aber den eigentlich wichtigen Austausch der Gesundheitsdaten zu ermöglichen. Röntgenbilder werden den Patienten auch heute noch in Papprollen oder bestenfalls auf einer CD mitgegeben und Telemedizin ist im australischen Busch weiter verbreitet als in Deutschland. Startups aus dem E-Health-Bereich klagen über unfaire Wettbewerbsbedingungen und starten lieber im Ausland neu als die endlosen Wege in Deutschland in Kauf zu nehmen.

Wearables: Vor dem Herzinfarkt Alarm schlagen
Zeitliche Prognosen über den Digitalisierungspfad der Gesundheitsbranche sind daher kaum möglich. Dennoch birgt die Digitalisierung enormes Potenzial für bessere Gesundheitsleistungen und sinkende Kosten des Gesundheitswesens. Hier einige Möglichkeiten, die in anderen Ländern teilweise schon eingesetzt werden: Zum einen die Produkte, die das Leben der Patienten erleichtern. Wearables wie Fitnessarmbänder oder Smartwatches sind sehr gefragt. Und der Markt wächst nach wie vor weiter. Grundsätzlich ist es heute möglich, dass Menschen Wearables in die Prävention und in die Sekundärprävention chronischer und schwerer Krankheiten einbauen. Beispielsweise, indem sie ihren Blutdruck selbst überprüfen oder ihre Herzfrequenz regelmäßig messen. Pharmaunternehmen könnten ergänzend zu den jeweils erforderlichen Medikamenten über Wearables die entsprechenden Tools und Apps anbieten. Diese ermöglichen es Patienten, schnell zu handeln, wenn

bestimmte Werte in der Gefahrenzone landen. Sie könnten außerdem eine Echtzeitüberwachung durch den Arzt gewährleisten, der bei Alarm ebenfalls die Chance hat, sofort einzugreifen. Prävention wäre dann in diesem Bereich nicht mehr auf Kontrolluntersuchungen alle drei Monate oder jedes halbe Jahr beschränkt.

Neue Gatekeeper für Ärzte: Die meisten Patienten informieren sich heute im Netz, bevor sie einen Arzt aufsuchen. Erste Anlaufstelle ist Google. Der Suchmaschinengigant arbeitet in den USA mit den Mayo-Kliniken zusammen. Bei passenden Suchfragen blendet Google einen Knopf mit der Aufschrift „Talk with the doctor" ein, der automatisch einen Video-Chat mit einem Arzt herstellt. Auf diese Weise erhalten Patienten nicht nur bessere Informationen, sondern auch eine Vorauswahl geeigneter Ärzte. Viele Tech-Firmen versuchen nun, in den Gesundheitsmarkt einzudringen. Philips hat Anfang 2016 seine „Health Suite" vorgestellt, mit der Nutzer Daten ihrer verschiedenen Messgeräte zusammenführen können, um daraus Rückschlüsse auf ihren Gesundheitszustand zu erhalten. Eine ähnliche Initiative hat auch Apple mit seiner App „Health" bereits gestartet. Diese Apps sind wieder Beispiele, in denen Tech-Firmen durch die geschickte Kombinationen von Daten einen Mehrwert für die Nutzer schaffen und sich damit als Plattform in einen Markt hineinschieben, in dem vorher niemand als Integrator tätig war. Diese Plattformen haben dann das Potenzial, zu einem wichtigen Spieler im Gesundheitsmarkt zu werden und zum Beispiel die Wahl der Ärzte bei medizinischen Problemen zu beeinflussen.

Für die Medizin ist auch interessant, dass es viel schneller möglich sein wird, anhand bereits erfasster und auf Knopfdruck verfügbarer Datenmengen Mess- und Vergleichswerte zu ähnlichen Krankheitsfällen herauszubekommen und Therapien auf diesen Ergebnissen mit aufzubauen. Ärzte werden „disrupted", weil Computer eine Diagnose anhand des Vergleichs der Daten mit ähnlichen Fällen ziehen können. Erfahrung wird zumindest teilweise durch künstliche Intelligenz ersetzt, was den Ärzten mehr Zeit für komplizierte Fälle gibt. Auch in der Pharmaforschung wird „Big Data" eine größere Rolle spielen, was Neueinsteigern die Tür in diesen Markt öffnet, der bisher von hohen Eintrittshürden geschützt war.

Das zugehörige DIGITALPARADIGMA für Deutschland 4.0 lautet: Nirgendwo klaffen Chancen und bisher Erreichtes weiter auseinander als in der Digitalisierung des Gesundheitswesens. Den Konsumenten fehlt der konkrete Nutzen dieser digitalen Gesundheitsdienste. Dabei sollte die eigene Gesundheit Ansporn genug sein, sinnstiftende Anwendungen zu entwickeln.

4
Arbeit 4.0

Als die Google-Tochter Deepmind im März 2016 den weltbesten Go-Spieler Lee Sedol überlegen mit 4:1 schlug, war das nicht nur ein weiterer Sieg der Maschine über den Menschen wie zuvor Deep Blue im Schach oder Watson in Jeopardy. Der Sieg im komplexesten Spiel der Welt, das mehr Spielsituationen aufweisen kann als es Atome im Universum gibt, gilt als endgültiger Beweis für die Überlegenheit der Maschinen. Selbst die besonnenen KI-Forscher sind sich nun sicher, dass Computer jetzt viel schneller auch komplexe Aufgaben vom Menschen übernehmen und damit auch schneller als bisher gedacht für kognitive Jobs geeignet sind.

Der technische Fortschritt wird also nicht nur die Wirtschaft, sondern auch den Arbeitsmarkt grundlegend verändern. Anders als in den Sonntagsreden vieler Politiker wird der Anpassungsbedarf aber größer sein als bisher erwartet. Denn moderne Roboter und Software werden künftig viele Routinejobs nicht nur in den Fabriken, sondern auch in den Büros erledigen. Daten erfassen und verarbeiten kann ein Computer einfach besser als ein Mensch; daraus Entscheidungen ableiten inzwischen vielfach auch. 50 % aller „White-Collar-Jobs“, also die Mitarbeiter mit weißem Hemdkragen in den Verwaltungen, müssen sich auf Dauer andere Tätigkeiten suchen, schätzt Fraunhofer-Forscher Thomas Bauernhansl [95]. Das kann eine erhöhte Sucharbeitslosigkeit, aber auch mehr verfügbare Arbeitszeit für Innovationen bedeuten. Auf jeden Fall werden die Anforderungen an die Flexbilität und den Weiterbildungsbedarf höher sein als jemals zuvor.

Die Arbeitnehmer haben prinzipiell zwei Möglichkeiten der Vorbereitung: Zum einen sich die geforderten Fähigkeiten so früh wie möglich, am besten während des Studiums, anzueignen. Zum anderen gibt es auch später im Beruf Weiterbildungsangebote für die digitale Welt, die zudem stetig ausgebaut werden. Wenn Arbeitgeber diese Weiterbildung nicht von sich aus anbieten, sollte man als Arbeitnehmer diese Angebote einfordern. In einigen Unternehmen ist Weiterbildung inzwischen für alle Arbeitnehmer Pflicht. Denn die alte Forderung nach lebenslangem Lernen, die in der Vergangenheit häufig als Floskel galt, war nie so wichtig und richtig wie heute. Wenn sich technischer Fortschritt beschleunigt, müssen die Arbeitnehmer dieses Tempo mitgehen können. Wer sich auf dem Erlernten ausruht und nicht gerade in einem der

T. Kollmann und H. Schmidt, *Deutschland 4.0*, DOI 10.1007/978-3-658-13145-6_4

Berufe wie der Physiotherapie oder der Kindererziehung tätig ist, deren Fähigkeiten auch in einer digitalisierten Welt in absehbarer Zeit kaum automatisiert werden können, läuft Gefahr, auf der Strecke zu bleiben.

4.1 Die digitale Arbeit in der Zukunft

Die Automatisierung und deren weitreichenden Produktivitätseffekte sind aber nur ein Aspekt des Wandels am Arbeitsmarkt. Genauso einschneidend wird der Sprung des benötigten Qualifikationsniveaus auf Seiten der Beschäftigten sein. So wie Medienhäuser heute Redakteursstellen abbauen und stattdessen vermehrt Softwareentwickler suchen, wird sich die Nachfrage der Unternehmen in Richtung der Datenspezialisten, Softwareentwickler und Experten für das Internet der Dinge verschieben – und zwar in allen Abteilungen der Unternehmen. Denn die Digitalisierung betrifft schon lange nicht mehr nur Marketing, Entwicklung und Produktion. Ohne fundierte Kenntnisse über die Digitale Wirtschaft werden künftig weder die Personal- noch die Finanzabteilung künftig auskommen.

Computerspiele ersetzen keine Digitalbildung
Die Nachfrage nach den Menschen mit digitalen Fähigkeiten steigt schon jetzt schneller als das Angebot; diese eklatante Lücke wird im Laufe der schnell fortschreitenden Digitalen Transformation immer größer werden. Dabei ist der Wettbewerb um die besten Talente kein nationaler, sondern ein internationaler Wettbewerb, weil die digitalen Spezialisten über Ländergrenzen hinweg weltweit begehrt sind. Zum Beispiel werben Internetkonzerne wie Google oder Facebook gerade die besten deutschen Wissenschaftler für künstliche Intelligenz aus deutschen Hochschulen ab, damit sie in deren Laboren in London oder Paris arbeiten.

Digitaltechnik ersetzt also viele Jobs, aber natürlich entstehen auch neue Arbeitsplätze, die es vor der Digitalisierung noch gar nicht oder nicht in diesem Ausmaß gab. Videospiel-Trainer sind ein häufig genanntes Beispiel für den Wandel am Arbeitsmarkt. „Man kann sich beinahe jeden Job anschauen und es scheint nur eine Frage der Zeit zu sein, bis er automatisiert und eliminiert ist. Das passiert auch. Und trotzdem steigt die Beschäftigung. Weil neue Industrien geschaffen werden. 65 % der Jobs in Amerika sind Informationsjobs, die es vor 25 Jahren noch gar nicht gab. Wir kreieren und erfinden ständig neue Jobs“, hofft Ray Kurzweil [119], einer der Vordenker der künstlichen Intelligenz und wie viele seiner Kollegen heute in Diensten von Google.

Das zugehörige DIGITALPARADIGMA für Deutschland 4.0 lautet: Darauf zu vertrauen, dass die „Digital Natives", also die im Internet-Zeitalter erst geborenen und aufgewachsenen jungen Menschen, das nötige Wissen quasi spielerisch in der Jugend vermittelt bekommen, wäre aber naiv, solange die Digitalisierung an den Schulen auch in Zukunft so weitgehend vorbeigeht wie heute. Computerspiele ersetzen keine Digitalbildung.

4.2 Die digitalen Jobs der Roboter

Die Wissenschaftler Carl Benedict Frey und Michael Osborne haben mit Hilfe von Robotik-Experten eine Liste der Jobs aufgestellt, die in den kommenden 20 Jahrzehnten höchstwahrscheinlich von Maschinen erledigt werden können [120]. Dazu gehören: Disponenten in der Logistik, Kreditanalysten in Banken, Chauffeure, Kassierer, Buchhalter, Makler, Call-Center-Mitarbeiter und Busfahrer. Sogar Bibliothekare, Verkehrspolizisten und Piloten weisen eine Wahrscheinlichkeit von mehr als 50 % auf, bald durch eine Maschine ersetzt zu werden.

Das bedeutet nicht zwingend den Verlust des Arbeitsplatzes, sondern die Notwendigkeit, den Job weiterzuentwickeln. Ob die Beschäftigten diesen Wandel aber schaffen, ist die große Frage. „Viele Arbeitnehmer werden das Tempo der Digitalisierung nicht mitgehen können – sie werden zurückbleiben. Das ist ein ernstes Problem und damit müssen wir uns beschäftigen", sagt MIT (Management, Information, Technologie)-Forscher Andrew McAfee [121]. Tatsächlich haben industrielle Revolutionen in der Vergangenheit stets zu mehr Arbeitsplätzen geführt, auch wenn die Anpassungsphasen nicht immer reibungslos liefen. Bisher galt der Grundsatz, dass eine steigende Arbeitsproduktivität zu Wachstum und damit zu neuen Jobs führen wird. Technischer Fortschritt hat die Arbeitslosigkeit also gesenkt, was als Kapitalisierungseffekt bezeichnet wird. Allerdings führen neue Technologien auch zu einer stärkeren Reallokation der Arbeit. Das heißt: Viele Jobs fallen weg und dementsprechend müssen sich viele Arbeitnehmer neue Stellen suchen. Es kommt also auch zu einer erhöhten Such-Arbeitslosigkeit, was als kreative Zerstörung bezeichnet wird. Die beiden Effekte wirken gegeneinander; der Netto-Effekt entscheidet, ob die Arbeitslosigkeit steigt oder fällt.

Nach Ansicht von Frey/Osborne dominierte in der Vergangenheit stets der Kapitalisierungseffekt, weil der technische Fortschritt wie die Einführung der Dampfmaschine oder die Automatisierung der Fabriken vergleichsweise langsam voranschritt. Das könnte sich nun aber ändern: Der technologische Wandel findet nicht nur auf einem Gebiet, sondern parallel in fast allen Wirtschaftsbereichen statt. Künstliche Intelligenz, Roboter, selbstfahrende Autos,

Drohnen, 3D-Druck, Sensoren oder Big Data sind die Schlagworte für anstehende Umwälzungen in den Fabriken ebenso wie in den Verwaltungen der Unternehmen oder im Transportsektor. Maschinen dringen jetzt in Bereiche vor, die ihnen bisher verschlossen waren. Und: Der technische Fortschritt verläuft sich linear, sondern er beschleunigt sich, weil sich Fortschritte in mehreren Disziplinen gegenseitig beflügeln.

Erstmals werden also nicht nur manuelle Tätigkeiten (wie die Lagerarbeiter durch selbstfahrende Logistikroboter) ersetzt, sondern auch kognitive Jobs substituiert werden. Diese Breite der Substitution von Arbeit durch Kapital war bisher in keiner Phase technischen Fortschritts zu beobachten, was die Gefahr eines negativen Nettoeffektes, also steigender Arbeitslosigkeit, erhöht. Die Gefahr technologischer Arbeitslosigkeit schwankt erheblich mit der formalen Bildung. Menschen, die nur über eine Elementarbildung verfügen, weisen eine Automatisierungswahrscheinlichkeit von 80 % auf, während nur 18 % der Promovierten um ihre Jobs bangen müssen. Ähnlich sieht der Zusammenhang zwischen Einkommen und Automatisierungswahrscheinlichkeit aus: Die Beschäftigten mit den zehn Prozent geringsten Einkommen weisen eine Wahrscheinlichkeit von 61 % auf, während die Gutverdiener am oberen Ende nur 20 % aufweisen.

Entscheidend für die Akzeptanz im technikskeptischen Deutschland ist aber die Reihenfolge der eintretenden Effekte. Da Effizienzsteigerungen als leicht erreichbare Ziele im Moment zuerst angegangen werden, bevor mit der Entwicklung neuer Produkte auch neue Jobs entstehen, ist mit zunehmender Arbeitslosigkeit zumindest in der Übergangsphase zu rechnen. Wer in der Verwaltung oder seiner Fabrik effizienter wird, also Industrie 4.0 erfolgreich umsetzt, muss am Markt aber nicht erfolgreicher sein. Wem es also nicht gelingt, neue Produkte zu entwickeln und damit Wachstum zu generieren, wird am Ende mit einem negativen Beschäftigungseffekt aus der Digitalisierung herausgehen, der sich zudem beschleunigt, wenn ausbleibende Digitalerlöse den Rationalisierungsdruck erhöhen, wie es in den Verlagen gut zu beobachten ist.

Das zugehörige DIGITALPARADIGMA für Deutschland 4.0 lautet: Industrie 4.0 ist als Effizienzprogramm in der ersten Phase nicht auf die Schaffung neuer Jobs ausgerichtet. Erst der zweite Schritt, die Entwicklung neuer digitaler Produkte, bringt das notwendige Wachstum und damit neue Beschäftigung. Er gibt in diesem Fall aber keinen Grund, den ersten Schritt vor dem zweiten zu gehen. Im Gegenteil: Ohne neue Digitalprodukte nutzt die Effizienzsteigerung wenig. Mit der Entwicklung sollte also lieber heute als morgen begonnen werden.

Das sehen die fortgeschrittenen Digital-Manager sehr klar: „Nur wenn Digitalisierung zu Wachstum führt, müssen keine Arbeitsplätze abgebaut werden. Wenn wir nicht wachsen, werden wir unser Volumen mit weniger Arbeitsplätzen umsetzen können und auch müssen. Das gilt hochgerechnet für die gesamte Volkswirtschaft: Die Stahlindustrie kann nur wachsen, wenn auch die anderen Industrien wie der Automobilbau wachsen", erklärt der Vorstandschef des Duisburger Stahlhändlers Klöckner, Gisbert Rühl [122]. Zwar hat die Digitale Wirtschaft bisher schon 240.000 Arbeitsplätze in Deutschland geschaffen und gehört damit zu den Jobmotoren. Die Beschäftigung in der Internet-Wirtschaft, die hart auf Effizienz getrimmt ist, um international wettbewerbsfähig zu sein, wächst allerdings mit nur acht Prozent im Jahr deutlich langsamer als der Umsatz. Die Zahl der Beschäftigten wird voraussichtlich von aktuell etwa 250.000 auf nur 332.000 in der Branche in vier Jahren steigen. Zudem haben viele dieser Jobs Arbeitsplätze in anderen Sektoren vernichtet. Neu entstandene Beschäftigungsverhältnisse bei Amazon korrespondieren mit verlorenen gegangenen Arbeitsplätzen in stationären Buchhandlungen oder Warenhäusern. Die Digitalisierung der Fabriken wird im verarbeitenden Gewerbe bis 2025 etwa 60.000 Arbeitsplätze kosten, schätzt das Institut für Arbeitsmarkt und Berufsforschung (IAB) [123].

Ohne Digitalisierung gehen viel mehr Jobs verloren

Der Verlust an Arbeitsplätzen in diesen Branchen darf aber kein Argument sein, auf die Digitalisierung zu verzichten. Wer nicht digitalisiert, verliert seine Wettbewerbsfähigkeit und dauerhaft noch viel mehr Arbeitsplätze, lautet die Warnung der Arbeitsökonomen. Das ist eine wichtige Lehre aus vergangenen Zeiten, in denen Automatisierung zuerst immer als Jobkiller angesehen wurde, ohne die aber langfristig die Wettbewerbsfähigkeit und damit noch viel mehr Jobs verloren gegangen wären. Insofern geht an der Digitalisierung kein Weg vorbei. „Die Annahmen, die sich positiv auf Deutschland auswirken (Vorreiter, zusätzliche Nachfrage im Ausland, Wettbewerbsvorteile) richten sich dann gegen den hiesigen Wirtschaftsstandort. Produktionsrückgänge und zusätzliche Arbeitslosigkeit sind die Folgen. Jene werden ausgelöst durch den Verlust an Wettbewerbsfähigkeit und Verschiebung der inländischen Nachfrage hin zu importierten Produkten. Die Aufgabe kann also nur sein, den Übergang möglichst nachhaltig zu gestalten", lautet das Fazit der IAB-Forscher – selbst wenn die in der Modellrechnung angenommenen Investitions- und Produktivitätseffekte und damit der Umschlag zwischen alten und neuen Beschäftigungsverhältnissen weit stärker ausfallen sollten [124].

Aber die Effekte auf den Arbeitsmarkt müssen bedacht werden, um rechtzeitig zu reagieren. Aus- und Weiterbildung sowie Arbeitnehmer, die auf diesen Weg zu einer digitalen Kompetenz mitgenommen werden müssen, gehören zu den zentralen Aufgaben für Politik und Unternehmen. Arbeitnehmer haben im Moment die Möglichkeit, mit einer Weiterbildung ihre Chancen am Arbeitsmarkt zu erhöhen.

Der Online-Händler Amazon lässt inzwischen 30.000 Transport-Roboter durch seine Logistikzentren fahren. Der chinesische iPhone-Produzent Foxconn ersetzt in einem ersten Schritt 30 % seiner Belegschaft durch Industrie-Roboter. Versicherer lassen die Routinetätigkeiten zehntausender Sachbearbeiter in Kürze von intelligenter Software erledigen. Und die selbstfahrenden Autos, die bis vor wenigen Jahren noch als ferne Utopie galten, sind inzwischen auf unseren Straßen unterwegs und werden Taxifahrer überflüssig machen. Doch anders als in früheren Automatisierungsprozessen werden dieses Mal nicht nur manuelle Tätigkeiten ersetzt. Alle Menschen mit Routinejobs müssen damit rechnen, von einem Roboter oder einer schlauen Software ersetzt zu werden. In Deutschland sind nach heutigem Stand der Technik etwa fünf Millionen Jobs automatisierbar, hat das Mannheimer Forschungsinstitut ZEW errechnet [119].

Die Digitalisierung erfasst die Bürojobs mit voller Wucht

Die überraschendsten Änderungen sind mehr in den Büros als in den Fabrikhallen zu erwarten. 61 % aller Vollzeitarbeitsplätze in Deutschland sind mit einem Computer ausgestattet. Wer vor dem Rechner aber nur manuell Daten verarbeitet, trägt ein hohes Risiko, vom Computer früher oder später ersetzt zu werden. „Besonders gefährdet sind jetzt die Routinejobs der Wissensarbeiter, zum Beispiel Buchhalter“, sagt MIT-Forscher Andrew McAfee voraus [121]. „Auch die meisten, wenn nicht sogar alle Tätigkeiten von Anlageberatern können und sollten Computer erledigen – weil sie darin einfach besser sind als Menschen. Der Ersatz des Menschen durch Maschinen wird die Skala der geistigen Fähigkeiten hinaufklettern“, sagt McAfee voraus.

Denn Computer können jetzt dazulernen und Dinge erkennen, die bisher nur das menschliche Gehirn verarbeiten konnte. Verantwortlich dafür ist eine technische Entwicklung, die nach Jahrzehnten mühsamer Forschung endlich funktioniert: „Machine Learning“. Dabei merken Computer sich Anwendungen, erkennen Gesetzmäßigkeiten und können mit diesem Wissen später auch neue Situationen ohne menschliche Hilfe meistern. Ein Computer agiert also wie ein guter Auszubildender: Er merkt sich Arbeitsschritte und -methoden und kann sie künftig ohne Hilfe ausführen.

Die Automatisierung wird auch in anderen Sektoren großen Einfluss auf die Beschäftigung haben. Am Flughafen holen sich Passagiere ihre – im Internet gebuchten – Tickets am Automaten, geben ihr Gepäck an einem Schalter ab, an dem kein Mensch mehr sitzt, scannen danach ihren Pass selbstständig und fliegen schließlich in Flugzeugen, welche die meiste Zeit von einem

Autopiloten gesteuert werden. Wenn nur die heute schon verfügbare Technik eingesetzt wird, können 45 % aller beruflichen Tätigkeiten automatisiert werden, hat die Unternehmensberatung McKinsey errechnet [125]. Wenn die Spracherkennung und -verarbeitung, die in den vergangenen Jahren rasante Fortschritte gemacht hat, noch etwas besser wird, können weitere 13 % der Tätigkeiten wegfallen, lautet ein Ergebnis der Studie. Was nicht bedeutet, dass die Jobs wegfallen. Weniger als fünf Prozent der betrachteten Arbeitsplätze können mit heutiger Technik komplett automatisiert werden; 60 % der Jobs enthalten etwa ein Drittel an Tätigkeiten, die von Computern oder Robotern erledigt werden können.

Auch die Jobs von Ärzten oder Anwälten werden digital

Ihre Jobs müssen aber nicht nur die Menschen mit geringer Qualifikation und entsprechend niedrigen Einkommen ändern. Vorstandsvorsitzende verschwenden 20 % ihrer Arbeitszeit mit Routinetätigkeiten. Auch die Tätigkeiten von Finanzmanagern, Anwälten oder Ärzten weisen signifikante Anteile auf, die automatisiert werden können. Zum Beispiel wandelt die Software des US-Unternehmens Narrative Science in Sekundenschnelle Rohdaten in Berichte oder sogar Powerpoint-Präsentationen um, wofür Finanzanalysten Tage brauchen. Die Analyse von Standard-Krankheiten anhand von Messwerten erledigen Computer künftig schneller als Ärzte, die dann mehr Zeit für Spezialfälle haben. Künstliche neuronale Netzwerke können Krebszellen auf Fotos bald besser und schneller erkennen als Ärzte. Gibt es nun deswegen bald weniger Ärzte? „Nein, stattdessen kommen mehr Menschen in den Genuss einer guten Behandlung, viele davon in Gebieten, wo es heute noch gar keine vernünftige Gesundheitsvorsorge gibt. So wird es laufen“, erwartet zum Beispiel Jürgen Schmidhuber [126], einer der besten deutschen Forscher in Künstlicher Intelligenz.

Die KI-Software des Frankfurter Unternehmens Arago befreit IT-Administratoren von 90 % ihrer lästigen Instandhaltungsarbeiten und gibt ihnen die Zeit, neue Produkte zu entwickeln. Auch Anwälte können einen Teil ihrer Arbeit, nämlich ähnliche Fälle zu finden, inzwischen gut von Maschinen erledigen lassen.

> Das zugehörige DIGITALPARADIGMA für Deutschland 4.0 lautet: Die Digitalisierung erfasst alle Jobs. Sich als Arbeitnehmer darauf vorzubereiten, bevor der Arbeitgeber auf die Idee kommt, ist eine gute Maßnahme. Lebenslanges Lernen war noch nie so richtig und wichtig wie heute! Arbeitnehmer sollten lieber heute als morgen damit beginnen. Algorithmen, Statistik oder Programmiersprachen wären ein Anfang.

Neben Änderungen im Bildungswesen wird die zunehmende Substitution von Arbeit durch Kapital auch Auswirkungen auf die Sozialsysteme haben. Müssen Roboter oder deren Besitzer künftig in die Renten- und Arbeitslosenversicherung einzahlen? Was passiert, wenn die Schere zwischen den hochbezahlten Spezialisten, die Roboter bauen und weiterentwickeln, und den freigesetzten Arbeitskräften mit geringem Bildungsniveau noch viel weiter aufgeht als heute? Noch liegen die Antworten auf diese Fragen in weiter Ferne. Doch vor allem aus dem Silicon Valley kommt immer häufiger die Forderung nach einem bedingungslosen Grundeinkommen, um die Folgen der technologischen Arbeitslosigkeit abzufedern.

4.3 Die digitale Technik für neue Arbeitsplätze

Während die Wissenschaftler schon recht sicher beziffern können, wie viele Jobs bedroht sind, lassen sich die neuen Tätigkeiten wegen des rasanten technischen Fortschritts nur grob schätzen. Arbeitsplätze werden vor allem für die Menschen entstehen, die besonders gut mit den intelligenten Maschinen umgehen können, sie also entweder programmieren, bedienen oder ihre Ergebnisse interpretieren können. „Nennen Sie mir 10.000 gute Datenanalysten und ich habe 10.000 Jobs für sie. Wir brauchen vielleicht keine zwei Milliarden davon, aber den Wandel des Arbeitsmarktes darf man trotzdem nicht unterschätzen: Es gibt immer neue, interessante Herausforderungen – die immer schneller von weiteren Herausforderungen abgelöst werden", erwartet der deutsche Wissenschaftler Sebastian Thrun [119], der das selbstfahrende Google-Auto entwickelt hat. Gesucht werden heute vor allem Datenanalysten und Softwareentwickler. Trainer für Videospieler ist einer der Berufe, die vor Kurzem noch unvorstellbar waren. Den wahrscheinlich sichersten Job der Welt haben die Entwickler von Robotern. Und einen der bestbezahlten. „Ihr Gehalt in der Zukunft hängt davon ab, wie gut Sie mit Robotern zusammenarbeiten", sagt der US-Zukunftsforscher Kevin Kelly [119] voraus.

Das IAB [123] hat die Auswirkungen dieser Digitalisierung im verarbeitenden Gewerbe und der Landwirtschaft untersucht. Konkret entstehen 430.000 neue Arbeitsplätze, vor allem in den Bereichen IT, Naturwissenschaft, Unternehmensberatung, Lehre und Design. Dem stehen 490.000 verlorene Jobs gegenüber, vor allem in den maschinen- und anlagensteuernden Berufen, im Metall- und Anlagenbau und allen Reparaturberufen. Allerdings ist die Qualität der neu geschaffenen Beschäftigungsverhältnisse weit höher als die der wegfallenden Jobs, so dass die Lohnsumme insgesamt steigen wird.

Kreativität schlägt digitale Automatisierung

Auf der Frey/Osborne-Liste der sicheren Jobs [120] stehen neben den Schriftstellern vor allem kreative und soziale Berufe sowie Wissenschaftler. Auch Menschen mit ausgeprägten sensomotorischen Fähigkeiten wie Physiotherapeuten oder Zahnärzte sind auf der sicheren Seite. Jobs für Naturwissenschaftler gewinnen ebenso weiter an Bedeutung wie Bildung und Forschung sowie soziale Berufe, in denen das Potenzial für eine Automatisierung begrenzt ist.

Um sich von den Computern abzuheben, sollten Unternehmen die Kreativität und Innovationskraft ihrer Mitarbeiter systematisch fördern. Deutschland ist bisher nicht das Land, in dem die radikalen Innovatoren sitzen. Die Mitarbeiter in den Unternehmen müssen sich vorstellen können, wie radikal sich Märkte in der digitalen Welt ändern. Dazu gehören auch Handwerker, die sich wahrscheinlich bisher nicht vorstellen konnten, was der australische Bauroboter Hadrian nun leistet. Mit solchen Innovationen haben die Menschen in den Fabrikhallen schon deutlich mehr Erfahrung. Der Einsatz von Robotern ist dort bereits ziemlich weit fortgeschritten, bleibt aber natürlich nicht stehen. „Bei den ‚Blue-Collar-Workern' in den Fabriken wird der normale Rationalisierungsprozess weitergehen. Pro Jahr fünf Prozent mehr Output bei gleicher Personalstärke oder eben gleiche Leistung mit fünf Prozent weniger Mitarbeitern. Ich erwarte aber keinen großen Sprung", sagt Fraunhofer-Experte Bauernhansl [119]. Je stärker ein Unternehmen im globalen Wettbewerb stehe, desto größer sei allerdings der Druck zur Rationalisierung.

Wie in der Vergangenheit gehört Deutschland zu den Ländern, die den Einsatz von Industrierobotern weiter massiv vorantreiben. Sie werden erhebliche Produktivitätsgewinne zwischen zehn und 30 % bringen, schätzt die Unternehmensberatung Boston Consulting Group (BCG) [127]. Wegen der hohen Lohnkosten wird Deutschland einer der größten Profiteure der Invasion der Roboter in die Fabrikhallen sein. Werden das zu erwartende Automatisierungstempo und die Entwicklung der Lohnkosten einkalkuliert, erhöhen sie die Wettbewerbsfähigkeit Deutschlands deutlich. Langfristig können die Menschen das Rennen gegen die Maschinen ohnehin nicht gewinnen. Das sieht auch Ray Kurzweil so. Der Experte für künstliche Intelligenz in Diensten von Google hat sogar schon ein genaues Datum im Kopf. „2045 werden Maschinen schlauer als Menschen sein", vermutet der Wissenschaftler [128]. Seit dem Sieg des Computers über den Menschen im Go-Spiel ist diese These realistischer denn je.

> Das zugehörige DIGITALPARADIGMA für Deutschland 4.0 lautet: Jobgarantien gibt es nicht. Ein guter Anfang wären aber tiefe Kenntnisse der Dinge, die Computer oder Roboter in absehbarer Zeit nicht können. Sich selbst programmieren und verbessern oder Ergebnisse interpretieren, zum Beispiel. Stets ein Stück schlauer als der Computer zu sein, wäre ebenfalls eine gute Strategie.

5
Politik 4.0

Die wichtigste Erkenntnis zuerst: Digitalisierung hat als Thema derzeit in der Politik nicht den Stellenwert, der notwendig wäre, um Deutschland wirklich ins 21. Jahrhundert zu bringen. Weder auf Bundes- noch auf der Landesebene gibt es dafür die entscheidungsrelevanten Strukturen auf höchster Ebene und die „digitalen Köpfe", die dieses Thema in Deutschland wirklich nach vorne bringen. Ausnahmen bestätigen wie immer die Regel. Für diese Situation gibt es drei wesentliche Gründe:

- Stichwort „Neuland": Die politischen Entscheidungsträger in den oberen Politik-Hierarchien sind „Digital Immigrants" und verstehen die grundlegenden Zusammenhänge digitaler Strukturen und deren Auswirkung auf Wirtschaft und Gesellschaft entweder nicht oder handeln aus kurzfristigem Kalkül heraus falsch.
- Stichwort „Wählerpotenzial": Mit dem Thema „Digitalisierung" kann man (noch) keine Wahlen gewinnen, denn bislang wird das Thema meist in die vermeintlich kleine Ecke der Startups positioniert, die zwar wichtig sind, aber kein wichtiges Stimmenpotenzial repräsentieren. Netzpolitik ist selbst nach dem Snowden-Skandal erkennbar kein wichtiges Wahlkampfthema gewesen.
- Stichwort „Regierungsstruktur": Es gibt keine Ministerien, die komprimiert und ausgestattet mit Budget sowie politischer Durchschlagskraft das Thema Digitalisierung auf Bundes- oder Landesebene zentral steuern. Bisher kümmern sich nur vereinzelnd Staatsekretäre um das Thema und nur teilweise existiert ein politischer Unterbau in den einzelnen Ressorts.

Dies ist der bisherigen Entwicklung des Themas in der Politik geschuldet, welche mit dem „Neuland"-Begriff von Bundeskanzlerin Angela Merkel leider ein eineindeutiges Sinnbild für unser derzeitiges Politiksystem bekommen hat.

Eine Rückblende: Wir schreiben das Jahr 2013 und die (Junge) Digitale Wirtschaft mit ihren Startups ist endlich als Thema in der Politik angekommen. Was mit einem Internetgipfel im Juni 2012 als Gesprächskreis mit

T. Kollmann und H. Schmidt, *Deutschland 4.0*, DOI 10.1007/978-3-658-13145-6_5

Bundeskanzlerin Angela Merkel anfing, setzte sich auf dem IT-Gipfel im November 2012 in Essen fort und mündete in die Gründung des Beirats „Junge Digitale Wirtschaft“ (BJDW) durch Bundeswirtschaftsminister Philipp Rösler im Januar 2013 im Bundesministerium für Wirtschaft und Technologie (BMWi). Parallel wurde der Bundesverband Deutsche Startups (BVDS) gegründet und auch der BITKOM erklärte die „Young IT“ zu einem Themenschwerpunkt. Im Vorfeld der Bundestagswahl 2013 findet diese Entwicklung mit dem ersten Ergebnisbericht des BJDW, der Deutschen Startup Agenda des BVDS, den Get-Started-Vorschlägen der BITKOM und dem Startup-Manifesto auf EU-Ebene einen ersten Höhepunkt. Im Koalitionsvertrag nahmen im Resultat die Themen „Digitale Wirtschaft“ und „Digitale Startups“ einen wichtigen Platz ein. Seit der jüngsten Bundestagswahl befassen sich zudem mit Bundeswirtschaftsminister Sigmar Gabriel, Bundesinfrastrukturminister Alexander Dobrindt und Bundesinnenminister Thomas de Maizière gleich drei Mitglieder der Bundesregierung mit dem Thema „Digitales“, es gibt einen eigenen Bundestagsausschuss „Digitale Agenda“ und im Juli 2014 wird der erste Entwurf der Digitalen Agenda der Bundesregierung im Netz bekannt. Ziel dieser „Digitalen Agenda“ sollte es sein, in Zusammenarbeit aller Ministerien die Schwerpunkte einer nationalen Digitalisierungspolitik festzulegen. Mit Start der CeBIT 2016 gibt das BMWi zudem eine nicht mit den anderen Ressorts abgestimmte eigene „Digitale Strategie 2025“ heraus.

Netzpolitik auf Bundesebene

Sebastian Rieger von der „stiftung neue verantwortung“ hat analysiert, ob die Aufteilung der Federführung für die „Digitale Agenda“ auf die drei Ministerien Wirtschaft, Inneres und Verkehr sinnvoll war [129]. Er kommt zu dem Schluss, „dass die Konstellation primär nachteilig ist, da die Zuständigkeiten zu breit verteilt seien und damit nur ineffizient und mit hohem Koordinationsaufwand gearbeitet werden könne. Konkurrierende Parteiinteressen in den von unterschiedlichen Fraktionen geführten Ministerien erschwerten eine konstruktive Arbeit zusätzlich.“ Er wird in dieser Meinung auch vom Blog netzpolitik.org unterstützt: „Wir hatten uns schon bei Bekanntwerden der Strategie dagegen ausgesprochen, dass Netz- und Digitalpolitik auf derartig viele kleine Ressorts verteilt und dementsprechend immer noch nicht als eigenständiger Bereich angesehen werden. Das zeigt auch der Ausschuss Digitale Agenda, der keine Federführung bekommen hat. Die Befürchtung, dass so keine sinnvollen Ergebnisse erzielt werden können, hat sich bisher bestätigt. Zuletzt bei der Vorstellung der Digitalen Agenda“ [130].

Als zugehöriges DIGITALPARADIGMA für die Politik kann festgehalten werden: Digitalpolitik hat noch nicht den notwendigen Stellenwert im Regierungssystem. Sie gilt bislang als Anhängsel der klassischen Ressorts und nicht als eigenständiges Politikfeld mit einer entsprechenden Verankerung im Regierungssystem. Das wird der wachsenden Bedeutung der Digitalpolitik nicht gerecht.

Für eine substantielle Verbesserung werden im Kern auf der Bundesebene drei Modelle diskutiert: Ein eigenes „Ministerium für Digitales" (Internet-Ministerium) mit eigenem Budget, Personal und Zuständigkeiten. Dieses Modell würde zu einer umfangreichen Reorganisation der Bundesverwaltung führen, bei der Mitarbeiter aus anderen Ministerien abgezogen und in diesem neuen Ressort zusammengeführt werden. Das zweite Modell könnte die Koordinierung der Digitalpolitik im Kanzleramt sein. Dabei koordinieren ein zuständiger „Staatsminister für Digitales" oder ein Bundesbeauftragter die zugehörigen Themen aus den einzelnen bestehenden Ressorts. Dies gibt es analog schon für die Bereiche „Kultur und Medien" sowie für das Thema „Migration, Flüchtlinge und Integration". Ein drittes Modell basiert auf starken „Staatssekretären für Digitales" in den bisherigen drei Ministerien, die sich direkt als Matrix-Organisation miteinander austauschen können. In Frankreich gibt es beispielsweise mit Axelle Lemaire eine Staatssekretärin für Digitales beim Minister für Wirtschaft, Industrie und Digitales in der französischen Regierung.

Eben diese Axelle Lemaire fragte die Ausschussmitglieder des Bundestags für die „Digitale Agenda", ob sie auf Seiten der deutschen Regierung einem entsprechenden Ministerium inhaltlich gegenüberstehen. Auf der Internetseite des Ausschusses war hierzu zu lesen: „Darauf antworteten die Abgeordneten, dass es mit dem Bundesinnenministerium, dem Bundeswirtschaftsministerium und dem Bundesverkehrsministerium drei Häuser gebe, die sich die Federführung im Bereich der Digitalen Agenda teilen. Es hätte in den Koalitionsverhandlungen die Diskussion um ein neues Ministerium oder einen Staatssekretär für Digitales gegeben. Eine solch federführende, hauptverantwortliche Stelle sei bislang aber nicht geschaffen worden. Vielleicht käme es in der nächsten Legislaturperiode dazu, die im Moment noch aufgeteilten Zuständigkeiten entsprechend zu bündeln, waren sich die Abgeordneten einig" [131].

Als zugehöriges DIGITALPARADIGMA für die Politik kann festgehalten werden: Wir brauchen nach der nächsten Bundestagswahl ein eigenständiges „Ministerium für Digitales" in Deutschland, um der Bedeutung dieses Themas für Wirtschaft, Gesellschaft und Politik den notwendigen Rückenwind, aber auch die entscheidungs- und finanzorientierte Struktur einer politischen Glaubwürdigkeit zu geben.

Der notwendige große Wurf für das Thema Digitalisierung, den Deutschland für die zweite Halbzeit auf der politischen Ebene braucht, kann nur das eigenständige „Ministerium für Digitales" sein. Die Kompetenzen und Zuständigkeiten wären dann nicht mehr über verschiedene Ressorts verstreut, was den Geburtsfehler der mangelnden inhaltlichen Abstimmung und Kooperation zwischen verschiedenen Ministerien und damit einen möglichen inhaltlichen Wettbewerb zwischen den Bundesministerien und Kernressorts beseitigt. Ferner hätten wir eine klare und starke digitale Stimme nicht nur innerhalb von Deutschland, sondern auch in Brüssel, wo eine Vielzahl der relevanten Entscheidungen für den „digitalen Binnenmarkt" in Europa anstehen. Und wir hätten einen zentralen Ansprechpartner für die Strukturen in den einzelnen Bundesländern, bei denen die Koordinierung der Umsetzung stattfinden muss, zum Beispiel für die Themen Breitbandausbau und Bildung.

Als Alternative hat Bundeswirtschaftsminister Sigmar Gabriel in seiner „Digitalen Strategie 2015" die Gründung einer Digitalagentur vorgeschlagen. Dort kann man nachlesen: „Um Wettbewerbs-, Markt- und Verbraucherfragen der Digitalisierung zu beantworten, ist nicht nur eine Digitalagenda erforderlich, sondern auch eine Digitalagentur als hochleistungsfähiges und international vernetztes Kompetenzzentrum des Bundes, das die Bundesregierung sowohl als Thinktank bei der Politikvorbereitung als auch als Servicestelle bei der Umsetzung kompetent, neutral und nachhaltig unterstützt und den Digitalisierungsprozess im Interesse von Wirtschaft und Verbrauchern flankiert." [132] Die neue Bundesdigitalagentur soll dafür die Bündelung von digitalen Kompetenzen, eine Unterstützung der politischen digitalen Agenda sowie den nachhaltigen Aufbau von Digitalisierungskompetenz ermöglichen. Fraglich, ob hiermit der gleiche politische Stellenwert wie mit einem eigenständigen „Ministerium für Digitales" erreicht wird, zumal die Zugehörigkeit und politische Leitung der Digitalagentur zu einem bestimmten bereits vorhandenen Ministerium nicht beantwortet wird.

Netzpolitik auf Landesebene

Auf der jeweiligen Landesebene gibt es derzeit ebenfalls verschiedene Modelle. In Bayern findet man eine Abteilung für „Digitalisierung und Medien" im Bayerischen Staatsministerium für Wirtschaft und Medien, Energie und Technologie. Sie betreut die Initiative „Bayern Digital" und steuert einen zugehörigen Beirat, in dem sich neben Vertretern der Wirtschaft und Wissenschaft alle Fraktionen des Bayerischen Landtags und auch alle Ressorts eingebracht haben. In Nordrhein-Westfalen gibt es einen „Beauftragten für die Digitale Wirtschaft" als Stabsstelle direkt beim Wirtschaftsminister, der in dieser Funktion als direkter Ansprechpartner die Brücke zwischen Gründern, Wissenschaft, Kapital und Industrie schlagen soll. Im Ergebnis steht die Initiative

„Digitale Wirtschaft NRW (DWNRW)" mit einem eigenen Beirat, die eine Strategie und zugehörige Maßnahmenpakete für die Internetwirtschaft hervorgebracht hat. Im Freistaat Sachsen gibt es einen eigenen Staatssekretär für Digitales im Staatsministerium für Wirtschaft, Arbeit und Verkehr, während es in Hamburg eine Leitstelle für Digitales direkt in der Senatskanzlei gibt. In Berlin ist das Thema Netzpolitik ebenfalls ein Teil der Senatskanzlei und somit direkt beim Regierenden Bürgermeister angesiedelt. In Baden-Württemberg dagegen ist die Aufhängung des Themas ebenso unklar wie in vielen anderen Bundesländern auch.

Christian Amsinck, Hauptgeschäftsführer der Unternehmensverbände Berlin-Brandenburg, fordert vor diesem Hintergrund: „So wie in Unternehmen ein Chief Digital Officer den Wandel steuert, muss ein Staatssekretär für Digitales alle Projekte bündeln" [133]. Übersetzt bedeutet dies für die verschiedenen landespolitischen Systeme, dass ein zentraler politischer und vor allem auch „digitaler Kopf" als Staatssekretär direkt in den Staatskanzleien bzw. Senatskanzleien neben den Ministerpräsidenten/innen bzw. regierenden (Ober-) Bürgermeistern/innen die Koordination und Führung für die Digitalpolitik auf Landesebene übernehmen sollte. Eigene Ministerien auf Landesebene erscheinen dagegen nicht sinnvoll, je mehr die strategische hin zu einer operativen Ebene verlassen wird. Hier wird empfohlen, in den einzelnen Ressorts eigene Abteilungen für Digitales aufzubauen und diese zu einer ministeriumsübergreifenden Projektgruppe unter Führung des zentralen Staatssekretärs zu organisieren. Die jeweiligen Staatsekretäre auf Landesebene sind dann auch die Ansprechpartner für die Arbeit des Ministeriums für Digitales auf der Bundesebene.

Als zugehöriges DIGITALPARADIGMA für die Politik kann festgehalten werden: Wir brauchen auf der Landesebene einen zuständigen „Staatssekretär für Digitales" in den jeweiligen Staats- bzw. Senatskanzleien als Strategie- und Organisationsstelle mit korrespondierenden Abteilungen für Digitales in den einzelnen Ressorts als operative Struktur.

Unabhängig von den Strukturen für die Digitalpolitik auf Bundes- oder Landesebene ist aber auch entscheidend, mit welchen Personen und damit mit welchem Know-how diese besetzt werden. Hier besteht das gleiche Problem wie in den Unternehmen: Wir haben zu wenig „digitale Köpfe" innerhalb der bisherigen Systeme. Im Moment muss man innerhalb der politischen Parteien die digitalen Know-how-Träger mit der Lupe suchen. Ausnahmen sind (in alphabetischer Reihenfolge): Dorothee Bär (CSU), Saskia Esken (SPD), Thomas Jarzombek (CDU), Lars Klingbeil (SPD), Dr. Konstantin von Notz (Bündnis 90/Die Grünen), Nadine Schön (CDU) und Jimmy Schulz (FDP).

Es ist dem Engagement dieser und weiterer einzelner Akteure in den jeweiligen Parteien zu verdanken, dass das Thema Digitalisierung im politischen Fokus bleibt. Ansonsten wird die Politik vor diesem Hintergrund eher von außen getrieben ohne wirklich eigene Visionen zu entwickeln.

Digitalpolitik auf Ebene der Netzgemeinde

Zu den außerparteilichen Treibern gehören vor diesem Hintergrund die beiden politischen Vorfeldorganisationen cnetz und D64. Das cnetz ist ein Verein, dessen Mitglieder aus allen Bereichen der Gesellschaft stammen und welche ein bürgerliches Politikverständnis eint. Das cnetz sieht die Digitalisierung als eine der zentralen Herausforderungen für die Zukunftsfähigkeit und die Weiterentwicklung des Zusammenlebens – gesellschaftlich, kulturell, politisch und ökonomisch. Unter der Leitung von Thomas Jarzombek MdB (Sprecher) und Prof. Dr. Jörg Müller-Lietzkow (Sprecher) besteht eine Nähe der Organisation zur CDU. D64 versteht sich als progressiver Thinktank zum Thema Digitalisierung, der über das reine Nachdenken hinaus auch politische Änderungen erreichen will. Als Kompass für die inhaltliche Ausrichtung fungieren dabei die Grundwerte Freiheit, Gerechtigkeit und Solidarität, die es vor dem Hintergrund der Digitalisierung zu aktualisieren gilt. Unter der Leitung von Valentina Kerst und Nico Lumma besteht eine Nähe der Organisation zur SPD. Eine weitere wichtige netzpolitische Bewegung ist das Blog netzpolitik.org, das sich als Vertreter für digitale Freiheitsrechte versteht und Fragestellungen rund um Internet, Gesellschaft und Politik diskutiert und damit versucht, „Wege aufzuzeigen, wie man sich auch selbst mit Hilfe des Netzes für digitale Freiheiten und Offenheit engagieren kann" [134].

Vor diesem Hintergrund formulierten D64 und „Das Progressive Zentrum" in einem gemeinsamen Eckpunktepapier „Digitalpolitik ist Gesellschaftspolitik – und muss gestaltet werden!" stellvertretend für viele andere Meinungen die folgenden Forderungen: „Bis heute wird Digitalpolitik nicht als eigenständiges Politikfeld bzw. Thema behandelt, sondern in den einzelnen Ressorts versteckt. Dabei ist Digitalpolitik nichts anderes als die Anerkennung einer bereits veränderten Realität, die folglich sämtliche ‚klassische' Politikfelder betrifft. Digitalpolitik darf nicht mehr am Katzentisch stattfinden, sondern muss ins Zentrum rücken" [135]. Die Vorschläge dafür liegen alle auf dem Tisch. Der Beirat „Junge Digitale Wirtschaft", das Conseil National du Numérique, das D64 (Zentrum für Digitalen Fortschritt) und weitere Interessensgruppen haben diese längst gemacht. Wir brauchen nur endlich mal den politischen Mut, eine konsequente Digitalpolitik für Deutschland und Europa zu wagen. Mit einer politischen Struktur, die dem Thema Digitalisierung endlich einen hohen Stellenwert einräumt, mit der Aufnahme von „digitalen Köpfen" ins politische System und der Erkenntnis, dass wir der Digitalisierung nur mit einer schnellen politischen Überholspur begegnen können, bei dem vielleicht nicht alles gelingen wird. Aber das, was gelingen wird, bringt uns weiter. Einige der konkreten Vorschläge sollen im Folgenden vorgestellt werden.

5.1 Die Anforderungen an die Infrastrukturpolitik

Wenn es darum geht, ein Fundament für Deutschland 4.0 in der Digitalpolitik zu schaffen, dann steht am Anfang zunächst der prinzipielle und schnelle Zugang zum Internet im Mittelpunkt. Millionen Haushalte in Deutschland haben immer noch keinen ausreichend schnellen Zugang, um die datenintensiven Anwendungen der Gegenwart zu nutzen. Das ist nicht zuletzt ein Wirtschaftsfaktor: Gerade in strukturschwachen Regionen lassen sich Unternehmen heute schon deshalb nicht nieder, weil sie keinen ausreichenden Internetzugang erwarten können. Je mehr sich die Geschäftswelt digitalisiert, desto drängender wird das Problem. Im Ergebnis muss sich eine Digitalpolitik mit dem Ausbau der technischen Infrastruktur für das Internet in Deutschland in der Spitze und in der Breite befassen.

5.1.1 Der Netzausbau als digitale Grundbasis

Dass Deutschland in der Breitbandversorgung im internationalen Vergleich bestenfalls Mittelmaß ist, wurde schon zu Beginn dieses Werkes ausgeführt und mit Zahlen dokumentiert. Den Handlungsbedarf hat die Bundesregierung schon erkannt. In der Breitbandstrategie stehen die Sätze: „Leistungsfähige Breitbandnetze sind zum schnellen Informations- und Wissensaustausch unbedingte Voraussetzung für wirtschaftliches Wachstum und die positive Entwicklung von Kommunen und Regionen. Breitband ist ein wesentlicher Standortfaktor und spielt eine immer wichtigere Rolle sowohl für Unternehmen als auch für Bürgerinnen und Bürger. Das schnelle Internet baut nicht nur die Kommunikationsmöglichkeiten von Unternehmen aus. Es trägt darüber hinaus auch zum Entstehen neuer Geschäftsfelder bei und erweitert die Interaktions- und Informationsoptionen der Bürger. Breitband ist inzwischen in vielen Anwendungen und Bereichen des täglichen Lebens relevant: beim Online-Banking, in der Verwaltung, in der Medizin und im Bildungsbereich, im Handel und in der Freizeitgestaltung.“ Diese Ausführungen sind elementar, denn in der Studie „Broadband Infrastructure and Economic Growth“ [136] haben Czernich u. a. schon 2009 festgestellt, dass „eine 10-prozentige Zunahme der Breitbandversorgung eine jährliche Steigerung des Bruttoinlandsprodukts um bis 1,5 % sowie eine Erhöhung der Arbeitsproduktivität um 1,5 % über die kommenden fünf Jahre bewirkt.“

Schnelles Internet als Grundversorgung

Die Politik ist sich einig, dass ein Ausbau der Infrastruktur als digitale Grundbasis dringend notwendig ist. Das Problem ist die Geschwindigkeit, die Flächendeckung und die Finanzierung des Ausbaus. Das BMVI hat festgestellt, dass sich die privaten Anbieter angesichts hoher Investitionskosten vor allem in sehr dünn besiedelten Gebieten nicht in der Lage sehen, den Auf- und Ausbau von Hochgeschwindigkeitsnetzen wirtschaftlich zu betreiben. „In einer Vielzahl solcher Gebiete ist daher bislang keine Erschließung allein durch den Markt erfolgt", heißt es aus dem BMVI [137].

Jeder, der außerhalb der Ballungsräume wohnt, hat dies schon festgestellt. Von den rund 1,2 Mio. Haushalten in Brandenburg hätten laut einem Bericht der Märkischen Allgemeinen Zeitung [138] derzeit 281.000 Haushalte, also gut 23 %, noch immer keinen schnellen Anschluss mit mindestens 16 Mbit/s. In Nordrhein-Westfalen besitzen rund 25 % der Haushalte keinen Anschluss von mindestens 50 Mbit/s. Der Bund will deswegen mit Zuschüssen und Subventionen bis 2018 eine Breitbandversorgung von mindestens 50 Mbit/s im gesamten Bundesgebiet erreichen, was die dünn besiedelten Gebiete natürlich einschließt. Aber schon jetzt ist absehbar, dass dieses Ziel verfehlt wird.

Als zugehöriges DIGITALPARADIGMA für die Politik kann festgehalten werden: Wir brauchen einen konsequenten und progressiven Aufbau einer Breitbandversorgung auf dem Weg zur Gigabit-Gesellschaft. Die Grundversorgung mit einem schnellen Internet ist die strukturpolitische Aufgabe unserer Zeit.

Doch selbst wenn die Politik dieses Ziel erreicht, wird es in diesem Moment schon veraltet sein. Denn ab 2018 und spätestens ab 2020 werden wir in der Gigabit-Gesellschaft angekommen sein, in der Glasfaser der Standard wird. Und hier geht es neben der Übertragungsgeschwindigkeit auch um die Latenzzeiten – also um die Reaktionszeiten des Netzes. Dies wird insbesondere für komplexe digitale Anwendungen im Kontext von vernetzten Fabriken mit dem Diktat von „Industrie 4.0" oder aber auch bei autonomen Fahrzeugen wichtig sein.

Anforderungen der Gigabit-Gesellschaft

Vor diesem Hintergrund ist die Meinung der Netzverbände Breko, Buglas, VATM, Anga und dem Fibre to the Home Council Europe nachvollziehbar, wenn sie ausführen: „Deutschlands Breitbandpolitik befindet sich am Scheideweg, und Bandbreiten wie die im Koalitionsvertrag postulierten 50 MBit/s sind zu wenig, um die Netzinfrastruktur der Bundesrepublik zukunftssicher zu machen" [139]. Die Breitbandziele 2018 sind somit laut diesen Verbänden „allenfalls eine Wegmarke und sollten auch so verstanden werden, um zu verhindern, dass notwendige Entwicklungen verschleppt, Investitionen in den Ausbau zukunftssicherer Kommunikationsnetze verhindert, der Wettbewerb verzerrt und Steuergelder ineffizient eingesetzt werden." Die zugehörigen Forderungen sind entsprechend klar formuliert und können als solche mitgetragen werden:

- Gigabit-Netze sollen letztendlich allen Menschen und Unternehmen in Deutschland ohne Einschränkungen zur Verfügung gestellt werden. Es muss das Ziel der Politik und der Verwaltung sein, jedes Handeln darauf auszurichten, dieses Ziel zu erreichen, auch wenn es sich hierbei ganz sicherlich um ein langfristiges Ziel handelt. Festnetz und Mobilfunk werden dabei beide eine wesentliche Versorgungsrolle spielen.
- In den Zielvorgaben der Breitbandstrategie muss nachhaltiger Netzausbau Vorrang haben vor Übergangslösungen. Wenn wirtschaftlich möglich, soll direkt ein Aufbau von Gigabit-Netzen erfolgen. Wenn hingegen eine Übergangslösung wirtschaftlich sinnvoll erscheint, muss sie so angelegt sein, dass ein weiterer Ausbau nicht erschwert oder verzögert wird.
- Die Regulierung von Zwischenlösungen wie Vectoring muss den Aspekt der Übergangstechnologie betonen und darf einen weitergehenden Ausbau nicht behindern. Vectoring muss dann tatsächlich eine Brückenfunktion hin zu Fibre-to-the-Building (FTTB) oder Fibre-to-the-Home (FTTH) darstellen.
- Eine effiziente institutionelle Organisation der Breitbandpolitik in Deutschland ist notwendig. Ein Auseinanderfallen von Zuständigkeiten, die Ausbau und Kernfragen der Regulierung betreffen, erweist sich schon heute als außerordentlich problematisch sowohl auf Bundes- als auch auf Länderebene.
- Ein Abbau der Zugangsregulierung unter dem Aspekt bestehendem Infrastruktur- oder Dienstewettbewerbs aus Endkundensicht, gefährdet den für den weiteren Glasfaserausbau erforderlichen Netzzugang in allerhöchstem Maße. Gerade auch im ländlichen Raum bleibt der gesicherte Zugang zu bestehenden Kupfer-Anschlussnetzen des ehemaligen Monopolisten Deutsche Telekom absolut unverzichtbare und entscheidende Voraussetzung für einen weiteren schrittweisen Ausbau mit Glasfaser immer näher zum Kunden.
- Insgesamt muss die Förderpolitik auf eine neue Grundlage gestellt werden: Aktiv ausbauende Unternehmen müssen gestärkt und nachhaltige Technologien in Förderverfahren bevorzugt werden. Eine Überbauung bereits vorhandener NGA (Next Generation Access)-Infrastrukturen mit Hilfe von Fördergeldern muss verhindert werden. Bei einem Ausbau in Zwischenschritten ist eine Rahmenplanung vorzusehen. Eine wirtschaftliche Beurteilung eines schrittweisen FTTB/H-Ausbaus, im Vergleich zu einem di-

rekten, muss sinnvollerweise alle Erlöse und Kosten umfassen. Nachhaltige Förderung erzwingt auch eine Neubewertung von sogenannten Betreibermodellen, die eine große Wettbewerbsneutralität und Anbieteroffenheit ermöglichen.
- Neben Projekten mit hoher Flächendeckung in ländlichen Gebieten müssen auch städtische Glasfaserprojekte zur Anbindung des unterversorgten Mittelstandes (zum Beispiel in Gewerbegebieten) förderfähig sein. Noch viel stärker als in wirtschaftlich schwer erschließbaren ländlichen Gebieten ist hier auf eine von Beginn an langfristig nachhaltige Lösung abzustellen. Dies kann in der Regel nur durch einen FTTB/H-Ausbau ohne Zwischenschritte sichergestellt werden. In jedem Fall muss jedoch auch bei diesen Projekten eine Überbauung bereits vorhandener NGA-Infrastrukturen mit Hilfe von Fördergeldern verhindert werden.
- Netzbetreibern muss die Möglichkeit gegeben werden, Netzkapazität und Dienste angemessen zu vermarkten und damit den weiteren eigenwirtschaftlichen Ausbau zu ermöglichen. Regulierung mit Augenmaß ist hier erforderlich, um einerseits berechtigte Wettbewerbs- und Nutzerinteressen zu gewährleisten, andererseits aber auch neue Geschäftsmodelle nicht bereits im Ansatz zu diskriminieren.
- Diensteanbieter müssen weiterhin einen angemessenen und diskriminierungsfreien Zugang zu den Netzen der Zukunft haben.

Mit diesen Forderungen ist auch der nahtlose Übergang zum Thema „Netzneutralität“ gegeben, da sich die Frage nach Preis- und Datenvolumenmodellen von Netzbetreibern mit bevorzugten Zero-Rating-Angeboten bis hin zu neuen Kostenmodellen für sogenannte Special Services gegenüber einer diskriminierungsfreien Nutzung des Internets durch Anbieter und Nachfrager zum Teil widersprechen.

5.1.2 Die Netzneutralität als digitales Grundprinzip

Die Netzneutralität ist eine der zentralen Herausforderung der Informationsgesellschaft. Netzneutralität bezeichnet nach Krämer/Wiewiorra/Weinhardt (2013) [140] die Gleichbehandlung von Daten bei der Übertragung im Internet und den diskriminierungsfreien Zugang bei der Nutzung von Datennetzen. Netzneutrale Internetdienstanbieter behandeln alle Datenpakete bei der Übertragung gleich, unabhängig von Sender und Empfänger, dem Inhalt der Pakete und der Anwendung, die diese Pakete generiert hat.

Im Wesentlichen geht es um die bereits seit mehreren Jahren geführte grundsätzliche Diskussion, ob die Einhaltung der Netzneutralität und damit die Sicherstellung der Innovationsoffenheit des Netzes durch den bestehenden ordnungspolitischen Rechtsrahmen gewährleistet werden kann oder ob es hierfür eines besonderen Regulierungskonzepts bedarf. Die Beibehaltung und Sicherstellung der Netzneutralität ist ein elementares Grundprinzip für die Datenübertragung im Internet. Zahlreiche Internet-Experten und Netz-Institutionen empfehlen in diesem Zusammenhang immer wieder, eine „Zwei-Klassen-Gesellschaft" für wirtschaftliche Angebote im Netz aufgrund von schnelleren und hierfür zudem bezahlten „Specialised Services" zu vermeiden.

Europäische Neutralitätsverordnung

Am 29. Oktober 2015 hat das EU-Parlament in Straßburg die neue Verordnung zur Netzneutralität beschlossen. Eine deutliche Mehrheit stimmte für die umstrittene Vorlage, die zwar eine grundsätzliche Gleichbehandlung des Datenverkehrs vorsieht, aber gleichzeitig Netzbetreibern die Möglichkeit bietet, sogenannte Spezialdienste bevorzugt durch das Netz zu transportieren. Die EU-Kommission teilte mit, dass hierunter nur Gesundheits-, Notruf- und Mobilitätsdienste, zum Beispiel für autonomes Fahren, fallen würden. Die Definition der Dienste fehlt jedoch im Text der Verordnung. Diese Definition lieferte kurz danach die Telekommunikationsbranche in Form eines persönlichen Blog-Beitrags vom Telekom-Chef Timotheus Höttges [141] mit der Ankündigung, dass alle Dienste in Zukunft „speziell" für eine schnelle Durchleitung zahlen müssen. Wer sich das nicht leisten kann, wird von der Überholspur auf die Schleichspur abgeschoben. Höttges schreibt dazu konkret: „In Zukunft wird es eben auch die Möglichkeit geben, einen Dienst für ein paar Euro mehr in gesicherter Qualität zu buchen." Im Umkehrschluss hieße das: Alles andere gibt es nur noch in ungesicherter Qualität. „Wer dann nicht für die Vorfahrt seiner Daten gezahlt hat, steht eben im Stau", kommentierte zum Beispiel Patrick Beuth von DER ZEIT dieses Vorhaben [142]. Besonders davon betroffen sind junge Startups im Internet, die für ihre innovativen Geschäftsmodelle auf einen schnellen Datentransfer angewiesen sind, um überhaupt in den Markt zu kommen und die Kunden von sich zu überzeugen. Das gefährdet nach Ansicht des Beirats für „Junge Digitale Wirtschaft" (BJDW) im Bundeswirtschaftsministerium den Aufbau und die Existenz von Online-Startups in Deutschland und beeinträchtigt damit die zukünftige Wettbewerbsfähigkeit unserer gesamten Wirtschaft.

Online-Maut für digitale Angebote

Einige große Telekommunikationsunternehmen dürfen als marktbeherrschende Netzbetreiber nicht zur Bremse für digitale Innovationen der Startups werden! Nachdem die Drossel-Drohung auf der Nachfrager-Seite schon nicht funktioniert hat, wird jetzt die Anbieter-Seite über eine Online-Maut als Umsatzquelle in Angriff genommen. Wenn sich das ein Startup nicht leisten kann, soll es nach dem Willen von Telekom-Chef Timotheus Höttges die Netzbetreiber prozentual am Umsatz oder direkt am Unternehmen beteiligen. Die Netzneutralität darf aber nicht missbraucht werden, um sich allgemein an Online-Startups zu bereichern. Während Business Angels und Venture-Capital-Unternehmen mit viel Risiko auf spätere Gewinne hoffen, müssen sie nun zusätzlich mit ihren Investments zunächst die direkte Umsatzbeteiligung des Netzbetreibers finanzieren. Das ist kein positives Signal und höchst gefährlich für den Investitionsstandort Deutschland im Bereich der Digitalen Wirtschaft.

Auch Harald Summa [143] unterstreicht als Geschäftsführer des eco Internetverbands: „Netzneutralität ist ein elementares Grundprinzip für die Datenübertragung im Internet. Ohne Netzneutralität würde es das Internet, wie wir es heute kennen, nicht geben. Das Internet braucht Netzneutralität, um weiterhin entwicklungsfähig und innovativ zu sein." Und wird hierbei vom Internet-Pionier und einer der Gründer des Frankfurter Internetknotens DE-CIX Arnold Nipper unterstützt „Wir brauchen auf den Datenautobahnen freie Fahrt für jeden und nicht ein System aus Mautstationen und Vorzugsspuren! Den Beitrag zahlt jeder bereits an der Auffahrt mit den Kosten für seinen Internetanschluss" [143]. Damit wird auch deutlich, dass es „nur" um die Einführung eines doppelten Gebührenmodells geht.

Interpretation von Spezialdiensten

Mit Blick auf die Handhabung der Netzneutralität muss es eine eindeutige Definition für Spezialdienste im Sinne der gesellschaftlichen Relevanz und des volkswirtschaftlichen Gemeinwohls geben. Diesen und nur diesen Spezialdiensten ist dann ein für andere kostenneutraler Vorrang im Datennetz zu geben. Allen definitorischen Versuchen, Online-Angebote allgemein als Spezialdienste zu bezeichnen, die dann nur gegen zusätzliche Kosten eine schnelle Durchleitung erhalten, ist eine Absage zu erteilen. Die Aufnahme, Titulierung, Vorgabe und Interpretation von Spezialdiensten muss dabei eine Hoheitsaufgabe des Staates bleiben und darf nicht in die Hände privatwirtschaftlicher Netzbetreiber gelegt werden. Nur so kann die freie und soziale Marktwirtschaft auch im Netz sichergestellt werden. Entsprechend muss über die Bundesnetzagentur eine klare Vorgabe gemacht, ein Antragsverfahren für diesbezügliche Gebührenmodelle seitens der Netzbetreiber umgesetzt und diese müssen im Markt kontrolliert werden. Im Hinblick auf die enormen Investitionen in die Breitbandversorgung mit Hilfe von Förder- und damit auch Steuergeldern durch den Bund muss geprüft werden, ob es sich hierbei nicht um versteckte Subventionen für die Telekommunikationsbranche handelt, sofern die auf den resultierenden Netzen eine privatwirtschaftliche Online-Maut für alle Unternehmen und insbesondere Startups erhebt.

Als zugehöriges DIGITALPARADIGMA für die Politik kann festgehalten werden: Netzneutralität ist die Grundordnung für ein freies Internet und damit auch die Grundlage für die innovative Kraft von digitalen Geschäftsprozessen und -modellen. Das Netz muss im Zugang diskriminierungsfrei bleiben und darf als „öffentliches Gut" niemandem gehören. Ausnahmen für Spezialdienste darf es nur geben, wenn sie gesellschaftlich relevant sind und dem Gemeinwohl dienen.

Die Politik und insbesondere die Bundesnetzagentur mit dem zugehörigen Bundeswirtschaftsministerium müssen bei der Umsetzung und Anwendung der europäischen Regelung sorgfältig vorgehen, damit die Beibehaltung der Netzneutralität sichergestellt ist. Insbesondere den Online-Startups in Deutschland darf kein technischer, zugangsbedingter oder finanzieller Wettbewerbsnachteil für ihre digitalen Geschäftsmodelle auch im internationalen Vergleich entstehen. Das ist deswegen wichtig, weil die Innovationskraft des Internets primär der Möglichkeit entstammt, neuartige Dienste und Anwendungen sofort und ohne die Notwendigkeit zu aufwändigen Verhandlungen weltweit anbieten zu können sowie umgehend eine breite Nutzerbasis zu erreichen. Diese Funktion und insbesondere der niedrigschwellige Zugang zum „Marktplatz Internet" ist eines der zentralen Elemente für das Innovationspotential des Online-Sektors. Auch wenn der weitere Netzausbau erhebliche Ressourcen erfordert, dürfen die Geschäftsmodelle der Netzbetreiber insbesondere die jungen Unternehmen der Digitalen Wirtschaft nicht benachteiligen.

5.1.3 Die Netznutzung ohne digitale Diskriminierung

Neben der technischen Frage des Netzausbaus und der Frage nach der technischen Netzneutralität im Hinblick auf das Angebot kann auch der technische Zugriff des Nachfragers auf das Netz mit den entsprechenden Endgeräten durchaus als Infrastrukturaspekt gewertet werden. Im Mittelpunkt steht hier die Frage: Hat man mit jedem Endgerät einen technisch diskriminierungsfreien Zugang zum Netz und zu den dort hinterlegten Inhalten? Eine Gesellschaft kann nur dann das benötigte Vertrauen in elektronische Geschäftsprozesse und -modelle und damit die Nutzung der technischen Infrastruktur aufbauen, wenn der Anwender nicht hinsichtlich seines Zugangs zum Netz, bedingt durch seine technische oder regionale Herkunft, diskriminiert wird. Das bedeutet, dass ein Nutzer mit einem bestimmten Endgerät zu einer bestimmten Zeit nicht inhaltlich oder in der Verfügbarkeit von Angeboten im Netz prinzipiell technisch ausgeschlossen werden darf oder ein anderes Preisspektrum angezeigt bekommt.

Anderes Smartphone, anderer Preis

Hintergrund dieser Forderung sind Berichte, dass Internetnutzer auf Handelsplattformen im Netz systematisch preislich diskriminiert werden oder bestimmte Angebote gar nicht angezeigt bekommen, wenn sie mit einem bestimmten mobilen Endgerät auf die Plattform gehen oder mit landeszugehörigen IP-Adressen auf Angebote zugreifen wollen. Insbesondere die Buchungsplattform booking.com ist durch derartige Praktiken in die Schlagzeilen geraten. Dabei geht es nicht um die akzeptierte Preisdifferenzierung im Hinblick auf bestimmte Segmentierungen auf der Kundenseite durch den Anbieter, sondern um die prinzipielle technische Vorqualifizierung über einen regionalen Zugangspunkt zum Netz oder die Verwendung eines bestimmten Endgerätes wie das iPhone von Apple. Einzelne Verbraucherzentralen sind in diesem Punkt aktiv geworden. Dass dieses Phänomen existiert, haben Online-Händler wie Amazon bisher – laut einem Bericht der Rheinischen Post – zwar bestritten, aber Untersuchungen des SWR und der Verbraucherzentrale Nordrhein-Westfalen sagen anderes aus.

So fand das Computermagazin Chip beispielsweise heraus, „dass Besitzer von Apple-Geräten mehr zahlten als Windows-Nutzer [144]. Der Grund: Jene, die mit iPhone, iPad oder MacBook bei Amazon surften, gelten als zahlungskräftiger." Das SWR-Magazin Marktcheck entdeckte, „dass bei Amazon binnen einer Stunde der Preis für ein iPhone 6 um mehr als 100 Euro schwankte. Bei einer Nikon-Spiegelreflexkamera lagen zwischen dem niedrigsten und dem höchsten Preis an einem Tag fast 1000 Euro, bei einer Canon Digitalkamera wechselte der Preis binnen eines Tages sage und schreibe 275 Mal" [145]. Nun ist ein ständiger Preiswechsel auch in anderen Branchen nicht unüblich, wenn man beispielsweise an die Tankstellen denkt. Nur dass hier die wechselnden Preise an ein und derselben Zapfsäule eben auch von jedem gleich bezahlt werden müssen – vom Fahrer einer Luxuskarosse ebenso wie von einem Kleinwagen-Besitzer.

> Als zugehöriges DIGITALPARADIGMA für die Politik kann festgehalten werden: Nutzerneutralität ist das Grundverständnis für die Verbraucherpolitik im Internet und damit auch die Grundlage für eine vorbehaltlose technische Inanspruchnahme von digitalen Strukturen. Das Netz muss in der Auswirkung eines technischen Zugangs diskriminierungsfrei bleiben und darf auf Basis der zugehörigen Endgeräte oder Zugangswege nicht vorselektieren.

Wenn man das Benzin als Grundlage für den diskriminierungsfreien Betrieb eines Autos interpretiert, dann müssen auch Daten mit dahinterliegenden Informationen zunächst einmal diskriminierungsfrei für das Endgerät zur Verfügung gestellt werden. Die wirtschaftliche Vorab-Diskriminierung aufgrund technischer, regionaler oder inhaltlicher Zugriffswege würde Nachfrager per se in eine erste und zweite Klasse teilen und die freiheitliche und gerechte Entfaltung von Nachfrage schon im Zugang zum Netzangebot einschränken. Als die EU-Kommission im letzten Oktober ihre Binnenmarktstrategie vorstellte, kündigte sie an, dass sie einheitliche Preise auch im Online-Binnenmarkt erreichen wolle. Sicherlich ein sinnvolles Ziel, denn schließlich will man nicht mit einem alten WAP-Handy seine Reise buchen, nur weil diese dadurch per se günstiger ist.

5.2 Die Anforderungen an die Bildungspolitik

Neben den technischen Aspekten im Zugang zum Internet spielt die anschließende Nutzung im Sinne eines kompetenten Umgangs mit dem Medium eine zentrale Rolle. Die individuellen Möglichkeiten und persönlichen Chancen können von einer digitalen Gesellschaft nur dann genutzt werden, wenn der kompetente Umgang allen Bürgern und insbesondere der nachfolgenden Generation im Verständnis ermöglicht wird. Grundüberlegung ist, dass nur ein im Medienumgang wissender Nutzer die digitalen Chancen, aber auch die Risiken des Mediums im Zusammenhang und in der Bedienung erkennen und voll ausnutzen und bewerten kann. Wichtig ist dabei nicht die Vorgabe einer Mediennutzung, sondern die Vermittlung der verschiedenen technischen, gesellschaftlichen, wirtschaftlichen und politischen Möglichkeiten. Dafür brauchen wir auf allen Ausbildungsstufen die entsprechenden Angebote für die nächste Generation.

Programmieren ist neben Lesen, Schreiben und Rechnen die vierte Kulturtechnik für das 21. Jahrhundert! Entsprechend muss die Schulausbildung darauf angepasst werden – daran führt kein Weg vorbei. Diese Anpassung erfolgt auf fünf Ebenen: Einem Schulfach „Digitalkunde" mit allgemeinem Inhaltsbezug in der Grundschule, der Nutzung von digitalen Medien in allen Schulfächern als Anwendungsbezug in allen Schulformen und einem Spezialfach „Programmierung" als zweiter Fremdsprache auf weiterführenden Schulen. Hinzu kommen Studiengänge zur „Digitalen Wirtschaft" auf den Hochschulen und „E-Entrepreneurship" als Studienfach für BWL, Wirtschaftsinformatik und Informatik.

5.2.1 Die Digitalkunde in der Grundschule

Die Vermittlung einer digitalen Kompetenz findet im Moment auf dem Schulhof zwischen den Schülern statt. Kehren die Schüler in ihre Klassenzimmer zurück, beginnt meist wieder die „Kreidezeit". Es geht aber nicht nur um den verstärkten Einsatz von digitalen Medien im Unterricht, sondern vielmehr auch um die Vermittlung der Fähigkeit, Medien und deren Inhalte den eigenen Zielen und Bedürfnissen entsprechend zu nutzen, um die folgenden fünf Teilkompetenzen abzudecken: Informationskompetenz, kommunikative Kompetenz, Präsentationskompetenz, produktive Kompetenz und analytische Kompetenz. Bislang wurde das Thema oftmals „nur" im speziellen Unterrichtsfach Informatik auf der weiterführenden Schule über die Vermittlung von Basiskenntnissen einer Programmierung einsortiert und über den Pflicht- oder Wahlstatus eines solchen Faches diskutiert. Dies reicht jedoch nicht aus, um für die zukünftige Generation die digitale Freiheit der Nutzung zu vermitteln. Gefordert ist ein Fach „Mediennutzung" oder „Digitalkunde" schon in der Grundschule, bei dem die technische, aber auch inhaltliche Kompetenz einer Nutzung in der Bandbreite von analogen bis eben auch hin zu digitalen Medien für die Bausteine Information, Kommunikation und Transaktion gelehrt, aber auch gelernt werden können.

Vor diesem Hintergrund fordert auch die Gesellschaft für Informatik (GI) im Rahmen ihrer „Dagstuhl-Erklärung": „Es muss ein eigenständiger Lernbereich eingerichtet werden, in dem die Aneignung der grundlegenden Konzepte und Kompetenzen für die Orientierung in der digitalen vernetzten Welt ermöglicht wird" [146]. Führt aber auch zusätzlich an: „Daneben ist es Aufgabe aller Fächer, fachliche Bezüge zur digitalen Bildung zu integrieren." Diese Bildung in der digitalen vernetzten Welt muss aus technologischer, gesellschaftlich-kultureller und anwendungsbezogener Perspektive in den Blick genommen werden:

- Die technologische Perspektive hinterfragt und bewertet die Funktionsweise der Systeme, die die digitale vernetzte Welt ausmachen. Sie gibt Antworten auf die Frage nach den Wirkprinzipien von Systemen, auf Fragen nach deren Erweiterungs- und Gestaltungsmöglichkeiten. Sie erklärt verschiedene Phänomene mit immer wiederkehrenden Konzepten. Dabei werden grundlegende Problemlösestrategien und -methoden vermittelt. Sie schafft damit die technologischen Grundlagen und Hintergrundwissen für die Mitgestaltung der digitalen vernetzten Welt.
- Die gesellschaftlich-kulturelle Perspektive untersucht die Wechselwirkungen der digitalen vernetzten Welt mit Individuen und der Gesellschaft. Sie geht beispielsweise den Fragen nach: Wie wirken digitale Medien auf Individuen und die Gesellschaft, wie kann man Informationen beurteilen, eigene Standpunkte entwickeln und Einfluss auf gesellschaftliche und technologische Entwicklungen nehmen? Wie können Gesellschaft und Individuen digitale Kultur und Kultivierung mitgestalten?

- Die anwendungsbezogene Perspektive fokussiert auf die zielgerichtete Auswahl von Systemen und deren effektive und effiziente Nutzung zur Umsetzung individueller und kooperativer Vorhaben. Sie geht Fragen nach, wie und warum Werkzeuge ausgewählt und genutzt werden. Dies erfordert eine Orientierung hinsichtlich der vorhandenen Möglichkeiten und Funktionsumfänge gängiger Werkzeuge in der jeweiligen Anwendungsdomäne und deren sichere Handhabung.

Eine Netzpolitik muss entsprechend die (digitale) Nutzungskompetenz für (digitale) Medien in der Ausbildung als Basis verpflichtend verankern.

Digitalkunde als Pilotprojekt

Hierfür gibt es schon eine ganze Reihe von sehenswerten Ansätzen, wie die Internetseite digitalkunde.de zeigt. „Im zweiten Schulhalbjahr 2015/2016 wurden neun Pilotschulen in ganz Deutschland zur digitalen Bereicherung von Unterricht und Schulleben externe Digitalexperten zur Seite gestellt. Sie unterstützen Schülerinnen, Schüler und Lehrkräfte dabei, verschiedenste digitale Instrumente und Ansätze in den Alltag von Schule und Unterricht zu integrieren" [147]. Initiiert wurde das Projekt vom Beirat „Junge Digitale Wirtschaft" (BJDW) beim Bundesministerium für Wirtschaft und Energie.

Weiter ist hier zu lesen: „Weshalb profitieren die Schulen von unmittelbarer und niedrigschwelliger Unterstützung durch die Digitalfachleute? Aus der Lebenswirklichkeit von Schülerinnen und Schüler ist die virtuelle Welt nicht mehr wegzudenken. Auch für den Unterricht ist es bereichernd, wenn ganz alltägliche digitale Instrumente zur Anwendung kommen. Gründer von SchulePLUS, Robert Greve [148], liefert dafür praktische Beispiele: „Oft genügt es, ein Wiki anzulegen, die kommende Projektwoche per Doodle zu organisieren oder die Resultate aus dem Geschichtsunterricht in einem Storify darzustellen, um einfach den fließenden Übergang ins Digitale erlebbar zu machen. Die Grundschule Oberforstbach in Aachen wird zunächst den Schülerinnen und Schülern eine Einführung zum Thema Internet geben, um anschließend das Thema Märchen und Sagen rund um Aachen aus dem Sachunterricht mit den erlernten Kenntnissen spielerisch mit einem Storify Puzzle aufzugreifen. In Hamburg wird in einem Coding Camp ein Vokabeltrainer für den Englischunterricht erstellt" [148].

Als zugehöriges DIGITALPARADIGMA für die Politik kann festgehalten werden: Wir brauchen das Fach „Digitalkunde" als grundsätzliche Einführung in die digitale Welt an der Grundschule, denn jeder Mensch wird mit dem Thema „Digitalisierung" in Berührung kommen (Information, Kommunikation, Transaktion) und braucht daher eine entsprechende Grundkompetenz (Produktion, Konsum).

Der Ansatz mit der Zuführung externer Experten ist im Moment vielversprechend, weil die Lehrerausbildung zu viel Zeit in Anspruch nehmen würde, die wir im digitalen Zeitalter nicht haben. Diese Lehrerausbildung muss dennoch parallel hochgezogen werden, ohne Übergangsmodelle zu behindern. Fakt ist: „Digitale Bildung wird immer mehr zur Voraussetzung für eine erfolgreiche Teilnahme am Erwerbsleben und ist zugleich die Voraussetzung für unsere Selbstbestimmung und allgemeine Bewertungskompetenz in der digitalen Welt: nicht nur im Beruf, sondern auch als Verbraucher und Bürger" [149]. Ein Satz aus dem Papier „Digitale Strategie 2025" des BMWi, dem nichts hinzuzufügen ist.

5.2.2 Die Programmierung in weiterführenden Schulen

Während es in der Grundschule um das Erlernen der wesentlichen Grundlagen einer digitalen Kompetenz geht, die neben den Grundlagen der Programmierung auch den Gebrauch von PC, Smartphone und Internet sowie die Auswirkungen einer digitalen Mediennutzung im Hinblick auf Nutzerspuren und Datengebrauch enthält, muss auf der weiterführenden Schule über das Fach „Informatik" als Fortführung der allgemeinen Grundausbildung hinaus auch ein Fach „Programmierung" als zweite Fremdsprache eingeführt werden. Der Präsident der Gesellschaft für Informatik (GI), Oliver Günther, kommentierte hierzu: „Aufgrund unnötig langwieriger Diskussionen um Stundentafeln in den Ländern und aus Ignoranz bezüglich der Bedeutung und Zukunftsrelevanz informatischer Bildung auch im Primär- und Sekundärbereich wird am IT-Standort Deutschland der Anschluss verpasst. Wir müssen aufwachen und die Informatik als wichtiges Bildungsgut für Kinder und Jugendliche endlich wirklich fördern" [150].

Programmierung als zweite Fremdsprache
Als Folge hat auch Wirtschaftsminister Sigmar Gabriel das Programmieren als zweite Fremdsprache an Schulen gefordert. Im Zuge einer Beiratssitzung des Beirats für „Junge Digitale Wirtschaft" (BJDW) sagte er hierzu 2014 in Berlin: „Programmiersprachen gehören zu den Sprachen des 21. Jahrhunderts und es sei eine Möglichkeit, Programmiersprachen als zweite Fremdsprache in Schulen anzubieten" [151]. Nico Lumma von D64 kommentierte entsprechend: „Wenn man verstehen will, wie die digitale Welt funktioniert und darin etwas verändern will, muss man ihre Sprache sprechen. Es reicht nicht aus, einfach nur Anwender zu sein" [152]. Natürlich sind die Forderungen nach weiteren Schulfächern nicht ohne Auswirkungen auf den Lehrplan der Schüler, denn ein Mehr auf der einen Seite muss auch ein Weniger auf der anderen Seite enthalten, denn auch die Kapazität des Schulalltags ist begrenzt. Und daher

müssen wir uns kritisch die Frage stellen, ob wir weiter an den Sprachen der Vergangenheit wie Latein und Altgriechisch festhalten und auf die Sprache der digitalen Neuzeit verzichten wollen. Ferner kann der richtige Zeitpunkt diskutiert werden. Wenn nicht als zweite, so wäre Programmierung als „dritte Fremdsprache" im Wahlfach-Bereich durchaus schon eine gute Alternative zu Spanisch oder Russisch.

Als zugehöriges DIGITALPARADIGMA für die Politik kann festgehalten werden: Wir brauchen das Fach „Informatik" als logische Fortführung der „Digitalkunde" aus der Grundschule und zudem das vertiefende Angebot der „Programmierung" als zweite oder dritte Fremdsprache.

Hinzu kommt noch ein weiterer Aspekt. Es ist an verschiedenen Stellen schon angesprochen worden, dass zu wenige digitale Innovationen aus Deutschland heraus entwickelt werden und zudem die unternehmerische Aktivität in der Digitalen Wirtschaft zu wenig ausgeprägt ist. Gerade der IT-Bereich über „Informatik" und/oder „Programmierung" ermöglicht in fast einzigartiger Weise bereits Schülerinnen und Schülern unternehmerisch aktiv zu werden. Nicht nur in den USA, sondern auch in Deutschland gibt es dafür sehr gute Beispiele. Auch für Gründungen, die später erfolgen, werden Grundlagen durch erste unternehmerische und technische Erfahrungen bereits in der Schule gelegt. Gleichzeitig werden in deutschen Schulen die drei dafür notwendigen Komponenten, nämlich IT, Unternehmertum und betriebswirtschaftliche Grundkenntnisse, bislang entweder gar nicht oder sehr spät/rudimentär vermittelt. Eine Grundlage, die auf den weiterführenden Hochschulen gut gebraucht wird.

5.2.3 Das E-Entrepreneurship an den Hochschulen

Gründer aus der Hochschule in Deutschland unterliegen speziell im Bereich des IKT-Sektors (Informations- und Kommunikationstechnologie) einer doppelten Problematik. Zum einen erfahren Gründer innerhalb der Hochschulen immer noch wenig Unterstützung, wenn sie eine eigene Unternehmensidee studienrelevant umsetzen möchten. Zum anderen wird das Fach „Unternehmensgründung" oder „Entrepreneurship", sofern es überhaupt an der Hochschule vertreten ist, in den meisten Fällen als horizontales Ergänzungsfach neben anderen Schwerpunktfächern wie „Marketing" oder „Organisation" behandelt. Eine notwendige vertikale Integration von Entrepreneurship in das universitäre Curriculum mit einer direkten Verbindung zu der IKT-relevanten Ausbildung in den Bereichen Informatik- und Wirtschaftsinformatik ist dagegen kaum zu beobachten. Damit wird das notwendige Grund- und Gründungswissen hier und im MINT-Bereich allgemein nicht ausreichend verknüpft und das sicherlich auch in Deutschland vorhandene Potenzial für neue Unternehmen im Bereich der „Jungen Digitalen Wirtschaft“ in Form von Ausgründungen aus der Hochschule nicht gehoben.

Unternehmertum im MINT-Bereich

Beide Problemkreise ergeben in der Schnittmenge einen klaren Handlungsauftrag für die Stärkung des Schnittstellenfachs „E-Entrepreneurship“, um studentischen (Aus-)Gründungen auch in Deutschland einen ähnlichen Stellenwert zu geben, wie dies in der führenden IKT-Nation USA der Fall ist. Und das aus gutem Grund, denn es gibt kaum kompetente und vor allem aktive Ansprechpartner speziell für Gründer der Digitalen Wirtschaft auf Seiten der Hochschullehrer. Entweder sprechen die Entrepreneurship-Vertreter der BWL nicht die Sprache der IT-Welt oder können Gründungspotenziale aufgrund fehlender IT-Kenntnisse nicht ausreichend fördern. Oder aber die IT-Kollegen verfügen über die Programmierkenntnisse hinaus nicht über das Wissen, relevante IT-Entwicklungen zusammen mit den Studierenden in marktfähige Produkte zu überführen. Dass diese Schnittstelle kaum oder in wenigen Fällen nur mit Hilfe von fächerübergreifenden Kooperationen konstruiert wird, zeigt ein Blick in die Statistik: Der Förderkreis Gründungs-Forschung (FGF) zählt aktuell rund 90 Professuren für Entrepreneurship an Unis und FHs und sonstigen Hochschulen, davon „nur“ 20 mit IKT-relevanten Themen- oder Forschungsfeldern und nur zwei explizit mit „E-Entrepreneurship“ als Thema (Fachhochschule Göttingen und Universität Duisburg-Essen).

Der Beirat „Junge Digitale Wirtschaft“ (BJDW) empfiehlt vor diesem Hintergrund schon in seinem ersten Ergebnisbericht (01/2013) [153] eine Initiative zur Schaffung von zehn Lehrstühlen für E-Entrepreneurship an Hochschulen mit BWL und Informatik/Wirtschaftsinformatik als Schwerpunkt unter Einbindung von Vertretern des Bundesministerium für Wirtschaft und Energie und Bundesministerium für Bildung und Forschung, der Kreditanstalt für Wiederaufbau, des Förderkreis Gründungs-Forschung, des EXIST-Programms und der Gesellschaft für Informatik. Ziel ist die Förderung einer speziellen Gründerausbildung in der relevanten IKT-Schnittstelle zur Intensivierung von studentischen Ausgründungen im Bereich der „Jungen Digitalen Wirtschaft“. Eine Forderung, die auch im Zuge des „E-Entrepreneurship Flying Circus“ (EEFC) vertreten wurde. Der EEFC war eine bundesweite Bustour im Rahmen des „Wissenschaftsjahres 2014 – Die digitale Gesellschaft“ zur Stärkung der Gründerausbildung für die Digitale Wirtschaft. Nach 2000 Kilometern mit sechs Stationen in Köln, Hamburg, Berlin, Dresden, Nürnberg und Stuttgart sowie etwa 200.000 Kontakten vor Ort und über die sozialen Netzwerke stand fest: Wir brauchen mehr Gründer für die Digitale Wirtschaft und dringend eine zugehörige Verankerung für deren Ausbildung an deutschen Hochschulen, sonst werden wir den Anschluss an die digitale Zukunft für Deutschland verpassen.

Als zugehöriges DIGITALPARADIGMA für die Politik kann festgehalten werden: Wir brauchen das Studienfach „E-Entrepreneurship" an den Hochschulen in der Verbindung von BWL, Wirtschaftsinformatik und Informatik, um mehr Gründungsaktivitäten für die Digitale Wirtschaft in Deutschland zu motivieren.

Natürlich kann nicht jeder ein Gründer in der Digitalen Wirtschaft sein oder will dies auch werden. Der überwiegende Anteil wird in diesem Bereich auch als Fachkräfte mit dem notwendigen „Digital-Know-how" gebraucht. Auch hierfür brauchen wir eine Anpassung der Studiengänge an den Hochschulen.

5.2.4 Die (duale) Weiterbildung für die Digitale Wirtschaft

Eines der größten Defizite jetzt und für die Zukunft sind und werden die fehlenden Fachkräfte für die Digitale Transformation in den Unternehmen sein. Das Wissen um die Grundlagen für elektronische Geschäftsprozesse und -modelle und damit das sogenannte E-Business ist kaum bis gar nicht in den Lehrplänen der Hochschulen vertreten. Wenige Ausnahmen wie der Studiengang „Betriebswirtschaftslehre – Digitale Wirtschaft" der Beuth Hochschule für Technik Berlin, der Masterstudiengang zum „Digital Business Management" an der RFH Köln und einige Lehrstühle zum Thema „E-Business", „E-Commerce" oder „Online-Marketing" reichen nicht aus, um die Studierenden in Deutschland auf die digitale Zukunft vorzubereiten.

Denn ansonsten bleiben diese Themen weitgehend ein Anhängsel in klassischen BWL-oder Informatik/Wirtschaftsinformatik-Fächern und Studiengängen. Das grundsätzliche Problem dabei: Reine BWL-Studiengänge verfügen über Inhalte, die nicht spezifisch auf die „Digitale Wirtschaft" mit elektronischen Geschäftsprozessen und -modellen aus der technischen Perspektive zugeschnitten sind und reine Informatik-/Wirtschaftsinformatik-Studiengänge lassen im gleichen Kontext die wirtschaftliche Perspektive vermissen. Die Entwicklung in der digitalen Welt vollzieht sich aber in rasender Geschwindigkeit, die Komplexität der Aufgaben nimmt zu. Aus dieser Beobachtung folgert MHMK-Professor Philipp Riehm: „Ein klassisches Wirtschaftsstudium kann Einsteiger für diese Branche kaum noch angemessen qualifizieren" [154]. Deshalb sei es wichtig, dass der Nachwuchs schon während der akademischen Ausbildung intensive Praxiserfahrungen sammelt und sich mit den Besonderheiten des Marktes beschäftigt.

Anwendungsbezogene Studienformen

Neben der Einführung spezieller Bachelor- und Masterstudiengänge zum Thema „Digitale Wirtschaft“ könnten auch duale Studienformen sinnvoll sein, bei denen neben dem Studium direkt an der Digitalen Transformation in einem Unternehmen gearbeitet wird. Die Studierenden müssen hierbei sowohl aus einer theoretischen als auch aus einer praxisorientierten Perspektive den Aufbau von digitalen Geschäftsmodelle und -prozessen sowie eine zugehörige Unternehmenskommunikation im Web lernen sowie technisch-funktionale Strukturen des Internet für Managemententscheidungen berücksichtigen. Ein duales Studium für die „Digitale Wirtschaft“ sollte daher anwendungsorientiert ausgerichtet sein und sich durch Flexibilität hinsichtlich Vertiefungsmöglichkeiten und Studienzeiten auszeichnen. Hierbei können auch E-Learning-Phasen im Blended Learning-Verfahren eingebaut werden. Auch das Bundesministerium für Wirtschaft und Energie fordert im Rahmen der „Digitalen Strategie 2025“, dass bestehende Ausbildungsordnungen und Weiterbildungsverordnungen zusammen mit den Sozialpartnern mit Blick auf die Vermittlung notwendiger digitaler Kompetenzen modernisiert werden müssen.

Als zugehöriges DIGITALPARADIGMA für die Politik kann festgehalten werden: Wir brauchen neue (duale) Studiengänge speziell für die Digitale Wirtschaft an Hochschulen in der Verbindung von BWL, Wirtschaftsinformatik und Informatik sowie ein konsequentes Weiterbildungsprogramm im E-Business für die bestehende Arbeitnehmerschaft in den Unternehmen.

Mit einem solchen Studienangebot könnten die Hochschulen auf den wachsenden Bedarf an Fach- und Führungskräften in der Digitalen Wirtschaft reagieren. Achim Himmelreich, Vizepräsident des Bundesverbands Digitale Wirtschaft (BVDW), verweist hierzu auf eine Verbandsstudie, nach der über 87 % der befragten Unternehmen eine mittlere bis hohe Nachfrage nach erfahrenen Arbeitskräften in der Digitalen Wirtschaft bekundeten, und sagt: „Gerade Deutschlands Wettbewerbsfähigkeit hängt sehr stark von der erfolgreichen Digitalen Transformation der Geschäftsmodelle ab“ [155].

Berufliche Weiterbildung

Daneben brauchen wir auch ein Angebot für die berufsbegleitende Weiterbildung der heutigen Arbeitnehmer, die sich im Alltag mit der Digitalisierung auseinandersetzen muss. Laut der „Digitalen Strategie 2025“ des Bundesministeriums für Wirtschaft und Energie [149] ist die „berufliche Weiterbildung wegen des rasanten technischen Fortschritts der Schlüssel für lebenslanges Lernen und Arbeiten 4.0." Die Arbeitnehmer müssen sich über diese Weiterbildung besonders berufsrelevante Kompetenzen speziell für die Digitale Wirtschaft und die Digitale Transformation von Unternehmen erarbeiten, um ihre Karrierechancen zu steigern. Härter ausgedrückt: Ohne Weiterbildung für die Digitale Wirtschaft gibt es keine Jobsicherheit für die Zukunft! Erste Angebote hierfür gibt es bereits im Markt, wie „E-Commerce-Manager/in (IHK)" der Studiengemeinschaft Darmstadt oder der Zertifikatskurs zum „E-Business-Manager" der Universität Duisburg-Essen.

5.3 Die Anforderungen an die Wirtschaftspolitik

Wir haben in den vergangenen Jahren den digitalen Wandel verschlafen und sind nun in einer Situation, in der ein einzelner Player zumindest im B2C-Bereich kaum noch im internationalen Wettbewerb bestehen kann. Für den B2B-Bereich ist der Markt allerdings noch offen. Wir brauchen daher einen nationalen Schulterschluss von allen Kräften in der deutschen Wirtschaft, um die Herausforderungen der Digitalen Transformation zu bestehen. Hierfür müssen wir im Rahmen eines Masterplans für die Digitale Wirtschaft in Deutschland die digitale Wettbewerbsfähigkeit für die klassische Industrie und den Mittelstand in der Zukunft thematisieren, die digitale Innovationskraft über die Förderung von Startups für und in Deutschland unterstützen und die digitalen Synergien zwischen den Geschäftsmodellen der klassischen Industrie und dem Mittelstand sowie den Startups aufzeigen.

Wir werden aktuell aus Deutschland heraus wohl kein Google oder Facebook aufbauen können. Unsere Chance liegt in der Verbindung von Startups (Innovation), Mittelstand (Investition) und Industrie (Marktzugang). Nur diese Kombination kann uns im digitalen Wettbewerb weiterhelfen, da wir in allen wesentlichen Rahmenbedingungen für die reine Entwicklung von Online-Startups im B2C-Bereich deutlich zurückliegen. Das bedeutet nicht, dass es nicht auch in diesem Bereich einen digitalen Weltmarkterfolg geben kann, aber von unserer wirtschaftlichen Substanz her gesehen müssen wir vor allem die vorhandene reale Wirtschaftskraft ins digitale Zeitalter führen. Eine Alternative gibt es nicht!

Die 3K-Strategie für die Digitale Wirtschaft

Köpfe, Kapital und Kooperation (3K), so lautet die notwendige Strategie für die Digitale Wirtschaft in Deutschland! Warum? Wir brauchen im Bereich der „Köpfe" digitale Vorreiter als Denker, Macher und Unterstützer und damit einfach prinzipiell mehr Humankapital für die Digitale Wirtschaft in unserem

Land. Dies gilt sowohl auf der Seite der Gründer (Entrepreneure) als auch bei den Fachkräften und Innovatoren (Intrapreneuren) in den Unternehmen. Wir brauchen hierzu eine starke und zielorientierte Aus- und eine duale sowie berufsbegleitende Weiterbildung für die Digitale Wirtschaft als Grundlage und zudem eine gezielte Zuführung von IT-Fachkräften aus dem Ausland.

Wir brauchen digitale Wachstumschancen für Startups, Industrie und Mittelstand auf Basis von digitalen Geschäftsprozessen und -modellen. Dies erfordert insbesondere die Aktivierung des Bereiches „Kapital", damit notwendige Investitionen innerhalb der Unternehmen getätigt werden können und Risikokapital für die Finanzierung von Startups zur Verfügung gestellt werden kann. Hierzu zählen zum einen der steuerliche Anreiz für betriebliche Investitionen in digitale Technologien über Sonderabschreibungsmöglichkeiten und zum anderen der Aufbau von Investitionsfonds für die Bereitstellung von Venture Capital für junge Unternehmen der Digitalen Wirtschaft. Dies ist gleichzusetzen mit einer Verbesserung der finanziellen Rahmenbedingungen für die Digitale Wirtschaft in Deutschland.

Wir brauchen im Bereich „Kooperation" den Aufbau von digitalen Synergien zwischen den Offline- und Online-Geschäftsmodellen von Startups, Industrie und Mittelstand auf Basis von Vernetzung, Partnerschaften und Inkubatoren zwischen den handelnden Menschen und Institutionen. Dies bezieht sich auf den Aufbau und die Verstärkung von Netzwerken, Plattformen, Kooperations- und Kommunikationsprogrammen sowie Hubs für die Verbindung und den Austausch von zugehörigen Akteuren von Startups, Mittelstand und Industrie.

Als zugehöriges DIGITALPARADIGMA für die Politik und zentrale Leitstrategie für die Wirtschaftspolitik kann festgehalten werden: Wir brauchen mehr Köpfe, Kapital und Kooperationen von, für und mit Startups, Mittelstand und Industrie für die Digitale Transformation in Deutschland.

Gesucht sind also im ersten Bereich Denker, Macher und Unterstützer auf allen Ebenen für digitale Themen, Innovationen und Unternehmen. Wir brauchen im zweiten Bereich eine höhere Aktivierung, Multiplizierung und Syndizierung von privatem, unternehmerischem und staatlichem Kapital als Investment in die Digitale Transformation von Geschäftsprozessen und -modellen. Im dritten Bereich brauchen wir eine stärkere Vernetzung, Zusammenarbeit und Entwicklung von digitalen Innovationen im Schulterschluss von jungen Startups mit etablierten Unternehmen aus dem Mittelstand und der Industrie. Leider können wir für diese 3K-Strategie nicht auf einen Knopf drücken und die Umsetzung ist vollzogen, aber viele notwendige Maßnahmen sind bereits entwickelt worden. Es gilt diese nun umzusetzen! Wollen wir mehr Köpfe, Kapital und Kooperationen für die Wettbewerbsfähigkeit von Deutschland in Zukunft hervorbringen, müssen wir konkrete Maßnahmen umsetzen.

5.3.1 Die Unterstützung der digitalen Startups

Um die digitale Wettbewerbsstrategie für Deutschland umzusetzen, brauchen wir bessere Rahmenbedingungen, die ein „Mehr“ an Startups und zugehörigen Unterstützungsleistungen als mögliche Kooperationspartner für die klassische Industrie ermöglichen. Dabei geht es nicht nur um eine schnelle Infrastruktur und eine Diskussion um Datenschutz und Netzneutralität, sondern vor allem um die ausgebildeten und medienkompetenten Menschen, die Chancen der Digitalen Wirtschaft erkennen und ergreifen. Startups erfüllen vor diesem Hintergrund zwei wesentliche Aufgaben: Zum einen sind sie die Träger der benötigten Innovationen, denn gerade die Digitale Wirtschaft wird selten von etablierten Konzernen, sondern meist von jungen Unternehmen vorangetrieben. Der Grund ist offensichtlich: Während die klassische Industrie aufgrund ihres Gründungszeitpunkts nicht mit einer Online-DNA aufgebaut werden konnte, ist diese für die Startups des Internet-Zeitalters selbstbestimmend. Zum anderen sind sie die Quelle für neue Arbeitsplätze.

Digitalpolitik = Startup-Politik

Damit sich junge Unternehmen für die Digitale Wirtschaft entwickeln können, brauchen sie neben dem Engagement der Gründer auch Start- und im weiteren Verlauf Wachstumskapital. Kapital, über das gerade junge Gründer in der Regel aufgrund des fehlenden eigenen Vermögenaufbaus noch nicht verfügen (können). So ist es nicht verwunderlich, dass, wie eine Studie des BMWi zeigt, trotz eines verhältnismäßig geringen Kapitalbedarfs mehr als 40 % der Gründer die Finanzierung des Unternehmens nach wie vor als größtes Problem ansehen [44]. Venture Capital (VC), also Risikokapital für die Finanzierung von jungen Startups, scheint demnach ein wesentlicher Schlüssel für die Gründungsdynamik eines Standortes zu sein. Was wird also gebraucht, um eine Digitale Wirtschaft mit und über Startups für Deutschland zu entwickeln?

- Benötigt werden in der Basis die digitalen Denker und Macher als Arbeitgeber (Gründer) und Arbeitnehmer (Fachkräfte), also die Köpfe für die Digitale Wirtschaft. Das gilt in quantitativer aber auch qualitativer Hinsicht, innerhalb und außerhalb von Deutschland.
- Benötigt werden private, öffentliche und unternehmerische Investitionen in digitale Innovationen und die Transformation bestehender realer Ge-

schäftsmodelle und somit ausreichend Kapital für die Frühphasen- und Expansionsphase.

- Benötigt werden eine wettbewerbsneutrale, durchsetzbare rechtliche Gesetzgebung und somit faire Rahmenbedingungen für die deutsche Digitale Wirtschaft in einer globalen Internet-Ökonomie.
- Benötigt wird aber auch eine gesellschaftliche Anerkennung von Erfolg und Akzeptanz von Misserfolg im Hinblick auf digitale Unternehmungen und somit Chancen für den persönlichen und wirtschaftlichen Exit – wie auch immer der im Einzelfall aussehen mag.

Als zugehöriges DIGITALPARADIGMA für die Politik und zentrale Leitstrategie für die Wirtschaftspolitik kann festgehalten werden: Nur eine solide und signifikante Startup-Szene sichert die Entwicklung von digitalen Innovationen mit zugehörigen Geschäftsmodellen im Netz und deswegen benötigen wir eine konsequente Förderung dieser Jungen Digitalen Wirtschaft im Rahmen der Wirtschaftspolitik.

Die Basis dieser Bedürfnisse ist dabei das folgende Leitbild: „Digitale Wertschöpfung und gemeinsame Verantwortung von Startups, Industrie und Politik für die Digitale Wirtschaft und Gesellschaft." Der Beirat „Junge Digitale Wirtschaft" hat vor diesem Hintergrund eine ganze Reihe von konkreten Vorschlägen gemacht, wie die Rahmenbedingungen für Startups der Digitalen Wirtschaft in Deutschland verbessert werden können:

- Übernahme des englischen Enterprise Investment Scheme (EIS) für die direkte steuerliche Absetzbarkeit von privaten Investitionen in junge (digitale) Startups.
- Aufbau eines High-Tech Gründerfonds für die Wachstumsphase von digitalen Startups, als nationalen Wachstumsfonds mit einer Co-Finanzierung aus privatem und staatlichen Kapital.
- Wiederaufbau eines „Neuen Markt 2.0" als Exit- und Wachstumskanal für die Stärkung eines funktionierenden Finanzierungskreislaufs und Startup-Ecosystems.
- Einführung von Sonderabschreibungsmöglichkeiten für Corporate-Investitionen zum Aufbau von Plattformen (zum Beispiel Inkubatoren) einer Zusammenarbeit mit Startups der Digitalen Wirtschaft.
- Wiederaufnahme von Fonds-in-Fonds-Investitionen durch die KfW-Bank zur Unterstützung von Venture-Capital-Unternehmen und deren Fonds als prinzipielle Finanzierungsmöglichkeit und -grundlage für (digitale) Startups in Deutschland.

5.3.2 Die digitale Aktivierung des Mittelstands

Die Digitalisierung des Mittelstands (Handwerk und Handel) ist unausweichlich und auch zeitlich dringend notwendig. Dafür sprechen drei Gründe: 1. Der (potenzielle) Kunde nutzt das Internet zunehmend für geschäftliche Entscheidungen. 2. Der nationale und internationale Wettbewerb nutzt zunehmend das Internet für die Abwicklung von Geschäftsprozessen. 3. Die Anbieter von digitalen Geschäftsmodellen beeinflussen zunehmend die reale Handelsebene und werden auch zu realen Produktanbietern und Dienstleistern. Das bedeutet, dass das Internet die nachfragerelevanten Entscheidungsprozesse gerade auch gegenüber dem Mittelstand im Hinblick auf Information, Kommunikation als auch Transaktion sowie die Wahrnehmung von relevanten Wettbewerbern nachhaltig verändert hat.

Digitalpolitik = Mittelstandspolitik

Der Mittelstand spürt in der Konsequenz schon, dass Umsätze immer häufiger in den Online-Bereich zu anderen Playern abwandern. Entsprechend brauchen wir gerade bei der starken Mittelstandsstruktur in Deutschland dessen Aktivierung für digitale Themen und konkrete Unterstützungsleistungen gerade für die ersten Schritte in die Welt der digitalen Geschäftsprozesse und -modelle. Würde man vor diesem Hintergrund eine SWOT-Analyse (deutsche Abkürzung für Analysis of Strenghts, Weakness, Opportunities and Threats) für die Wirtschaft in Deutschland im Hinblick auf den digitalen Wettbewerb durchführen, dann würde man zu dem folgenden Ergebnis kommen: Eine Chance für den Mittelstand entsteht in der Digitalen Wirtschaft gerade dann, wenn sie mit ihren realen Geschäftsmodellen an neue digitale Geschäftsideen direkt und unmittelbar andocken könnten. Da der Mittelstand aber laut verschiedener Studien bis zu 70 % keinerlei Vorstellungen über eine eigene digitale Strategie hat, wird dieses Andocken aus dem Mittelstand selbst heraus nicht funktionieren oder zu langsam gehen. Die Lösung kann daher nur darin bestehen, mit denen zusammenzuarbeiten, die in diesem Feld bereits unterwegs sind: Startups!

> Als zugehöriges DIGITALPARADIGMA für den Mittelstand kann festgehalten werden: Wir brauchen den Aufbau von digitalen Kompetenzen im Hinblick auf elektronische Geschäftsmodelle und -prozesse in unseren klein- und mittelständischen Unternehmen als digitale Überlebensstrategie!

Daraus könnte eine win-win-Situation für die Digitale Wirtschaft werden! Die Startups könnten unmittelbar auf benötigte Ressourcen eines großen Partners zurückgreifen. Dies wären insbesondere Kapital, Marktwissen, Vertrieb,

Personal und ein internationales Netzwerk. Der große oder mehrere mittelgroße Partner können dem Startup auch eine Robustheit im digitalen Wettbewerb gegenüber den meist besser mit Risikokapital ausgestatteten US-Konkurrenten geben. Die Wirtschaftspolitik für die Digitale Wirtschaft muss daher auf den Aspekten einer digitalen Marktorientierung, digitalen Wettbewerbsfähigkeit und digitaler Evolution für und über Industrie, Mittelstand sowie jungen Startups basieren und Strukturen aufbauen, damit die Zusammenarbeit zwischen diesen Zielgruppen besser funktionieren kann. Warum? Die innovativen Ideen helfen der klassischen Industrie und dem Mittelstand, den Anschluss an den digitalen Wettbewerb nicht zu verpassen. Die neuen digitalen Geschäftsmodelle können zusammen mit dem Startup unabhängig vom laufenden realen Kerngeschäft schnell und bewusst risikoorientiert umgesetzt werden. Konkrete Maßnahmen in diesem Bereich sollten sein:

- Einführung von Beratungsgutscheinen für den Mittelstand über IHKs und Handwerkskammern als grundsätzliche Mobilisierung der Digitalen Transformation von klassischen Geschäftsmodellen.
- Aufbau und Finanzierung von Aus- und Weiterbildungsmaßnahmen für den Mittelstand über IHKs und Handwerkskammern zum Thema „Digitale Wirtschaft“ und elektronischen Geschäftsmodellen und -prozessen.
- Aufbau von Kooperationsplattformen für digitale und reale Händler (Cross-Media) als Vermittlung von gegenseitigen Angebotsexpansionen im Online- und Offline-Bereich.
- Einführung eines Mittelstand-Startup-Alliance-Programms (B2B) mit einer zugehörigen Hub-Struktur als Basis der gemeinsamen Marktbearbeitung von Startups, Mittelstand und Konzernen bzw. der konkreten Organisation von gemeinsamen digitalen Projekten.
- Durchführung von lokalen Branchen-Anwendertreffen zur Digitalen Wirtschaft mit der Vorstellung von digitalen Best-Practice-Beispielen für den Mittelstand.
- Einführung von „digitalen Hermes-Bürgschaften“ für den Mittelstand als Anreiz und Absicherung einer Zusammenarbeit mit Startups (Schutz gegen Ausfall).

5.3.3 Die Rahmenbedingungen für die digitale Industrie

Was im Hinblick auf die skizzierte win-win-Situation zwischen Startups und Mittelstand gilt, funktioniert auch für die große Industrie. Vor diesem Hintergrund suchen gerade Konzerne in letzter Zeit verstärkt die Nähe zu innovativen Startups, um von deren disruptiven Ideen mit Blick auf die Anforderungen der Digitalen Transformation zu profitieren. Entsprechend kann beobachtet werden, wie über Inkubatoren, Acceleratoren oder Corporate Venture Capital eine Schnittstelle zwischen Konzernen und Startups aufgebaut wird. Es geht hierbei um ein externes Innovationsmanagement in Form einer „Innokubation", um gemeinsam mit jungen Gründern an deren spannenden Ideen zu arbeiten. Dieser Weg ist richtig und wandelt verkrustete Strukturen nicht nur für den einzelnen Konzern, sondern auch für die Industrielandschaft insgesamt. Denn: Die horizontale Deutschland-AG mit großen realen Unternehmen hat ausgedient. Wir brauchen einen neuen vertikalen Deutschland-Inkubator, einen Mittler zwischen großen und mittleren realen Unternehmen sowie den kleinen digitalen Unternehmen für das Online-Zeitalter. Die einen haben (noch) den Zugang zu Märkten, die anderen die digitalen Innovationen.

Als zugehöriges DIGITALPARADIGMA für die Industrie kann festgehalten werden: Wir brauchen neben der bzw. für die konsequente(n) interne(n) Digitale(n) Transformation(en) von Geschäftsmodellen und -prozessen eine aktive Zuwendung der klassischen Industrie zu den innovativen Startups der Digitalen Wirtschaft.

Die Realität sieht (noch) anders aus: Gerade in der frühen Wachstumsphase von IKT-Startups bergen Kooperationsprojekte und Geschäftsbeziehungen mit etablierten Industrieunternehmen laut dem Ergebnisbericht des Beirats „Junge Digitale Wirtschaft" „erhebliche Herausforderungen und Probleme [153]. Die unterschiedlichen Vorgehens- und auch Verständnisweisen in Bezug auf notwendige Prozesse und Formalien, das Kommunikationsverhalten und die Unternehmensstrukturen sind einige Beispiele, die in derartigen Geschäftsbeziehungen immer wieder zu problematischen Situationen in Anbahnungs- und Umsetzungsprozessen führen. Dabei sollten gerade derartige Geschäftsbeziehungen besonders unterstützt und gefördert werden. Die Einbindung der Innovationskraft der jungen digitalen Unternehmen in die etablierten Wirtschaftsprozesse und damit in die Wertschöpfungskette der deutschen Volkswirtschaft ist zentrale Aufgabe von Politik und Wirtschaft. Damit werden die Voraussetzungen geschaffen, die im Land entstehenden Unternehmen und Dienstleistungen zu binden und im internationalen Vergleich wachsen zu lassen. Gerade mit Blick auf die USA schneidet Deutschland in diesen Handlungsfeldern unterdurchschnittlich schlecht ab."

Digitaler Fit zwischen Konzernen und Startups
Dabei könnte es so gut passen: Neben den bereits oben aufgeführten Argumenten für den strategischen Fit zwischen Startups, Mittelstand und Konzernen kann auch ein Zusammenhang über die Entscheidungsträger in den

Unternehmen und dem Verlauf digitaler Empfindungslinien aufgebaut werden. In der Regel repräsentieren die Gründer oder Geschäftsführer von Startups aufgrund ihrer technologischen Lebenscharakteristik als Digital Natives die uneingeschränkte „Begeisterung" für digitale Innovationen. Es wird alles ausprobiert, was mit Nullen und Einsen geht oder im Markt angeboten wird. Eigene digitale Ideen werden einfach in den Markt geschoben, um zu sehen, ob sie funktionieren. Allerdings fehlen die konkreten Erfahrungen im Aufbau eines Geschäftes und dem „sich-Bewegen" im Markt. Gründer sind oftmals Visionäre, aber keine Manager! Ihre Prozesse unterliegen eher einer täglichen Disposition als einer strukturellen Organisation. Im Markt ist der Gründer am Anfang eher isoliert, während ein etablierter Unternehmer auf ein stabiles Kooperations- und Vertriebsnetzwerk zurückgreifen kann.

Umgekehrt ist der Manager eines Konzerns oder großen mittelständischen Unternehmens in der Regel zwar reich an Erfahrung, aber auch an Jahren. Er gehört deswegen in seiner technologischen Lebenscharakteristik zu den Digital Immigrants. Dies führt dazu, dass die „Angst" vor digitalen Veränderungen und die damit einhergehende Unsicherheit über Veränderungen im Geschäftsalltag zunimmt. Damit ist nicht gemeint, dass er nicht Freude an dem neusten Smartphone hat oder sich im Computer-Bereich auf dem neusten Stand befindet. Aber inwieweit Social Media und Social Commerce, Industrie 4.0, 3D-Druck und zugehörige elektronische Geschäftsprozesse einen Einfluss auf sein Kerngeschäft haben und wie er dieses entsprechend anpassen muss, das ist ihm nicht immer klar. Umgekehrt verfügt er aber über das organisationale Wissen, aus einem Produkt ein werthaltiges Geschäft zu machen.

Als zugehöriges DIGITALPARADIGMA für die Industrie kann festgehalten werden: Die interorganisationale (Strategischer Fit) und interpersonelle Zusammenführung (Personeller Fit) von Konzernen und Startups für digitale Geschäftsmodelle und -prozesse (Digitaler Fit) muss proaktiv gestaltet werden.

Doch wie kann eine solche Zusammenführung aussehen? Das Versandhaus Otto hat einen, der Medienkonzern Springer hat einen, die Telekom sowieso und einige andere auch. Die Rede ist von einem Inkubator zum Andocken an die Startup-Welt. Externes Innovationsmanagement in Form einer „Innokubation", um gemeinsam mit jungen Gründern an deren spannenden Ideen zu arbeiten. Konzerne werden in Zukunft verstärkt versuchen, mit einem derartigen Konstrukt gerade im Bereich der jungen Digitalen Wirtschaft frühzeitig kompatibel für die schnelle und dynamische IKT-Gründerszene zu sein.

Alliance Incubators für den digitalen Wettbewerb

Die Strategie dabei ist klar: Biete den Startups am Anfang ein überschaubares Beteiligungskapital, aber mit vollem Zugang zu wertvollen Ressourcen des Konzerns an, entwickle die Geschäftsidee gemeinsam mit den Gründern partnerschaftlich weiter und partizipiere rechtzeitig an der Wertsteigerung – spätere Integration des Startups in den Konzern nicht ausgeschlossen. Trotz höherem Risiko für Ausfälle soll diese Taktik besser sein als innovative Geschäftsideen im Konzern versanden zu lassen und/oder die erfolgreichen externen Startups später für deutlich mehr Geld kaufen zu müssen, weil sie das Kerngeschäft gefährden. Unter dem politischen Schlagwort „Industrie 4.0" machen sich klassische Industrie- und Handels-Konzerne daher in letzter Zeit immer mehr Gedanken darüber, wie sie den Herausforderungen einer frühzeitigen Zusammenarbeit mit den Startups der Digitalen Wirtschaft mit Hilfe von Inkubatoren begegnen können.

Corporate-Venture-Capital reicht nicht mehr

Die bisherige Antwort reicht nicht mehr: Die in den vergangenen Jahren angebotene Lösung hieß Corporate Venture Capital (CVC). Dabei wurde vom Konzern direkt oder indirekt über eine zugehörige Beteiligungsgesellschaft den Startups das benötigte Kapital angeboten, um sich den Zugang zu deren Ideen zu sichern. Da sich aber der Kapitalmarkt für Startups gerade in den frühen Phasen in der jüngeren Vergangenheit deutlich verbessert hat, und inzwischen über zahlreiche Business Angels und andere Frühphasen-Investoren das Risikokapital für gute Ideen und Teams in der ersten Runde nicht mehr der limitierende Faktor zu sein scheint, befinden sich die CVCs nur noch als „Einer unter Vielen" im Wettbewerb. Ferner haben sich aus dem Startup-Umfeld selbst, insbesondere über erfolgreiche Gründer und deren Exits, zahlreiche Acceleratoren und Inkubatoren gebildet, die über eine Kombination aus Kapital und Unterstützung „smarter" für die Gründer zu sein scheinen. In den USA ist der Wandel schon längst vollzogen: Inkubatoren-Angebote seitens der Konzerne muss man in den Vereinigten Staaten nicht lange mit der Lupe suchen. Die Beispiele umfassen das PARC (Palo Alto Research Center) von XEROX, den Research Park in Illinois in Kooperation mit Firmen wie Yahoo!, Sony und Qualcomm oder aber Walmart Labs vom gleichnamigen größten Händler der Welt, der das digitale Shopping-Erlebnis von morgen über Startup-Ideen begleiten möchte.

Digitale Neuorientierung bei Konzernen

Auch in Deutschland ist eine Neuorientierung notwendig: Im Ergebnis haben die Konzerne nun die Wahl, ob sie sich auf spätere Finanzierungsrunden zurückziehen oder für die Startups in der Frühphase andere Angebote machen wollen. Die erste Strategie hätte zwar den Vorteil eines geringeren Ausfallrisikos, jedoch auch den Nachteil von höheren Preisen für die Beteiligung, sofern für die Gründer in späteren Finanzierungsphasen das CVC überhaupt noch attraktiv ist. Die zweite Strategie würde an dem frühen und damit günstigeren Einstieg bei Startups im strategischen Zielfokus festhalten, jedoch eine neue Qualität im Angebot in Form eines eigenen Inkubator-Ansatzes notwendig machen. Im Mittelpunkt steht dann nicht mehr nur das angebotene Kapital, sondern vielmehr die gemeinsame Innovations-Entwicklung mit den Gründern unter Hinzunahme der konzerninternen Ressourcen von Anfang an als gemeinsame „Innokubation".

Eine frühe Zusammenarbeit macht Sinn: Gerade im Bereich der jungen Digitalen Wirtschaft haben Startups in der Regel ihre Stärken am Anfang des Innovationsprozesses, wenn Konzerne aufgrund ihrer Strukturen zeitlich und inhaltlich nicht so flexibel agieren können. Dafür spielen sie ihre Stärken in späteren Entwicklungsphasen aus, weil sie auf weitreichende Vertriebs- und Netzwerkformen zurückgreifen können, um die E-Business-Modelle weitreichend zu implementieren. Ein Zusammenschluss schon von Anfang an könnte also durchaus Sinn für beide Beteiligten machen. Entscheidend ist aber die Art und Weise, wie ein Inkubator-Angebot seitens der Konzerne für die Startups als „Adapter" zwischen beiden Welten gestaltet ist.

Das Kapitalangebot alleine reicht nicht mehr: Inkubatoren sind dafür da, um die Startups von Anfang an mit den notwendigen Ressourcen auszustatten und deren Überleben dadurch wahrscheinlicher zu machen. Kapital ist dabei ein wichtiger Punkt, aber auch Netzwerke, Zugang zu Pilotkunden oder eine Unterstützung in unternehmerischen Basisprozessen spielen eine Rolle. Für Konzerne und deren Inkubatoren ist das wesentliche Asset vor diesem Hintergrund der Zugang zu den eigenen Ressourcen (Know-how und/oder Entwicklungs-, Vertriebs- und Marketingstrukturen). Dieses Asset soll nun verstärkt in die Waagschale geworfen werden. Der Hub:raum der Telekom ist ein Beispiel für ein solches Angebot. Weitere Konzerne wie REWE oder SAP denken über neue Angebote in Form von solchen Inkubatoren oder Acceleratoren nach oder kündigen diese bereits an. Fielmann, die Allianz und Microsoft gehören zu dieser Gruppe. Dabei sollte jedoch nicht der Fehler gemacht werde, den Inkubator nach „Regeln des Konzerns" zu betreiben.

Anforderungen an Inkubatoren

Die Ausgestaltung des Inkubators ist entscheidend! Damit ein Inkubator-Angebot durch einen Konzern funktioniert, sollten folgende Aspekte beachtet werden: 1. Konzerne können mit Startups kooperieren, wenn beide Seiten die Identität des anderen akzeptieren; 2. Es gibt kein Inkubator-Modell von der Stange, denn Strategie, Ressourcen und Ausrichtung sind entscheidend; und

3. Der Aufbau eines Inkubators sollte nur mit Einbindung von Startup-Know-how und eigenem Geschäftsmodell außerhalb des jährlichen Konzernbudgets erfolgen.

Als zugehöriges DIGITALPARADIGMA für die Industrie kann festgehalten werden: Wir brauchen mehr Inkubatoren und offene Unternehmensstrukturen in der Industrie zum Andocken von Startups der Digitalen Wirtschaft entweder als Partner oder als Kunde.

Der Inkubator sollte idealerweise außerhalb des Konzerns organisiert werden, um sämtlichen Anforderungen der Startup-Szene entsprechen zu können und somit volle Flexibilität im Hinblick auf die finanzielle und inhaltliche Umsetzung der Innovationen zu haben. Die Verbindung des Inkubators zum Konzern wird dann über die strategische Ausrichtung, die Anbindung und das Management der benötigten Konzern-Ressourcen sowie über das Beteiligungsmodell geregelt. Ferner sollte der Inkubator unter Hinzunahme und Einbindung von externen Partnern aus der Startup-Szene organisiert werden, um die vorhandene „Konzern-Denke" auszugleichen und eine Anbindung an die spezielle Startup-Kultur zu ermöglichen (sogenannter „Alliance Incubator"). Im Zuge der zunehmend aufkommenden Inkubatoren-Konkurrenz muss ein wirklicher Mehrwert für die Startups über das Kapitalangebot hinausgehend insbesondere auf Basis der Konzern-Ressourcen geschaffen werden. Nur dann funktioniert der Adapter eines Inkubators für die gemeinsame erfolgreiche Innokubation zwischen Konzernen und Startups.

„Digitale Köpfe" in Konzern-Gremien

Damit der Aufbau von Inkubatoren, aber auch die direkte Digitale Transformation innerhalb des Konzerns funktioniert, braucht man aber auch das dringend notwendige digitale Know-how innerhalb der entscheidungsrelevanten Gremien des Unternehmens. Und hier sieht es noch nicht besonders konsequent aus: Nur jeder dritte DAX-30-Konzern und nur jedes siebte MDAX-Unternehmen bündelt das Thema „Digitalisierung" in der Hand eines hochrangigen Managers (C-Level). Der „Chief Digital Officer" ist auch heute noch eine seltene Gattung in den Vorständen und Geschäftsführungen der deutschen Industrie! Ähnlich sieht es in den Aufsichtsräten und Beiräten unserer Schwergewichte aus. Auch hier sieht man das notwendige digitale Know-how mit den zugehörigen Köpfen selten. Positive Ausnahmen können im Aufsichtsrat der Deutschen Telekom und bei Klöckner beobachtet werden.

Als zugehöriges DIGITALPARADIGMA für die Industrie kann festgehalten werden: Wir brauchen eine „Digitalquote" an Köpfen in den Aufsichtsräten oder Beiräten sowie die Funktion eines „Chief Digital Officer" in den Vorständen und Geschäftsführungen unserer Unternehmen, sofern der CEO die Funktion nicht gleich selbst übernimmt.

Digitalpolitik = Industriepolitik

Zugegeben, die Wirtschaftspolitik kann an diesen Stellschrauben wenig drehen, denn die Notwendigkeiten einer Schaffung von Inkubatoren-Strukturen und einer Veränderung in der unternehmensinternen Perspektive zur Bestellung von „digitalen Köpfen" für Entscheidungsgremien ist nichts, was aus einem Wirtschaftsministerium diktiert werden kann. Aber zumindest auf der Tonspur kann auch hier die Politik diese Themen immer wieder ansprechen, zum Beispiel beim IT-Gipfel oder Gespräche mit Unternehmensverbänden. Daneben kann es auch konkrete Unterstützung geben, die im Zweifel im gemeinsamen Schulterschluss von Politik und Industrie angegangen werden sollte. Ziel ist es, die nationale und internationale Kooperation zwischen Industrie und IKT-Startups im gegenseitigen Verständnis zu fördern und Wege der Verbesserung einer Zusammenarbeit zu finden. Zugehörige Schritte könnten sein:

- Einführung von Sonderabschreibungsmöglichkeiten für Corporate-Investitionen zum Aufbau von Plattformen (zum Beispiel Inkubatoren) einer Zusammenarbeit mit Startups der Digitalen Wirtschaft.
- Aufbau von Startup-Industrie-Summits mit Vertretern des BMWi, vom Bundesverband Deutsche Startups, dem BITKOM, Industrieverbänden (zum Beispiel BDI, VDA, VDE, ZVEI) und BJDW sowie natürlich Startups.
- Runde Tische auf regionaler Basis sowie zentrale Veranstaltungen mit Startups und Industrie verschiedener Branchen unter Einbindung von Politik und Verbänden als Träger.
- Etablieren von Anlaufstellen und mit Kompetenz ausgestattete Ansprechpartner in den etablierten Unternehmen, die die Startups und jungen Unternehmen beim Bewerbungs- und Beauftragungsprozess unterstützen können.
- Schaffen von kaufmännischen Qualifizierungsprozessen, die für Startups und junge Unternehmen geeignet sind. Berücksichtigung der speziellen Rahmenbedingungen von Startups und jungen Unternehmen in (öffentlichen) Ausschreibungen.
- Aufbau von übergeordneten privatwirtschaftlichen, gewinnorientierten Spätphasenfonds mit einem Volumen von 250 bis 500 Mio. Euro mit dem Bund als Co-Investor zu führenden Industrie-Unternehmen.

- Erweiterung des Fonds-to-Fonds-Konzeptes der KfW auch auf Corporate-Venture-Capital-Fonds einzelner Industrie-Unternehmen.

5.4 Die Anforderungen an die Arbeitspolitik

Die Digitalisierung wird den Arbeitsmarkt durchschütteln. Die Automatisierung vieler Routineaufgaben nicht nur in den Fabriken (was wir in der Vergangenheit schon häufiger erlebt haben), sondern auch vieler kognitiver Aufgaben (womit wir bisher kaum Erfahrung haben) ist nur eine Frage der Zeit. Inzwischen erwartet jeder dritte Wissensarbeiter, dass sein Job in den kommenden fünf Jahren verschwindet oder sich grundlegend ändert, zeigt eine Umfrage von Unify [157]. Doch es gibt natürlich auch eine positive Seite: Nach allen bisherigen Erfahrungen wird der technische Fortschritt auch viele neue Arbeitsplätze schaffen. 65 % der aktuellen Informationsjobs gab es vor 25 Jahren noch nicht. Noch einmal 25 Jahre in die Zukunft gedacht entstehen bis dahin wahrscheinlich viele Berufe, die allerdings heute nur schwer zu prognostizieren sind. Auch der Arbeitspolitik steht damit eine schwierige Transformationsphase mit hoher Unsicherheit bevor, die Bundesarbeitsministerin Andrea Nahles sogar als „Umbruch mit historischem Ausmaß" bezeichnet.

Mit dem Grünbuch „Arbeiten 4.0" [158] hat das Bundesministerium für Arbeit und Soziales (BMAS) daher versucht, die Auswirkungen der „Industrie 4.0" zu antizipieren und Diskussionspunkte für notwendige Schritte der Arbeitspolitik zu liefern. Allerdings liest sich dieses Grünbuch wie eine Anleitung zur Bewahrung des Status quo. Schutzgesetze, zum Beispiel für sogenannte Clickworker, helfen aber auf Dauer nicht weiter, wenn deren Jobs ohnehin bald von intelligenter Software erledigt werden. Eine clevere Arbeitspolitik kann sich nicht darauf beschränken, die Jobs von heute zu sichern, sondern muss auch die Schaffung der Jobs von morgen flankieren.

> Als zugehöriges DIGITALPARADIGMA kann festgehalten werden: Arbeitspolitik und Gewerkschaften schützen die Jobs von heute und vergessen weitgehend die Arbeitsplätze der Zukunft. Bevor aber die Jobs der Zukunft geschützt werden können, müssen sie zunächst einmal entstehen. Wer also über digitale Arbeit redet und dabei Clickworker meint, hat nicht verstanden, welche Herausforderungen die Digitalisierung für den gesamten Arbeitsmarkt bringt. So wie die Politik „Industrie 4.0" zu einseitig am Status quo ausgerichtet hat, wurde auch beim Thema „Arbeit 4.0" bisher zu kurz gesprungen.

Wie sehr die Politik noch dem alten Schutzgedanken anhängt und wie wenig sie schon in der digitalen Neuzeit angekommen ist, zeigt sich schon am Gesetzentwurf zur Neuregelung von Werkverträgen und Zeitarbeit, den das

Bundesarbeitsministerium Ende 2015 mit dem sicherlich noblen Ziel vorlegte, die Scheinselbstständigkeit einzudämmen. Im Versuch, die Situation prekär Beschäftigter zu verbessern, hatte ihr Ministerium offenbar übersehen, wie wichtig Zeit- und Werkverträge auch für die begehrten und deutlich besser bezahlten freiberuflichen Informatiker sind. Wenn ein solcher Freiberufler für die Dauer eines Projekts aus Sicherheitsgründen einen Computer des Unternehmens nutzt, ist dies als Kriterium für Scheinselbstständigkeit sicher anders zu bewerten als der Fall einer Reinigungskraft, die Putzmittel ihres Arbeitgebers einsetzt. Das Gesetz hätte die Arbeitsmöglichkeiten der IT-Freiberufler erheblich eingeschränkt. Entsprechend groß war die Ablehnung in dieser Berufsgruppe: 80 % sahen in einer Umfrage negative Effekte für ihren Beruf; 20 % drohten sogar mit Auswanderung, sollte der Entwurf in dieser Form tatsächlich Gesetz werden.

5.4.1 Die flexible (digitale) Beschäftigung fördern

Inzwischen hat das Bundesarbeitsministerium den Gesetzentwurf zwar nachgebessert, doch das Beispiel zeigt deutlich einen Handlungsbedarf in der Politik: Auf der einen Seite verschärft der Digitalisierungsdruck die Nachfrage nach Spezialisten, die auf der anderen Seite immer seltener fest angestellt sein wollen. Nicht weil es keine festen Jobs gibt, sondern weil immer mehr Fachkräfte nicht mehr in den festen Strukturen eines Unternehmens arbeiten wollen oder als hoch spezialisierte Dienstleister ohnehin nur für eine begrenzte Zeit in einem Unternehmen gebraucht werden. Das gilt übrigens nicht nur für die Informatiker, sondern auch für Trainer oder Spezialisten für das Change-Management, deren Qualifikationen mit der Digitalisierung stark an Bedeutung gewinnen. Denn die globale Transparenz von Qualifikationen und Verfügbarkeiten hoch qualifizierter Fachkräfte verstärkt das „hiring on demand". Das feste Arbeitsverhältnis wandelt sich in der digitalen Welt immer stärker zum zeitlich beschränkten Arbeitseinsatz, der auch nicht mit der Anwesenheit im Büro verbunden sein muss.

Eine wichtige Aufgabe für die Politik lautet somit, die flexiblen Beschäftigungsverhältnisse der begehrten Digitalisierungsexperten zu erleichtern und nicht noch zu erschweren. Viele Vorschriften zur Vermeidung der Scheinselbstständigkeit erreichen aber das genaue Gegenteil und sollten die nötigen Differenzierungen zulassen. Eine sinnvolle Möglichkeit wäre eine Unterscheidung nach dem Gehaltsniveau: Über einer gewissen Gehaltsgrenze, die am besten in Relation zum Branchendurchschnitt zu wählen ist, sollten diese Schutzgesetze außer Kraft gesetzt werden, weil diese Arbeitnehmer diesen Schutz weder benötigen noch wollen.

Ein Freiberufler, der mehrere Hundert oder gar Tausend Euro am Tag verdient, kann selbst entscheiden, ob er acht, zehn oder zwölf Stunden am Stück arbeitet oder ob er auch am späten Abend noch erreichbar ist. Sinnvoll ist also das Prinzip der doppelten Freiwilligkeit: Wenn Arbeitgeber und Arbeitnehmer einverstanden sind, sollte die Flexibilität nicht eingeschränkt werden. Um schutzbedürftige Arbeitnehmer dennoch zu schützen, bieten sich Schwellwerte beim Gehalt an: Werden sie unterschritten, gelten die Schutzgesetze wieder. Zumindest für die Transformationsphase könnten mit dieser Methode die Interessen aller Beteiligten ausbalanciert werden.

5.4.2 Das Recht auf (digitale) Weiterbildung

Mit der Digitalisierung wandelt sich die Rolle vieler Menschen im Arbeitsleben vom Erbringer der Arbeitsleistung in einen Überwacher der Maschinen oder Computer. Viele Menschen, deren Jobs heute noch im hohen Maße aus körperlicher wie geistiger Routine bestehen, müssen sich daher weiterbilden, um auf den digitalen Arbeitsmarkt vorbereitet zu sein. Hierin liegt die zentrale Aufgabe der Arbeitspolitik: Diese Weiterbildung mit allen Kräften zu fördern. Sinnvoll wäre daher ein Recht auf Weiterbildung, das deutlich über die heute geltenden gesetzlichen Regelungen hinausgeht. So wie die Digitalkunde in den Grundschulen oder das Pflichtfach Informatik in den weiterführenden Schulen zur Pflicht wird, sollten auch Arbeitgeber schon aus Eigeninteresse die digitale Weiterbildung ihrer Beschäftigten vorantreiben. Mindestens einen Tag im Monat sollte künftig der digitalen Weiterbildung der Beschäftigten gewidmet werden.

Denn genügend qualifizierte Arbeitnehmer zu finden, wird immer schwieriger. Zum Beispiel hat Bosch verkündet, im Jahr 2016 rund 14.000 Hochschulabsolventen neu einzustellen. Künftig sollen mehr Software-Spezialisten Jobs bei Bosch finden, das sich im Wandel vom Autozulieferer zum Technologie- und Dienstleistungsunternehmen befindet. Die Vernetzung über das Internet der Dinge verändere das Geschäft von Bosch und damit den Personalbedarf stärker als je zuvor, erklärt Arbeitsdirektor Christoph Kübel [159]. Fast jede zweite offene Position bei Bosch habe einen Bezug zur Informationstechnik oder Software. Bedarf gebe es vor allem an Software-Entwicklern für IT-Systeme oder für Embedded Systems, worunter zum Beispiel Sensorsysteme zu verstehen sind. Neue Tätigkeitsprofile entstehen und übergreifende Fachqualifikationen gewinnen an Bedeutung.

Gute Einstiegschancen hätten daher Absolventen der Elektrotechnik, des Maschinenbaus und des Wirtschaftsingenieurwesens, die Software-Kompetenz mitbringen. Umgekehrt seien Wirtschaftsinformatiker und Software-Ingenieure mit Fachkenntnissen im Automobil- oder Industrietechnikbereich gefragt. Denn Lösungen zum Beispiel für die vernetzte Industrie erfordere die Verknüpfung unterschiedlichen Fachwissens.

Bosch ist natürlich nicht allein auf der Suche nach den „digitalen Köpfen" von morgen. Das Wettrennen der Unternehmen um die Talente ist voll entbrannt. „Nicht die Menschen bewerben sich bei den Unternehmen, sondern wir bewerben uns bei den Talenten. Früher kamen 30 Leute, denen ich harte Fragen stellen konnte. Nun kommen fünf – und ich versuche alle fünf für Cisco zu begeistern", beschreibt Oliver Tuszik, Deutschland-Chef des US-Unternehmens, das inzwischen übliche Szenario. Der Wettbewerb um die Talente sei brutal hart geworden [160].

Die Unternehmen haben verstanden, dass sie attraktiver für die begehrten Arbeitnehmer werden müssen. Die „Generation Y" stellt andere Anforderungen an ihre Jobs als gute Karrieremöglichkeiten und ein hohes Gehalt. Ein spannendes Thema, Entscheidungsbefugnisse, flexible Arbeitsmöglichkeiten, Home Office und ein gutes Team sind heute genauso wichtig. Diese Wünsche nach einer Startup-Kultur korrespondieren mit den Anforderungen an die Unternehmensorganisation, schnell und wendig auf neue Entwicklungen reagieren zu können. Da traditionelle Unternehmen ihre Strukturen aber nur sehr langsam anpassen, prallen an dieser Stelle die unterschiedlichen Kulturen hart aufeinander.

Auf die Frage nach dem größten Hindernis für die Digitale Transformation nannten die Entscheider aus 2000 deutschen Unternehmen mit mehr als 250 Mio. Euro Umsatz die „Verteidigung bestehender Strukturen" an erster Stelle. In einer amerikanischen Firma wäre ein solcher Grund sicher nicht aufgeführt worden. Hier zeigt sich ein grundsätzliches Dilemma: Wer lange Zeit erfolgreich war, verliert die Fähigkeit zur Veränderung und damit zur Anpassung an Neues. Selbst wenn die Vorstandschefs den Wandel vorleben, ist die Kultur im gesamten Unternehmen entscheidend. Der alte Spruch „Kultur isst Strategie zum Frühstück" war nie treffender als in der Digitalen Transformation Deutschlands. Wer den digitalen Wandel will, muss an dieser Stelle ansetzen.

Als DIGITALPARADIGMA für die Arbeitspolitik gilt: Weiterbildung ist der Schlüssel für den Wandel in den Köpfen und die Aneignung der geforderten Qualifikationen. Arbeitgeber und Arbeitnehmer sollten eigentlich von sich aus ein hohes Interesse an dieser Weiterbildung haben. Sind diese Interessen aber nicht kompatibel, sollte die Arbeitspolitik ein „Recht auf Weiterbildung" einführen, um diesen dringend notwendigen Prozess anzustoßen.

5.5 Die Anforderungen an die Europapolitik

Es wurde an vielen Stellen schon festgestellt, dass die großen Internet-Unternehmen und die meisten innovativen Startups nicht aus Europa kommen und unser Kontinent weltweit den Anschluss in der Digitalen Wirtschaft verloren hat. Europa erkennt erst jetzt, wie wichtig eine gesellschaftliche, wirtschaftliche, aber auch politische Souveränität im Netz für seine Staaten ist. Spät, aber nicht zu spät. Europa kann seine eigene Digitale Transformation gestalten und alternative Modelle hervorbringen. Es ist an der Zeit, dieses Potenzial auch für die digitale Welt zu heben. Denn während Europa einstmals Nordamerika als den realen „Wilden Westen" erobert hat, erobern die USA nun mit ihren Internetunternehmen den digitalen „Zahmen Osten" in Europa. Die europäische Antwort ist im Moment ein heterogener Kontinent im Hinblick auf digitale Infrastruktur sowie auf rechtliche und finanzielle Rahmenbedingungen für den Online-Wettbewerb. Im Ergebnis denkt der alte Kontinent im digitalen Bereich noch nicht groß genug – er denkt nicht als digitale europäische Einheit!

Das zugehörige DIGITALPARADIGMA für Deutschland 4.0 lautet: Es gibt nicht nur Deutschland im Netz und wir sind keine digitale Insel, die sich regulatorisch abschotten kann. Im Internet zählt Größe und hier können wir nur über einen gemeinsamen digitalen Binnenmarkt mit den USA und Asien halbwegs mithalten.

Damit das Rennen um die Hoheit im Netz auch von Europa aus aufgenommen werden kann, müssen aber zahlreiche Hemmnisse abgebaut und Anreize für die digitalen Akteure geschaffen werden. Dafür braucht Europa zunächst eine breite digitale Kompetenz für die Menschen in allen Mitgliedsstaaten. Wir brauchen mehr „digitale Köpfe" für innovative Online-Startups, die von Anfang an international denken und auch über Europa hinaus expandieren wollen. Wir brauchen aber auch eine Digitale Transformation unserer klassischen Industrie, damit unsere alte Stärke der Old Economy auch eine neue Stärke der Net Economy wird. Allen diesen Akteuren – egal ob Produzent oder Konsument – muss es Europa ermöglichen, dass sie einen gemeinsamen digitalen Binnenmarkt erleben dürfen. Dafür braucht Europa einen gemeinsamen europäischen Handlungsrahmen.

Gemeinsam mit dem „Nationalrat für Digitales" (Conseil national du numérique, CNNum) hat der Beirat „Junge Digitale Wirtschaft" einen deutsch-französischen Aktionsplan für Innovation (API) mit dem Titel „Digitale Innovation und Digitale Transformation in Europa" [65] entworfen und auf der gemeinsamen Konferenz zur Digitalen Wirtschaft am 27. Oktober 2015 an Sigmar Gabriel, Bundesminister für Wirtschaft und Energie, und Emmanuel Macron, Minister für Wirtschaft, Industrie und Digitales in Frankreich übergeben. Zu der Konferenz im Élysée-Palast hatte der Staatspräsident der Französischen Republik François Hollande gemeinsam mit der Deutschen Bundeskanzlerin Angela Merkel eingeladen. Der Aktionsplan, der auch an dieser Stelle im Hinblick auf die Forderung nach einer digitalen Europapolitik unterstützt werden soll, enthält 15 konkrete Vorschläge für den gemeinsamen digitalen Binnenmarkt in Europa zu den Themen Ausbildung und Förderung von digitalen Kompetenzen, Aufbau eines europäischen Ecosystems für digitale Startups, Finanzierung von digitalen Innovationen, Etablierung eines europäischen digitalen Marktes und Digitale Transformation der Europäischen Wirtschaft.

5.5.1 Die digitale EU-Bildungsperspektive

„Digitale Bildung" muss schrittweise in wesentliche Bildungsprogramme in ganz Europa integriert werden, damit alle Bürgerinnen und Bürger digitale Technologien (wie Programmieren, algorithmische Programmiersprachen, Datenanalyse, Robotik, Webdesign oder 3D-Druck etc.) kennenlernen. Ferner müssen sie alle Dimensionen der digitalen Revolution (die soziale, politische, wirtschaftliche, technische und ethische) verstehen und Fähigkeiten entwickeln können, die für Unternehmertum und Innovation qualifizieren (Projekte, Kooperation etc.). Zu diesem Zweck könnten auch gemeinsame digitale Studiengänge in Europa ein nützlicher Beitrag zur Verbesserung von Lehrplänen, Inhalten, Methoden und Bewertung sein.

Europa muss hierfür massive Investitionen in die digitale Bildung – sowohl seitens der öffentlichen Hand als auch seitens privater Einrichtungen – als Schwerpunkt des europäischen Fahrplans auf drei Ebenen mit folgenden Zielen ins Auge fassen: Anpassung von Lehrmethoden, Lerninhalten und Instrumenten an die Bedürfnisse der digitalen Gesellschaft, Förderung der Entwicklung eines wettbewerbsfähigen E-Education-Sektors, Einrichten neuer Lehrstühle und Forschungszentren für E-Entrepreneurship, Aufbau von Kompetenzen in den Bereichen elektronische Geschäftsprozesse und Geschäftsmodelle, Erhalt eines großen Potenzials für Innovation und soziale Kompetenz für Beschäftigte in KMU und großen Industrieunternehmen.

Europa muss ein offenes und kooperatives Netzwerk europäischer digitaler Schulen, Institute, Forschungszentren etc. auf europäischer Ebene stärken, um gemeinsame Ziele im Forschungsbereich zu setzen und Ressourcen-Vergemeinschaftung zu vereinfachen, ein europäisches transdisziplinäres Forschungsprogramm für die Digitale Transformation stärken – die „digitalen Studiengänge" (wirtschaftliche, soziale, rechtliche, technische, ethische und organisatorische Aspekte), grenzüberschreitende Bildungs- und Forschungsprojekte sowie die Mobilität von Studierenden und Forschern erleichtern, und Europa sollte Teil eines erneuerten europäischen Bildungs- und Forschungsumfeldes sein, das Transdisziplinarität, Multikulturalismus, Wissenstransfer und Unternehmergeist fördert.

5.5.2 Das Ökosystem für digitale EU-Startups

Europa muss Offline und Online den Austausch fördern, der zur Vernetzung europäischer Projekte beiträgt: Der Kontinent sollte europäische Märkte für eine grenzüberschreitende Koordinierung der Beteiligten und Kooperation zwischen Startups, KMU und großen Industrieunternehmen unterstützen und wir sollten europäische Förderprogramme für die Unterstützung von Messen und Veranstaltungen einsetzen, die von digitalen Startups und für diese organisiert werden.

Europäische Startups müssen ihren Ursprung in Europa haben. Das heißt, wir müssen internationale Talente integrieren: Die Europäische Union sollte strukturelle Partnerschaften zwischen europäischen Inkubatoren, Wirtschaftsclustern und Städten sowie das Programm „ERASMUS für Jungunternehmer" ausbauen. Ferner müssen wir ein „Startup-ERASMUS" mit einem einheitlichen Sozialversicherungsrahmen schaffen, das von europäischen Stipendien getragen wird. Startups müssen sich als europäische und nicht als nationale Akteure positionieren. Europa sollte günstige und einheitliche steuerliche und soziale Bestimmungen für innovative Startups in Europa unterstützen, um deren Entwicklung zu fördern und Barrieren, die deren Internationalisierung behindern könnten, abzubauen. Kurzfristig könnten sie sich auf einen Status „Young Innovative Company" einigen, der es Startups ermöglichen würde, sieben Jahre lang von einem einheitlichen Rahmen in Europa zu profitieren, und sie könnten sich dazu verpflichten, „Startup-Visa-Programme" zu entwickeln, die erleichterten Zugang zu Verwaltungsformalitäten, Antragsverfahren für staatliche Förderprogramme (wie den Zugang zu Subventionen oder günstige Steuerbestimmungen) und lokalen Netzwerken (insbesondere Inkubatoren, Investoren und Mentoren) umfassen sollten.

5.5.3 Das Risikokapital für digitale EU-Produkte

Der Kontinent muss ein attraktives europäisches Umfeld für Business Angels schaffen, um Investitionen in Startups in der Frühphase zu fördern und es Privatpersonen zu ermöglichen, in die Digitale Wirtschaft zu investieren. Dazu muss Europa ein Netzwerk von Business Angels schaffen, das steuerliche Umfeld für institutionelle und private Business Angels verbessern und Rücklagen in Richtung Innovationen umlenken.

Europa muss aber auch für Startups und Investoren auf kontinentaler Ebene den Zugang zum Finanzmarkt verbessern. Die Kapitalmarkt-Union sollte auf der Grundlage mehrerer Grundsätze gestaltet werden: Schaffung einfacher, stabiler und einheitlicher Regulierungsrahmen in EU-Ländern, Förderung von Innovationen bei der Gründung von neuen Fonds (grenzüberschreitende Fonds, Public-Private Fonds etc.) innerhalb des Finanzmarktes (Börse), Austausch von Best Practices sowie Zusammenarbeit bei Bewertungsregeln und Fachwissen.

Europa muss ferner im Bereich Eigenkapital ein besseres Gleichgewicht herstellen. Weg von einer schuldenbasierten Finanzierung und hin zu einer eigenkapitalbasierten Finanzierung, um die Finanzierungskette an die innovationsbasierte Wirtschaft anzupassen: Dazu muss eine europäische Digitalpolitik die Rolle institutioneller Investoren (von Banken, Versicherungen, öffentlichen Akteuren) bei der Finanzierung von Innovationen anpassen und damit einen kulturellen Wandel anstoßen, um eine bessere Herangehensweise an die Finanzierung von neuen Geschäftsmodellen zu ermöglichen.

5.5.4 Der Aufbau des digitalen EU-Binnenmarktes

Europa braucht zentrale Plattformen für den schnellen digitalen Export von Geschäftsmodellen aus einem Mitgliedsstaat in alle anderen. Die derzeitige digitale Exportquote innerhalb von Europa von unter zwei Prozent soll dadurch massiv erhöht werden. Solche Plattformen sollen auf der Grundlage eines „made-in-Europe-Reputationshebels“ die europäischen Informations-Asymmetrien für digitale Produkte, Dienstleistungen und Geschäftsmodelle verringern und kontinentale B2C- als auch B2B-Angebote in der Verbreitung unterstützen.

Europa muss einheitlich festlegen, dass Gewinne dort versteuert werden müssen, wo sie erzielt werden und zu diesem Zweck müssen alle Mitgliedsstaaten die Schaffung neuer Regeln zur digitalen Steuerpräsenz unterstützen und sich dazu verpflichten, Maßnahmen zu ergreifen, um diese Regeln umzusetzen, insbesondere auf europäischer, aber auch auf internationaler Ebene, indem sie die Entwicklung internationaler Steuerabkommen unterstützen.

Europa muss ferner eine gemeinsame „digitale Machtposition“ zu Fragen im Rahmen laufender Verhandlungen im Bereich des Handels (Trade in Services Agreement, Transatlantic Trade and Investment Partnership) festlegen, die die externe Dimension des digitalen Binnenmarktes prägen werden. Diese Position muss von Arbeitsgruppen zusammen mit Großunternehmen, KMU und der Zivilgesellschaft auf der Grundlage neuer Studien zu den wirtschaftlichen Auswirkungen des digitalen Kapitals vorbereitet werden. Die gemeinsame Position muss dabei die wesentlichen europäischen Grundsätze beachten und sich mit den Hauptfragen wie dem externen Datenfluss (Safe-Harbour-Abkommen), den ISDS (Investor-Staat-Streitschlichtungsverfahren)-Mechanismus und dem freien Datenfluss innerhalb der Mitgliedsstaaten beschäftigen.

5.5.5 Die Digitale Transformation der EU-Wirtschaft

Bezüglich der Digitalen Wirtschaft, dem Internet der Dinge und der Industrie 4.0 muss Europa gemeinsam vorgehen. Zu diesem Zweck brauchen wir zumindest innerhalb von Europa offene und gemeinsame Standards. Nur über diese gemeinsamen Standards kann im Zeitalter von Big Data, Text Mining und Data Mining eine gemeinsame Position zur Datenportabilität erarbeitet werden. Dies würde es den Anbietern in den verschiedenen Mitgliedsstaaten erleichtern, die Wiederverwendung von Daten in verschiedenen Anwendungen in Europa zu erleichtern.

Europa braucht zudem eine offene Innovationsstrategie für Unternehmen, bei der günstige Rahmenbedingungen und gemeinsame Plattformen für die Zusammenarbeit von KMU und Großunternehmen mit Startups geschaffen werden. Dazu gehören auch Mechanismen für steuerliche Anreize. Die Europäische Union sollte ferner die Entwicklung von lokalen und offenen Innovations- und Produktionswerkstätten (Fablabs, Hackerspaces und Makerspaces) finanziell unterstützen. Darüber hinaus sollten Forschungsprogramme zu neuen Produkten, Geschäftsmodellen, Technologien und den sozialen Auswirkungen mit Schwerpunkt auf den traditionellen Handwerksberufen und Studierenden fördern, um mehr über die derzeitige Aufwertung der digitalen Technologien und die zu erwartende Verwendung zu erfahren.

6 Deutschland 4.0

Die Digitale Transformation hat größere ökonomische und soziale Implikationen als jede bisherige industrielle Revolution. Denn die in Kap. 2 beschriebenen technischen Fortschritte als Ursachen der Transformation liegen nicht nur punktuell in einer Produktionstechnik wie der Dampfmaschine, sondern finden parallel auf vielen Gebieten statt, beschleunigen sich gegenseitig und – als wichtigster Unterschied – liegt ihr Ausgangspunkt erstmals nicht bei den Produzenten, sondern bei den Konsumenten. In den vergangenen zwei Jahrzehnten, die im Buch als erste Halbzeit der Digitalisierung bezeichnet werden, war vor allem die Digitalisierung der Konsumenten zu beobachten. Nur zehn Jahre hat es gedauert, bis eine Milliarde Menschen das Internet nutzten, ein Smartphone besaßen, in einem sozialen Netzwerk aktiv waren oder Daten in der Cloud ablegten. Die neue Technik löste viele alte Verbindungen zwischen Verbrauchern und Unternehmen in oft fragmentierten Märkten auf, weil Digital-Firmen mit dem Plattform-Modell Wünsche der Verbraucher wie der Kauf eines Buches oder die Buchung einer Reise günstiger und/oder schneller erfüllten. Diese Plattformen haben den Kontakt zu Kunden in kurzer Zeit an sich gezogen und können ihn nun ohne weitere Kosten auf immer mehr Produkte ausweiten. Amazon wäre in der Lage, ohne einen einzigen Marketing-Dollar einen Handel mit Gebrauchtwagen aufzuziehen; Facebook wäre als Bank mit einem Bruchteil der Kosten aus dem Stand ein ernstzunehmender Wettbewerber der etablierten Institute. Diese Plattformen haben meist globale Ambitionen und sind heute fast ausschließlich in der Hand amerikanischer und asiatischer Unternehmen. Deutschland spielt mit wenigen kleinen Ausnahmen keine Rolle in diesen Märkten.

Da funktionierende Plattformen aufgrund der Netzwerkeffekte immer mehr Anbieter und Nachfrager anziehen, steht am Ende der ersten Halbzeit der Digitalisierung die Erkenntnis, dass Deutschland eindeutig zu den Verlierern gehört und eine Besserung der Situation auf der Konsumentenseite im Moment nicht absehbar ist. Denn der Wandel auf der Konsumentenseite geht über Computer und Smartphones hinaus. Die größten Wetten laufen derzeit auf Virtual-Reality-Brillen als nächste große Computing-Plattform. In zehn Jahren werden eine Milliarde Menschen diese Brillen nutzen, erwartet Facebook-Chef Mark Zuckerberg [161]. Mit dieser Einschätzung liegt er

T. Kollmann und H. Schmidt, *Deutschland 4.0*, DOI 10.1007/978-3-658-13145-6_6

nicht allein: Neben Facebook investieren auch Google (Alphabet), Microsoft, Apple und viele andere Tech-Konzerne in diese Technik. Wem dabei aber nur Spiele in den Sinn kommen, denkt schon wieder zu kurz. Die Brillen heben auch Information und Kommunikation für die Unternehmen auf die nächste Ebene.

Die Digitalunternehmen arbeiten also weiter daran, die Kundenkontakte dauerhaft in der Hand zu behalten. Anstrengungen deutscher Unternehmen, dies noch einmal zu ändern, sind auf einer übergreifenden Plattform-Ebene kaum realistisch, in einzelnen Märkten wie Banking, Mobilität, Smart Homes oder Gesundheit aber durchaus noch möglich. Wir dürfen nur nicht untätig warten, bis die Plattformen mit ihrer horizontalen Integration auch die Kundenkontakte auf diesen Märkten besetzen.

Wandel in den Köpfen

Der erste Schritt für deutsche Unternehmen, um nach der verlorenen ersten Halbzeit doch noch als Gewinner aus dieser Digitalen Transformation zu gehen, ist vor allem die Erkenntnis in den Köpfen für den fundamentalen Wandel, der uns bevorsteht. Denn die Digitalisierung der Konsumenten und das damit verknüpfte Aufkommen der Plattformen waren nur die ersten Schritte. Nun aber folgt die Digitalisierung der Maschinen, der Fabriken, der Städte, der Autos und der Häuser. Intelligente Software, Sensoren und die zugehörige Vernetzung werden in beinahe jedes Produkt eingebaut und machen es zum Teil eines viel größeren Internet der Dinge, das zu einem Umbruch unserer traditionellen Industriestrukturen und Arbeitsteilung führt. Erst jetzt kommt die Digitalisierung richtig auf der Produzentenseite an und beschleunigt die Transformation zusätzlich.

Seit dem Jahr 2000 ist die Hälfte der Namen aus der Liste der 500 umsatzstärksten Unternehmen der Welt (Fortune 500) verschwunden. Die Digitalisierung gilt als wichtigster Treiber hinter diesem Wandel, weil sie nicht nur „Gewinner“ wie Apple, Google (Alphabet) oder Amazon in die Liste hineinkatapultiert und „Verlierer“ wie Nokia oder Kodak in wenigen Jahren herauskatapultiert hat. Noch wichtiger ist der Einfluss der Digitalisierung auf die Gewinnrelationen: Digital-Firmen erwirtschaften die höchsten Renditen der Welt, was ihnen die Möglichkeit gibt, Innovationen wie das selbstfahrende Auto mit großem Aufwand selbst zu entwickeln oder wie Virtual-Reality-Brillen notfalls einfach zukaufen zu können. Die Hoffnung, dass auch die Digital-Konzerne mit wachsender Größe weniger innovativ werden, mag zum Teil berechtigt sein. Doch sie ist trügerisch. Denn ihre enormen Gewinne schaffen den Unternehmen die Möglichkeit, schwindende Innovationskraft einfach hinzukaufen zu können, um bestehende Geschäfte zu sichern oder neue Märkte zu betreten. Seit Jahren gehören Tech-Unternehmen daher zu den fleißigsten Firmenaufkäufern: Google hat sich den Einstieg ins Robotergeschäft genauso erkauft wie Facebook mit WhatsApp seine Messaging-Dominanz gesichert hat. Dutzende kleinere Zukäufe jedes Jahr werden gar nicht öffentlich, verschaffen den Unternehmen aber jedes Mal frische Ideen und schlaue Köpfe. Die Pipeline an innovativen Startups ist stets gut gefüllt, da die Risikokapitalinvestoren oft Abnehmer für ihre Investitionen im Silicon Valley finden. Da die erfolgreichen Gründer das Geld meist wieder in neue Unternehmen investieren, ist ein gut geölter Geldkreislauf entstanden, der Ideen wie am Fließband kreiert.

Der Wettbewerbsdruck wird stärker

Am Ende ist es die Kombination aus Plattform-Geschäft und hohen Margen, mit denen die Digital-Konzerne ihre Positionen im Kerngeschäft sichern und in der zweiten Halbzeit auch auf der Produzentenseite aktiv werden. Googles Engagement in selbstfahrende Autos, Roboter, Medizin und Energie, Amazons Eintritt in die Logistik oder Facebooks Ambitionen im Banking sind nur die ersten Beispiele für die Produktinnovationen der Digital-Firmen außerhalb ihrer Stammmärkte. Weitere werden folgen.

In der zweiten Digitalisierungshalbzeit wird der Wettbewerbsdruck auf deutsche Unternehmen also nicht nachlassen, sondern in Breite und Tiefe zunehmen. Die Autoindustrie hat zwar den Kundenkontakt in den vergangenen Jahren gehalten, ist aber auf die aktuellen Produktinnovationen aus dem Silicon Valley nur schlecht vorbereitet: „Wir stehen am Start einer Revolution im Autogeschäft. Unsere Industrie wird sich in den kommenden fünf Jahren mehr verändern, als sie es in den letzten 50 Jahren getan hat“, formuliert es die General-Motors-Vorstandsvorsitzende Mary Barra [114]. Auch Daimler-Chef Dieter Zetsche wählt markige Worte für das, was nun kommt: Ein zweites Maschinen-Zeitalter stehe der Autoindustrie bevor [114]. So wie sich die deutsche Autoindustrie plötzlich potenten Wettbewerbern wie Google, Tesla und Uber gegenübersieht, müssen alle Branchen mit neuer Konkurrenz aus der digitalen Welt rechnen. Die Digitalisierung wird also die wirtschaftlichen Machtverhältnisse in den kommenden zwei oder drei Jahrzehnten neu sortieren – und wie bei früheren industriellen Revolutionen ist auch dieses Mal am Anfang nicht klar, wer am Ende als Gewinner daraus hervorgeht.

Digitale Transformation in Deutschland

Viele deutsche Unternehmen sind zwar führend in ihren Bereichen, mit einem glänzenden Ruf überall auf der Welt. Doch zu wenige Unternehmen haben sich schon auf den Weg in die digitale Welt gemacht. Drei von fünf Großunternehmen nehmen die Digitale Transformation nicht ernsthaft in Angriff, zeigt eine GfK-Umfrage unter 2000 Unternehmen in Deutschland [162]. Nur in sechs Prozent der Unternehmen mit mehr als 250 Mio. Euro Jahresumsatz nimmt die Digitale Transformation den höchsten Stellenwert der Entscheider ein. In weiteren 35 % gehört die Digitalisierung immerhin zu den Top-3-Themen des Managements, während es in 43 % gerade einmal in die Top Ten geschafft hat und in 16 % überhaupt keine Rolle spielt. Wie immer gibt es Vorreiter wie Bosch oder SAP, aber in der Breite ist das Thema bisher nicht in der notwendigen Dimension in Angriff genommen worden. Einen Inkubator für Startups ins Leben zu rufen, die Krawatten abzulegen, konzernweit zum „Du" überzugehen oder sich am Silicon-Valley-Tourismus zu beteiligen, ist eine Sache; die Digitalisierung ernsthaft anzugehen eine andere.

Um die Digitale Transformation zu schaffen, ist jedoch mehr als ein Umdenken in den Führungsetagen der Unternehmen notwendig. Da die Digitalisierung keine vorübergehende Phase ist, sondern uns dauerhaft begleiten wird, sind Anstrengungen auf gesellschaftlicher, politischer und wirtschaftlicher Ebene notwendig.

25 Schritte für Deutschland 4.0

In der folgenden Liste sind 25 Schritte zusammengefasst, wie Deutschland die Digitale Transformation schaffen kann:

1. *Technologie lieben lernen*: Lernt, die Technik zu lieben – denn sie wird unser Leben immer stärker bestimmen. Dass ausgerechnet Deutschland, das Land der Ingenieure, neuer Technik so kritisch gegenübersteht, ist schwer zu erklären. Beispiel Social Media: In keinem Industrieland nutzt ein solch geringer Teil der Bevölkerung soziale Medien wie in Deutschland. Gleichzeitig sind die Hasskommentare, die zum Beispiel Facebook überfluten, nirgendwo so massiv wie in Deutschland. Und noch eine Statistik, die möglicherweise die ersten beiden Punkte erklärt: In keinem großen Land sind Akademiker in den sozialen Medien derart unterrepräsentiert wie in Deutschland. Während Unternehmer, Schriftsteller, Journalisten oder Wissenschaftler überall auf der Welt ganz selbstverständlich auf Facebook oder Twitter präsent sind, ist sich Deutschlands Elite zu fein dazu und kokettiert geradezu mit ihren Uralt-Handys und ihrer Internet-Abstinenz, weshalb Bücher der Digitalverweigerer und Internet-Kritiker auch nur in Deutschland zu Bestsellern werden. Bundeskanzlerin Angela Merkel ist das einzige Regierungsoberhaupt eines G20-Landes ohne Twitter-Account. Kein Vorstandschef eines Dax-30-Unternehmens ist auf Twitter präsent. Nun rettet eine Twitter-Präsenz sicher keine Digital-Bilanz, aber sie hätte symbolische Bedeutung, das „Neuland" endlich ernst zu nehmen. Wir müssen akzeptieren, dass sich digitale Technologien durchgesetzt ha-

ben und wir nun lernen müssen, diese wertvoll(er) für Gesellschaft und Wirtschaft einzusetzen!

2. *Datenschützern nicht das Schicksal der Digitalen Wirtschaft überlassen*: Viele Digitalprojekte in Deutschland bleiben schon im Ansatz stecken, weil Datenschützer „Bedenken" äußern. Dass sie unsere ohnehin strengen Datenschutzgesetze häufig auch noch restriktiv interpretieren, macht sie zu einem echten Standortnachteil. Die Hoffnung, strenger Datenschutz werde ein Standortvorteil, hat sich bisher nicht erfüllt und wird im Zeitalter von „Big Data" wohl nicht mehr wahr. Datenschutz ist wichtig, sollte aber auf den Status einer notwendigen Nebenbedingung herabgestuft werden.
3. *Schnellere Datennetze für die Gigabit-Gesellschaft*: Deutschland leistet sich als eines der reichsten Industrieländer eine zweitklassige Netzinfrastruktur. In der Rangliste der tatsächlich erreichten Übertragungsgeschwindigkeiten befindet sich Deutschland etwa auf Rang 20, beim superschnellen Glasfaser auf Rang 28 in der Welt. Eine intelligente Regulierung, die Investitionsanreize setzt statt den Ex-Monopolisten zu schützen, und auch höhere Investitionen des Staates sind dringend notwendige Schritte. Wichtig dabei: Schnelligkeit von Datennetzen ist notwendig, aber nicht hinreichend für die Digitale Transformation von Gesellschaft und Wirtschaft.
4. *Bildung ist die neue Arbeitslosenversicherung*: Die Automatisierungswahrscheinlichkeit unserer Jobs sinkt mit dem Grad der Bildung. Da intelligente Software und Roboter immer mehr Routinetätigkeiten in den Fabriken und den Büros übernehmen, sollten sich Arbeitnehmer schon aus Eigeninteresse für die Jobs qualifizieren, in denen sie nicht so leicht ersetzbar sind. Ohne Weiterbildung wird dieser Wandel nicht gelingen. Daran müssen Arbeitnehmer und Arbeitgeber gemeinsam arbeiten.
5. *Digitales in die Schulen*: Werden Politiker auf die meist mangelhafte bis kaum vorhandene Digital-Ausbildung in unseren Schulen angesprochen, antworten sie meist mit „Ist Ländersache; da können wir nichts machen". Nur wenige Lehrer sind auf der Höhe der Zeit; Informatik-Unterricht besteht zu oft nur aus Word und Powerpoint; moderne Programmiersprachen sind die Ausnahme. Wer nun aber glaubt, die Digital Natives würden sich die nötigen Kenntnisse schon selbst beibringen, verkennt die Realität, die meist aus Computerspielen besteht. Der Vorschlag: Informatik und Statistik werden Pflichtfächer wie Deutsch oder Englisch. Dafür müssen zuerst die Lehrer auf den Stand der Technik gebracht werden. Andere Länder wie Norwegen zeigen, wie es geht. Ausreden dürfen nicht mehr gelten.
6. *Mehr Gründer an den Hochschulen ausbilden*: Bei uns gehen die Studierenden zur Uni, um zum IT-Angestellten ausgebildet zu werden. In den USA und anderen Ländern studiert man an den betreffenden Digital-Stand-

orten, um danach ein Unternehmen zu gründen. Wir müssen gerade für die Digitale Wirtschaft auch das Unternehmertum als Alternative zum Angestelltentum etablieren.

7. *Abwanderung der Spitzen-Wissenschaftler stoppen*: Ein Deutscher (Sebastian Thrun) hat das selbstfahrende Google-Auto entwickelt, ein anderer Deutscher (Hartmut Neven) leitet das „Quantum Artificial Intelligence Labor" von Google. Viele Spitzenforscher arbeiten inzwischen für US-Konzerne, die erfolgreich mit Geld und optimalen Forschungsbedingungen locken. Um den Brain-Drain zu stoppen, brauchen wir mehr Engagement der Wirtschaft in den Zukunftsfeldern wie Künstlicher Intelligenz und mehr Geld für die Hochschulen, um die Spitzenforscher langfristig zu halten.
8. *Der digitale Binnenmarkt muss her*: Deutschland muss sich als digitaler Teil Europas sehen. Europa kann und muss gemeinsam digital sein, denn jedes Land für sich ist für die Online-Welt zu klein. Nur gemeinsam kann man sich als digitaler Wirtschaftsraum im Wettbewerb gegen die USA und Asien behaupten. Analog zum Europäischen Binnenmarkt muss nun der digitale Binnenmarkt in Europa gebaut werden.
9. *Einen Minister für die Digitale Transformation*: Wir brauchen schnell ein eigenständiges „Ministerium für Digitales" in Berlin und eine einheitliche Struktur für die Digitalpolitik in den Ländern in Form eines Staatssekretärs für Digitales in den jeweiligen Staatskanzleien direkt neben den Ministerpräsidenten/innen.
10. *Mehr Mut für eine digitale Standortpolitik*: Ordnungspolitisch mag es uns nicht gefallen, wie die USA, China oder Russland ihre Digitalunternehmen fördern. Doch der Erfolg gibt ihnen Recht, denn alle drei Länder haben Unternehmen von Weltrang hervorgebracht. Bestandteile einer eigenen digitalen Standortpolitik sollten mehr Investitionen in Breitbandnetze, die Schaffung fairer Wettbewerbsbedingungen und die Förderung von Startups sein.
11. *Digitales Unternehmertum*: Mit der Defensive wird das Spiel nicht gewonnen. Wer in der Digitalen Wirtschaft erfolgreich sein will, muss bereit sein, Risiken einzugehen. Unternehmer wie Oliver Samwer, die auf globaler Ebene mitspielen wollen und dabei auch Rückschläge in Kauf nehmen, werden in Deutschland oft angefeindet und mit Häme überzogen. Wir sollten solche Unternehmer unterstützen und fördern.
12. *Digitale Geschwindigkeit*: Unsere Unternehmen müssen erkennen, dass sich die Konsumenten schneller an den Online-Handel gewöhnt haben, als man im Gegensatz zu der internationalen Online-Konkurrenz darauf reagiert hat. Die Erkenntnis daraus kann nur sein, sich der digitalen Herausforderung schnell, intensiv und auf allen Unternehmensebenen zu stellen.

13. *Mit Daten arbeiten*: Google und Facebook sind eigentlich die beiden ersten Unternehmen, die Daten systematisch und in großem Stil gesammelt und ausgewertet haben. Nun haben sie einen kaum zu unterschätzenden Wettbewerbsvorteil. Deutsche Unternehmen besitzen zwar auch viele Daten, haben aber versäumt, sie vernünftig zu strukturieren und auszuwerten. Höchste Zeit also, damit anzufangen. Denn künstliche Intelligenz oder „Machine Learning" funktioniert umso besser, je mehr Daten zur Verfügung stehen. Noch ist es nicht zu spät: Jede Maschine und jedes Auto, das von den deutschen Unternehmen hergestellt wird, produziert Daten. Mit ihrer Hilfe die richtigen Produkte zu entwickeln, gehört zu den wichtigsten Aufgaben im digitalen Zeitalter.
14. *Technologie-Scouts einstellen*: „In sechs bis zehn Jahren könnten wir einen Quantencomputer in der Cloud haben", sagte Microsoft-Gründer Bill Gates unlängst [163]. Nun muss nicht jeder wissen, wie ein Quantencomputer funktioniert. Entscheidend ist, was er wahrscheinlich dann kann: Bis zu 100 Mio. Mal schneller rechnen als ein herkömmlicher Computer. Da gerade auch die Mobilfunknetze der fünften Generation geplant werden, die dann Daten 100 Mal schneller als heute übertragen, potenziert sich die Rechenleistung, die jeder auf seinem Smartphone nutzen kann. Der Quantencomputer ist nur ein Beispiel für technischen Fortschritt, den im Auge zu behalten den Entscheidern in Politik und Unternehmen immer schwerer fällt. Sie brauchen daher unabhängige Technologie-Scouts, die in den Hotspots des technischen Fortschritts sitzen, die Augen offen halten und ihnen erklären können, was wichtig ist, um die richtigen Entscheidungen zu treffen.
15. *Digitalen Service zum Geschäftsmodell machen*: Produktbegleitender Service auf Basis der erstmals verfügbaren Daten der vernetzten Produkte wird zum Geschäftsmodell. Die Leistung der Unternehmen endet nicht mehr am Fabriktor; Service über die gesamte Dauer des Produktlebenszyklus wird ein wichtiger Wettbewerbsfaktor. Das hat weitreichende Folgen für die Organisation der Unternehmen.
16. *Unternehmer müssen lernen, ausgehend vom digitalen Kunden zu denken*: Internet und Smartphones haben Kunden die Macht in der digitalen Welt gegeben. Die Wertschöpfungskette muss also bei den Kunden beginnen, unabhängig davon, ob die Kunden nun Endverbraucher oder andere Unternehmen sind. Diese Denkweisen setzen die Amerikaner ziemlich konsequent um – und haben großen Erfolg damit. Wichtig: Konsequent umgesetzt wirkt sich diese Einstellung auf alle Abteilungen und Prozesse im Unternehmen aus.
17. *Dem Mittelstand bei der Digitalisierung helfen*: Während die großen Unternehmen und die Startups auf dem Weg in die digitale Welt sind, stehen

viele Mittelständler noch ziemlich ratlos davor. Die Bereitschaft im Mittelstand, in Innovationen und Forschungsprojekte zu investieren, nimmt seit Jahren ab. In Deutschland werden nur 14 % der Forschungsausgaben der kleinen und mittleren Unternehmen aus staatlichen Quellen finanziert. In anderen Ländern sei dieser Anteil mehr als doppelt so hoch. Eine steuerliche Forschungsförderung kann dem Mittelstand helfen, Digitalprojekte in Angriff zu nehmen.

18. *Digitale Betriebswirtschaftslehre lernen*: Wie funktionieren digitale Märkte? Worin liegt die Besonderheit der Plattformen? Was macht zweiseitige Märkte aus? Wie funktionieren digitale Geschäftsmodelle? Entscheider in Unternehmen müssen die „digitale Betriebswirtschaftslehre" lernen, um zumindest gegen neue Wettbewerber zu bestehen und digitale Geschäfte aufzubauen.
19. *Digitale Risikomodelle kennen*: Uber nimmt in China jedes Jahr eine Milliarde Dollar Verlust in Kauf, um den Markt zu erobern. Was nach Wahnsinn klingt, ist Teil einer klaren Strategie, in der nur der erste Platz zählt. Für das Ziel investieren die Unternehmen hohe Summen und nehmen jahrelang Verluste in Kauf. Die Risikomodelle in der digitalen Ökonomie sind auf diese großen Wetten ausgerichtet. Nicht alle Wetten werden gewonnen, aber wenn sie erfolgreich sind, entsteht oft ein neuer Gigant, der nur noch schwer zu verdrängen ist. Auch Amazon ist ein gutes Beispiel für die in Deutschland ungewohnte Strategie, Wachstum über Jahre oder gar Jahrzehnte Vorrang vor Gewinn zu geben. Wir müssen lernen, solche Risikomodelle auch in Deutschland zu akzeptieren. Der Modehändler Zalando ist das erste gute Beispiel dafür. Viele Nachfolger sollten nun noch kommen.
20. *Digitale Geschäftsmodelle vor Industrie 4.0*: Die „Industrie 4.0" Kampagne der Bundesregierung geht in die falsche Richtung. Die damit verbundene Digitalisierung der Fabriken erhöht die Effizienz in der Produktion, verhindert aber die nötige Anpassung des Geschäftsmodells und fördert keine Produktinnovationen. Wer nur die Produktion effizienter macht, bekommt ein Problem, wenn niemand das perfekt produzierte Produkt mehr kaufen will. Industrie 4.0 hätte weder Nokia noch Kodak gerettet. Die gut gemeinte Initiative mit Industriefokus sollte schnell durch eine allgemeine Initiative zur Digitalen Transformation der Wirtschaft abgelöst werden.
21. *Digital Leadership*: Noch immer neigen die Chefs dazu, Digitale Transformation in ihren Unternehmen zu delegieren. Alle Erfahrungen zeigen aber: Der ohnehin schwierige kulturelle Wandel kann nur funktionieren, wenn der Chef vorangeht. Da eine Digitale Transformation erheblich in

das Geschäftsmodell und die Organisation eines Unternehmens eingreift, ist der CEO beim Umbau ohnehin dringend nötig.

22. *Digitale Synergien*: Da die klassische Industrie (noch) nicht der Treiber von innovativen digitalen Geschäftsmodellen ist, muss die Kooperation mit Startups der Digitalen Wirtschaft zur elementaren Unternehmensstrategie werden. Über die vertikale Zusammenarbeit zwischen großen Unternehmen der realen Wirtschaft mit den kleinen Unternehmen der Digitalen Wirtschaft wird die Digitale Transformation unserer Wirtschaft gelingen. Dazu müssen die starren Strukturen im Unternehmen aber über Inkubatoren oder Formen der kollaborativen Zusammenarbeit geöffnet werden.
23. *Initiative für selbstfahrende Autos*: Die Autoindustrie ist die Kernbranche der deutschen Wirtschaft. Der Übergang zu selbstfahrenden Autos und Car-Sharing-Modellen werden diese Branche grundlegend verändern. Was läge näher als Deutschland zum Pionierland für diese Autos zu machen? Schnellere Genehmigungen, mehr Tempo in der notwendigen Anpassung der Gesetze und ein staatlicher Fördertopf sind die Schritte, mit denen Großbritannien die Autos fördert. Deutschland muss hier nachlegen, nachdem das Ziel, eine Million Elektroautos bis 2020 auf die Straßen zu bringen, jetzt schon als gescheitert angesehen werden muss.
24. *E-Government aus einer Hand*: Große Ziele sollte man sich setzen. In ihrer nationalen E-Government-Strategie von 2010 [164] formulierten Bund, Länder und Kommunen den Anspruch, das deutsche E-Government bis zum Jahr 2015 zum internationalen Maßstab für effektive und effiziente Verwaltung zu machen. Davon sind wir weit entfernt. „Dieser Anspruch wurde nicht erfüllt. Im Gegenteil: Das deutsche E-Government ist im internationalen Vergleich rückständig", kommentiert das EFI-Gutachten trocken [165]. Das Angebot sei begrenzt und wenig nutzerfreundlich; digital durchgängige und bundesweit einheitliche Angebote weiterhin Ausnahmen. „Es gibt in Deutschland weder eine übergeordnete, verbindliche Strategie noch eine zentrale, durchsetzungsstarke Koordinationsinstanz im E-Government, mit denen sich Vorreiterländer Südkorea oder Estland auszeichnen", lautet die Kritik. Sie liefert die Ansatzpunkte für eine Besserung der Lage gleich mit: Aufbau eines zentralen E-Government-Portals, dass möglichst viele Angebote von Bund, Ländern und Kommunen bündelt, die wiederum so nutzerfreundlich aufbereitet werden, wie es heute Standard im Internet ist. Ein Unternehmen anmelden sollte genauso einfach per Mausklick zu erledigen sein wie einen Reisepass zu verlängern.
25. *Digitalquote in den Führungsgremien*: Um richtungsweisende Entscheidungen für die Digitale Transformation zu treffen, brauchen wir digitalen Sachverstand und damit „digitale Köpfe" in den Vorständen und Aufsichtsräten unserer Unternehmen. Das befreit die Führungskräfte auf an-

deren Ebenen natürlich nicht davon, sich selbst für die digitale Welt zu rüsten. Aber da es für die Digitale Transformation keine Blaupause gibt, kann die digitale Expertise in den Führungsgremien gar nicht hoch genug sein.

Der technische Fortschritt wird nie wieder so langsam sein wie heute! Mit der Digitalisierung treten wir in ein neues Zeitalter ein, in dem Wandel und Anpassung unsere täglichen Begleiter werden. Die Digitalisierung hat die Computerwelt verlassen und dringt immer tiefer in unser Leben und unsere Arbeit ein. Viele digitale Tipping-Points werden wir erst im kommenden Jahrzehnt erreichen. Künstliche Intelligenz, der Quantencomputer und vielleicht auch schon bald der Hyperloop, der Menschen in Zügen mit 1200 Kilometern pro Stunde befördert, machen Dinge möglich, die wir uns heute noch gar nicht vorstellen können. In einer halben Stunde von Frankfurt nach Berlin zu fahren, um nur ein simples Beispiel zu nennen. Der technische Fortschritt ist nicht aufzuhalten und die damit verbundenen digitalen Geschäftsmodelle und -prozesse auch nicht. Gestalten wir diesen digitalen Fortschritt aktiv nach unseren Wünschen und Möglichkeiten, gestalten wir ein Deutschland 4.0 für die digitale Zukunft!

Autoren

Foto: Prof. Dr. Tobias Kollmann und Dr. Holger Schmidt (v.l.n.r.)

Prof. Dr. Tobias Kollmann ist Inhaber des Lehrstuhls für E-Business und E-Entrepreneurship an der Universität Duisburg-Essen und befasst sich bereits seit 1996 mit wissenschaftlichen Fragestellungen rund um die Themen Internet, E-Business und E-Commerce. Laut der Zeitschrift Business Punk (02/2014) gehört er als Forscher, Speaker, Berater, Experte, Investor aber auch politischer Vordenker zu den 50 wichtigsten Köpfen der Internet-Szene in Deutschland.

Als Mitgründer von AutoScout24 gehört Prof. Dr. Tobias Kollmann mit zu den Pionieren der deutschen Startup-Szene und der elektronischen Marktplätze. Als Business Angel finanzierte er zudem über die letzten 15 Jahre zahlreiche Startups in der Digitalen Wirtschaft, wofür er 2012 vom Business Angels Netzwerk Deutschland e. V. zum „Business Angel des Jahres" gewählt wur-

T. Kollmann und H. Schmidt, *Deutschland 4.0*, DOI 10.1007/978-3-658-13145-6

de. 2004 realisierte der „deutsche App-Erfinder" als Initiator und Projektleiter zusammen mit den Partnern T-Mobile und Motorola die erste mobile Applikation in Deutschland in Form eines UMTS-Eventportals zur Kieler Woche. Er ist zudem der erfolgreiche Buchautor der Lehrbücher „E-Business" und „E-Entrepreneurship", die als führende Standardwerke inzwischen jeweils schon in der 6. Auflage verfügbar sind. Für sein universitäres Lehrkonzept rund um das Grund- und Gründungswissen für die Digitale Wirtschaft wurde er 2007 mit einem UNESCO Entrepreneurship Award ausgezeichnet.

Prof. Dr. Tobias Kollmann gehört zu den führenden politischen Beratern für die Digitale Wirtschaft in Deutschland. 2012 wurde sein Thesenpapier „IKT.Gründungen@Deutschland" mit einer persönlichen Einladung von Bundeskanzlerin Angela Merkel ins Kanzleramt gewürdigt. 2013 holte ihn der damalige Bundesminister für Wirtschaft und Technologie, Philipp Rösler, in den neuen Beirat „Junge Digitale Wirtschaft" beim BMWi. Im April 2013 wurde er zum ersten Vorsitzenden dieses Gremiums gewählt. Im März 2014 wurde er im Rahmen der ersten Sitzung nach der Bundestagswahl 2013 unter der Leitung des neuen Bundeswirtschaftsministers Sigmar Gabriel als Vorsitzender des Beirats bestätigt und von den Mitgliedern wiedergewählt. Die unter seiner Führung entworfenen Empfehlungen waren eine Grundlage für den Koalitionsvertrag der Bundesregierung im Bereich Digitale Agenda. Eine erneute Wiederwahl zum Vorsitzenden erfolgte am 16.05.2015. Am 27.10.2015 überreichte er auf der französisch-deutschen Konferenz zur Digitalen Wirtschaft nach einer Rede im Élysée-Palast zusammen mit dem Vorsitzenden des französischen „Nationalrat für Digitales" (Conseil national du numérique, CNNum), den Aktionsplan für Innovation (API) „Digitale Innovation und Digitale Transformation in Europa" an Bundeswirtschaftsminister Sigmar Gabriel und Emmanuel Macron, Frankreichs Minister für Wirtschaft, Industrie und Digitales. Enthalten sind Vorschläge zur Stärkung einer wettbewerbsfähigen europäischen Digitalen Wirtschaft.

Im März 2014 wurde Prof. Dr. Tobias Kollmann vom Wirtschaftsminister des Landes Nordrhein-Westfalen, Garrelt Duin, zum ersten Beauftragten für die Digitale Wirtschaft in NRW (DWNRW) ernannt. Am 19.06.2015 stellte er zusammen mit dem Wirtschaftsminister die zugehörige Digital-Strategie unter dem Titel „Köpfe, Kapital und Kooperation von und für Startups, Mittelstand sowie Industrie für digitale Geschäftsprozesse und -modelle" mit dem zugehörigen Maßnahmenpaket im Umfang von 42 Mio. Euro für die Digitale Wirtschaft in NRW vor.

Unter dem Markennamen „netSTART – WE START YOUR E-BUSINESS" bietet er abschließend seit über 15 Jahren einschlägige und begeisternde Vorträge, Seminare, Moderationen und Workshops für Unternehmen und Startups an, die in der Digitalen Wirtschaft aktiv sind oder werden wollen.

Er ist zudem ein Mitglied des Verwaltungsrats der internationalen Mountain Partners AG in der Schweiz mit über 150 Beteiligungen an Technologieunternehmen und sitzt im Aufsichtsrat der börsennotierten Klöckner & Co SE aus Duisburg.

Forschung und Lehre: www.netcampus.de

Transfer und Vorträge: www.netstart.de

Dr. Holger Schmidt schreibt als Journalist seit zwei Jahrzehnten über die Digitalisierung der Wirtschaft und der Medien. Der Volkswirt blickt als einer der renommiertesten Digital-Journalisten Deutschlands vor allem auf die ökonomischen Aspekte der digitalen Transformation der Wirtschaft und der Arbeit.

Nach dem Studium der Volkswirtschaftslehre und der Zeit als wissenschaftlicher Mitarbeiter an der Justus-Liebig-Universität Gießen promovierte er 1997 über die „Internationalen Verteilungswirkungen des Klimaschutzes". Danach folgten 14 Jahre als Wirtschaftsredakteur der Frankfurter Allgemeinen Zeitung (FAZ), in der er für die wöchentliche Sonderseite „Netzwirtschaft", die Koordination zwischen Print- und Online-Redaktion und strategische Online-Projekte verantwortlich war. 2008 startete er seinen Blog „Netzökonom", der seitdem mit mehreren Millionen Lesern zu den populärsten Publikationen der Digitalen Wirtschaft in Deutschland gehört. Anfang 2012 wechselte er als Chefkorrespondent für Digitale Wirtschaft zum Nachrichtenmagazin Focus. Seit 2014 berichtet er aus Berlin, aber auch aus dem Silicon Valley oder New York über die digitale Ökonomie. Zu seiner Arbeit gehörten Interviews mit Mark Zuckerberg (Facebook), Eric Schmidt (Google), Jeff Bezos (Amazon), Jan Koum (WhatsApp), Marissa Mayer (Yahoo), Reed Hastings (Netflix), Kevin Systrom (Instagram), Jack Dorsey (Twitter), Meg Whitman (Ebay/HP), Andrew McAfee (MIT), Erik Brynjolfsson (MIT) und vielen anderen Größen der digitalen Welt. Beim Focus ist er auch für den „Digital Star Award" verantwortlich, der auf der Burda-Digitalkonferenz DLD jährlich die besten digitalen Innovationen aus Deutschland auszeichnet.

Seine inhaltlichen Schwerpunkte liegen auf den Themen Digitale Ökonomie, Plattformen, digitale Geschäftsmodelle, „Digital Leadership", Industrie 4.0, Arbeiten 4.0, Internet der Dinge, Robotics, künstliche Intelligenz, Virtual Reality, Social Media, Medienökonomie und digitale Kommunikation. Dr. Holger Schmidt arbeitet vor diesem Hintergrund auch als ein gefragter Keynote-Speaker für alle Themen der Digitalisierung. Seine Präsentationen (slideshare.net/HolgerSchmidt) gelten als Benchmark im Netz und weisen jeweils mehrere Zehntausend Ansichten auf.

Sein Wissen gibt er auch als Dozent an Hochschulen weiter. An der Technischen Universität Darmstadt hält er im Fachbereich Wirtschaftsinformatik die Vorlesung „Digitale Transformation“, an der Hamburg Media School unterrichtet er Masterstudenten im Fach „Medienökonomie“. Darüber hinaus bereitet er in Workshops und Seminaren Journalisten und Kommunikatoren auf die digitale Welt vor. Unter Deutschlands Journalisten gehört er zu den Pionieren der Digitalisierung und sozialen Medien.

Plattform und Blog: www.netzoekonom.de

Nachrichten und Wissen: www.twitter.com/HolgerSchmidt

Literatur

1. Mennig, R. (2012). Ein typisch deutscher Tagesablauf. Deutsche Welle. http://www.dw.com/de/ein-typisch-deutscher-tagesablauf/a-16362287 (Erstellt: 6. Dezember 2012). Zugegriffen: 02. Mai 2016
2. ARD, & ZDF (2016). ARD-ZDF-Onlinestudie.de. http://www.ard-zdf-onlinestudie.de/. Zugegriffen: 02. Mai 2016
3. BITKOM (2015). Zukunft der Consumer Electronics. https://www.bitkom.org/Publikationen/2016/Leitfaden/CE-Studie-Update/160226-CE-Studie-2015-online.pdf. Zugegriffen: 02. Mai 2016
4. BMWi (Bundesministerium für Wirtschaft und Energie) (2016). Digitalisierung und du. Wie sich unser Leben verändert. http://www.bmwi.de/BMWi/Redaktion/PDF/Publikationen/digitalisierung-und-du,property=pdf,bereich=bmwi2012,sprache=de,rwb=true.pdf. Zugegriffen: 02. Mai 2016
5. BITKOM (2011). Netzgesellschaft – Eine repräsentative Untersuchung zur Mediennutzung und dem Informationsverhalten der Gesellschaft in Deutschland. https://www.bitkom.org/Publikationen/2011/Studie/Studie-Netzgesellschaft/BITKOM-Publikation-Netzgesellschaft.pdf. Zugegriffen: 12. Mai 2016
6. DESTATIS (Statistisches Bundesamt) (2015). 94% der Privathaushalte besitzen ein Handy. https://www.destatis.de/DE/PresseService/Presse/Pressemitteilungen/2015/05/PD15_172_631.html. Zugegriffen: 02. Mai 2016
7. Breitbandinitiative.de (2015). Breitbandgipfel | Innovation durch digitale Infrastrukturen. http://breitbandinitiative.de/news/breitbandgipfel-innovation-durch-digitale-infrastrukturen. Zugegriffen: 02. Mai 2016
8. Breitbandinitiative/ Initiative21.de (2015). Digitale Infrastrukturen | digitale Chance für Wirtschaft und Gesellschaft. http://www.initiatived21.de/portfolio/herbstkonferenz-2015-der-deutschen-breitbandinitiative/. Zugegriffen: 02. Mai 2016
9. Steiner (2015). Deutschland und der Breitbandausbau. Schnelles Internet oder digitale Schnecke?. http://www.deutschlandradiokultur.de/deutschland-und-der-breitbandausbau-schnelles-internet-oder.1001.de.html?dram:article_id=315045. Zugegriffen: 12. Mai 2016
10. DESTATIS (Statistisches Bundesamt) (2015). Statistisches Jahrbuch 2015, Internationaler Anhang. https://www.destatis.de/DE/Publikationen/StatistischesJahrbuch/InternationalerAnhang2015.pdf?__blob=publicationFile. Zugegriffen: 02. Mai 2016

11. Wikipedia (2016). Breitband-Internetzugang. https://de.wikipedia.org/wiki/Breitband-Internetzugang. Zugegriffen: 02. Mai 2016
12. Akamai.com (2016). akamai's state of the internet. https://www.akamai.com/de/de/our-thinking/state-of-the-internet-report/index.jsp. Zugegriffen: 02. Mai 2016
13. Welt-in-Zahlen (2007). Länderinformation. Deutschland (Europa). http://welt-in-zahlen.de/laenderinformation.phtml?country=44. Zugegriffen: 02. Mai 2016
14. OECD.org (2014). OECD Factbook 2014. http://www.oecd.org/publications/factbook/. Zugegriffen: 02. Mai 2016
15. Wearesocial.com (2015). Digital, Social & Mobile Worldwide in 2015. http://wearesocial.com/uk/special-reports/digital-social-mobile-worldwide-2015. Zugegriffen: 03. Mai 2016
16. consumerbarometer.com (2016). Consumer Barometer with Google. https://www.consumerbarometer.com/en/. Zugegriffen: 03. Mai 2016
17. Google Analytics Solutions (2013). Is the Web getting faster?. http://analytics.blogspot.de/2013/04/is-web-getting-faster.html (Erstellt: 15. April 2013). Zugegriffen: 03. Mai 2016
18. Gartner (2013). Innovation Insight: Smartglasses Bring Innovation to Workplace Efficiency. Zugegriffen: 30. Oktober 2013
19. Schipper, L. (2015). Was ist eigentlich das Internet der Dinge? FAZ-net. http://www.faz.net/aktuell/wirtschaft/cebit/cebit-was-eigentlich-ist-das-internet-der-dinge-13483592.html. Zugegriffen: 03. Mai 2016
20. Deutsches CleanTech Institut (DCTI), & BITKOM (2015). DCTI Green Guide Smart Home 2015. Die optimale Lösung für Ihr Zuhause. http://www.dcti.de/fileadmin/user_upload/GreenGuide_SmartHome_2015_Webversion.pdf. Zugegriffen: 12. Mai 2016
21. Gartner (2015). Gartner Says By 2020, a Quarter Billion Connected Vehicles Will Enable New In-Vehicle Services and Automated Driving Capabilities. http://www.gartner.com/newsroom/id/2970017. Zugegriffen: 12. Mai 2015
22. Computerwoche (2013). Wandel des Lebens durch Technologie nimmt Fahrt auf. http://www.computerwoche.de/a/wandel-des-lebens-durch-technologie-nimmt-fahrt-auf,2549817. Zugegriffen: 12. Mai 2016
23. ACM (Association for Computing Machinery (2013). Informatics Education: Europe Cannot Afford to Miss the Boat. http://europe.acm.org/iereport/ACMandIEreport.pdf. Zugegriffen: 03. Mai 2016
24. Schmundt, H. (2013). Streit über Schul-Informatik: „Wir machen eine Rolle rückwärts". http://www.spiegel.de/schulspiegel/wissen/erziehungswissenschaftler-wollen-informatik-als-pflichtfach-einfuehren-a-903096.html (Erstellt: 13. Mai 2013). Zugegriffen: 03. Mai 2016
25. IEA (International Association for the Evaluation of Education Achievement) (2013). ICILS 2013. International Computer and Information Literacy Study. http://www.iea.nl/icils_2013.html. Zugegriffen: 03. Mai 2016

26. von Borstel, S. (2014). Internet überfordert viele deutsche Schüler maßlos. http://www.welt.de/politik/deutschland/article134556912/Internet-ueberfordert-viele-deutsche-Schueler-masslos.html (Erstellt: 20. November 2014). Zugegriffen: 03. Mai 2016
27. Knop, K., Hefner, D., Schmitt, S., & Vorderer, P. (2015). Mediatisierung mobil. Handy- und mobile Internetnutzung von Kindern und Jugendlichen. Schriftenreihe Medienforschung der Landesanstalt für Medien Nordrhein-Westfalen (LfM), Bd. 77. Leipzig: Vistas.
28. Stempel, P. (2015). Das Smartphone wirkt auf Kinder wie eine Droge. http://www.rp-online.de/leben/gesundheit/news/smartphone-wirkt-auf-kinder-wie-eine-droge-aid-1.5438402 (Erstellt: 2. Oktober 2015). Zugegriffen: 03. Mai 2016
29. Gesellschaft für Informatik (2016). Informatik-Studiengänge. https://www.gi.de/service/informatik-studiengaenge.html. Zugegriffen: 03. Mai 2016
30. Bundeszentrale für politische Bildung (2014). Die soziale Situation in Deutschland. Studierende. http://www.bpb.de/nachschlagen/zahlen-und-fakten/soziale-situation-in-deutschland/61669/studierende. Zugegriffen: 24. Mai 2016
31. OECD (2015). Employment of ICT specialists across the economy. https://www.oecd.org/internet/ieconomy/ICT-Key-Indic-8_%20ICT%20specialists.xlsx. Zugegriffen: 12. Mai 2016
32. BITKOM (2016). Gründergeist an Schulen ? – Fehlanzeige. Pressemitteilung. https://www.bitkom.org/Presse/Presseinformation/Gruendergeist-an-Schulen-Fehlanzeige.html. Zugegriffen: 03.Mai 2016
33. Vodafone Institute for Society and Communications (2014). Talking about a Revolution: Europe's Young Generation on Their Opportunities in a Digitised World – A Study across six European Countries. http://www.vodafone-institut.de/fileadmin/content/vf/images/beitraege/economic_participation/YouGov/141118_2206-719_PubYouGov_Web.pdf. Zugegriffen: 03. Mai 2016
34. Büst, R., Hille, M., & Schestakov, J. (2015). Digital Business Readiness. Wie deutsche Unternehmen die Digitale Transformation angehen. Crisp Research. http://www.dimensiondata.com/de-DE/Downloadable%20Documents/Digital%20Business%20Readiness%20Crisp%20Research%20Article.pdf. Zugegriffen: 03. Mai 2016
35. Handelsblatt.com (2015). Mittelstand hinkt bei der Digitalisierung zurück. http://www.handelsblatt.com/unternehmen/mittelstand/deutscher-mittelstand-mittelstand-hinkt-bei-digitalisierung-zurueck/11411284.html (Erstellt: 23. Febr. 2015). Zugegriffen: 03. Mai 2016
36. Doll, N. (2015). Daimler-Chef reagiert gelassen auf mögliches iCar. http://www.welt.de/wirtschaft/article137695488/Daimler-Chef-reagiert-gelassen-auf-moegliches-iCar.html (Erstellt: 22. Febr. 2015). Zugegriffen: 03. Mai 2016
37. Doll, N. (2016). Das ist wie bei der FIFA. http://www.welt.de/print/wams/wirtschaft/article151381308/Das-ist-wie-bei-der-FIFA.html. Zugegriffen: 03. Mai 2016

38. statista (2016). Marktvolumen des E-Commerce in den Jahren 2006 bis 2014 sowie eine Prognose für 2015 (in Milliarden EURO). http://de.statista.com/statistik/daten/studie/202905/umfrage/prognostiziertes-marktvolumen-des-deutschen-versandhandels/. Zugegriffen: 24. Mai 2016
39. statista (2016). Umsatz der 100 größten Online-Shops in Deutschland in den Jahren 2013 und 2014 (in Millionen Euro). http://de.statista.com/statistik/daten/studie/170530/umfrage/umsatz-der-groessten-online-shops-in-deutschland/. Zugegriffen: 03. Mai 2016
40. Clifton, J. (2015). American Entrepreneurship: Dead or Alive?. http://www.gallup.com/businessjournal/180431/american-entrepreneurship-dead-alive.aspx. Zugegriffen: 12. Mai 2016
41. Bohsem, G. (2015). Die digitale Weltordnung. SZ-Wirtschaftsgipfel 2015. http://www.sueddeutsche.de/wirtschaft/sz-wirtschaftsgipfel-die-digitale-weltordnung-1.2695400 (Erstellt: 16. Okt. 2015). Zugegriffen: 03. Mai 2016
42. Kelley, D., Singer, S., & Herrington, M. (2016). Global Entrepreneurship Monitor 2015/16. http://gemconsortium.org/. Zugegriffen: 12. Mai 2016
43. Allianz für Venture Capitel. (2014). https://www.bve-online.de/download/allianz. Zugegriffen: 03. Mai 2016.
44. BMWi (2015). Monitoring-Report Wirtschaft DIGITAL 2015 Berlin. http://bmwi.de/DE/Mediathek/publikationen,did=737476.html. Zugegriffen: 04. Mai 2016
45. eco, Verband der Internetwirtschaft e. V. (2016). Eco-Studie: E-Commerce 2017 bei über 50% des BIP. Pressemitteilung. https://www.eco.de/?s=53%20Prozent%20BIP. Zugegriffen: 04. Mai 2016
46. Bundesverband Deutsche Startups e. V. (2015). Deutscher Startup Monitor 2015. http://deutscherstartupmonitor.de/. Zugegriffen: 04. Mai 2016
47. Nielsen (2013). Every Breakthrough Product needs an Audience. http://www.nielsen.com/content/dam/corporate/us/en/reports-downloads/2013%20Reports/Nielsen-Global-New-Products-Report-Jan-2013.pdf. Zugegriffen: 04. Mai 2016
48. deals.com (2015). Online-Handel in Europa und den USA 2014-2015. http://de.slideshare.net/Dealscom/dealscom-ecommercestudie2014-20140318162311. Zugegriffen: 12. Mai 2016
49. Landesdatenbank NRW. (2016). https://www.landesdatenbank.nrw.de/ldbnrw/online/data;jsessionid=7E84023B5B04C59D5A6A85E20E2920EC?Menu=Willkommen. Zugegriffen: 04. Mai 2016.
50. PricewaterhouseCoopers (2014). Digitalisierungsbarometer. http://www.pwc.de/de/digitale-transformation/assets/pwc_digitalisierungsbarometer_2014.pdf. Zugegriffen: 04. Mai 2016
51. GfK Enigma (2014). Umfrage in mittelständischen Unternehmen zum Thema: Digitalisierung – Bedeutung für den Mittelstand im Auftrag der DZ Bank. https://www.dzbank.de/content/dam/dzbank_de/de/library/presselibrary/pdf_dokumente/DZ_Bank_Digitalisierung_Grafiken.pdf. Zugegriffen: 04. Mai 2016

52. HfS Research (2014). Disrupt or be Disrupted: The Impact of Digital Technologies on Business Services. https://www.accenture.com/t20150523T032510__w__/us-en/_acnmedia/Accenture/Conversion-Assets/Microsites/Documents11/Accenture-Digital-Technologies-Business-Services.pdf. Zugegriffen: 04. Mai 2016
53. Etventure, & GfK (2016). Deutschland-Studie. http://www.etventure.de/deutschlandstudie/. Zugegriffen: 04. Mai 2016
54. Accenture (2016). Digital Density Index: Guiding Digital Transformation. https://www.accenture.com/us-en/insight-digital-density-index-guiding-digital-transformation.aspx. Zugegriffen: 04. Mai 2016
55. Institut für Demoskopie Allensbach (2015). ACTA 2015 Allensbacher Computer- und Technik-Analyse. http://www.ifd-allensbach.de/acta/konzept/uebersicht.html. Zugegriffen: 04. Mai 2016
56. Wikipedia (2016). Wikileaks. https://de.wikipedia.org/wiki/WikiLeaks. Zugegriffen: 04. Mai 2016
57. Zeit online (2015). Verfahren wegen Landesverrats gegen „netzpolitik.org". http://www.zeit.de/digital/2015-07/netzpolitik-bundesgeneralanwalt-landesverrat (Erstellt: 30. Juli 2015). Zugegriffen: 24. Mai 2016
58. Tagesschau.de (2015). Landesverrat? Ermittlungen gegen Netzpolitik.org. http://www.tagesschau.de/inland/netzpolitik-ermittlungen-101.html (Erstellt: 7. August 2015). Zugegriffen: 24. Mai 2016
59. El Difraoui, A. (2011). Die Rolle der neuen Medien im Arabischen Frühling. Bundeszentrale für politische Bildung. Dossier. http://www.bpb.de/internationales/afrika/arabischer-fruehling/52420/die-rolle-der-neuen-medien. Zugegriffen: 04. Mai 2016
60. Schmidt, J.-H. (2012). Das demokratische Netz? Bundeszentrale für politische Bildung. Aus Politik und Zeitgeschichte 7. http://www.bpb.de/apuz/75830/das-demokratische-netz?p=0. Zugegriffen: 04. Mai 2016
61. BMWi, BMI, & BMV (2014). Digitale Agenda 2014–2017. http://www.bmwi.de/BMWi/Redaktion/PDF/Publikationen/digitale-agenda-2014-2017, property=pdf,bereich=bmwi2012,sprache=de,rwb=true.pdf. Zugegriffen: 04. Mai 2016
62. https://www.bundestag.de/ada. Zugegriffen: 04. Mai 2016.
63. EUR-Lex (2010). Digitale Agenda für Europa. http://eur-lex.europa.eu/legal-content/DE/TXT/?uri=URISERV%3Asi0016. Zugegriffen: 24. Mai 2016
64. Europäische Kommission (2010). Digitale Agenda für Europa. http://eur-lex.europa.eu/legal-content/DE/TXT/HTML/?uri=URISERV:si0016&from=DE. Zugegriffen: 06. Mai 2016
65. BMWi (2015). Digitale Innovation und Digitale Transformation in Europa. Ein deutsch-französischer Aktionsplan für Innovation (API). Beirat „Junge digitale Wirtschaft" beim BMWi und Conseil National du Numérique. http://www.bmwi.de/BMWi/Redaktion/PDF/C-D/deutsch-franzoesischer-aktionsplan-innovation-api-bdjw-cnnum,property=pdf,bereich=bmwi2012,sprache=de,rwb=true.pdf. Zugegriffen: 06. Mai 2016

66. Golem.de (2016). Selbst Netzpolitiker können mal Erfolg haben. IMHO – Kommentar. http://www.golem.de/news/wlan-stoererhaftung-abgeschafft-selbst-netzpolitiker-koennen-mal-erfolg-haben-1605-120840.html (Erstellt: 11. Mai 2016). Zugegriffen: 24. Mai 2016
67. Braun, A. (2016). Digitale Transformation: Die Statistik, die jeden CEO um den Schlag bringen sollte. Creative Contruction Blog. http://www.creativeconstruction.de/blog/digitale-transformation-die-statistik-die-jeden-ceo-um-den-schlaf-bringen-sollte/ (Erstellt: 29. Februar 2016). Zugegriffen: 25. Mai 2016
68. Schmidt, H. (2015). Michael E. Porter: Das Internet der Dinge verändert Unternehmen stärker als alle bisherigen IT-Entwicklungen. https://netzoekonom.de/2015/05/25/michael-e-porter-das-internet-der-dinge-veraendert-unternehmen-staerker-als-alle-bisherigen-it-entwicklungen/ (Erstellt: 25. Mai 2015). Zugegriffen: 24. Mai 2016
69. Forrester Research (2016). The Internet Of Things Heat Map, 2016: Where IoT Will Have The Biggest Impact On Digital Business. https://www.forrester.com/report/The+Internet+Of+Things+Heat+Map+2016/-/E-RES122661 (Erstellt: January 14, 2016). Zugegriffen: 24. Mai 2016
70. Srivastava, M. (2016). 19% Firms Globally Adopt Internet of Things: Forrester. Live mint. http://www.livemint.com/Industry/ByCNGfqZdxyJ6YUW0EhT1N/19-firms-globally-adopt-Internet-of-Things-Forrester.html (Erstellt: 21. Januar 2016). Zugegriffen: 24. Mai 2016
71. International Federation for Robotics (IFR) (2015). World of Robotics – Industrial Robots 2015. Executive Summary. http://www.worldrobotics.org/uploads/tx_zeifr/Executive_Summary__WR_2015.pdf. Zugegriffen: 24. Mai 2016
72. The Boston Consulting Group (2014). The BCG Global Manufacturing Cost-Competitiveness Index. bcg.perspectives. https://www.bcgperspectives.com/content/interactive/lean_manufacturing_globalization_bcg_global_manufacturing_cost_competitiveness_index/ (Erstellt: 19. August 2014). Zugegriffen: 12. Mai 2016
73. Breitkopf, T. (2016). 3D-Druck – der Trend der Messe Drupa. http://www.rp-online.de/wirtschaft/3d-druck-der-trend-der-messe-drupa-aid-1.5976540 (Erstellt: 14. Mai 2016). Zugegriffen: 24. Mai 2016
74. Reuter (2014). Druckmaschinenbau – Zukunftsfeld 3D-Druck. http://www.genios.de/branchen/druckmaschinenbau_zukunftsfeld_3d_druck/s_mas_20140428.html. Zugegriffen: 12. Mai 2016
75. Metz, C. (2015). Facebook Open Sources its AI Hardware as it Races Google. http://www.wired.com/2015/12/facebook-open-source-ai-big-sur/#slide-1 (Erstellt: 12. Oktober 2015). Zugegriffen: 12. Mai 2016
76. World Economic Forum (2015). Deep Shift. Technology Tipping Points and Societal Impact. http://www3.weforum.org/docs/WEF_GAC15_Technological_Tipping_Points_report_2015.pdf. Zugegriffen: 06. Mai 2016
77. Jung, A. (2016). Ökonom Straubhaar zur Globalisierung: „Der klassische Güterhandel ist ein Auslaufmodell". http://www.spiegel.de/wirtschaft/unternehmen/

thomas-straubhaar-klassischer-gueterhandel-ist-ein-auslaufmodell-a-1068787.html (Erstellt: 09. Januar 2016). Zugegriffen: 12. Mai 2016

78. Deloitte (2015). The Future of Mobility. http://www2.deloitte.com/content/dam/Deloitte/de/Documents/manufacturing/DUP-_Future-of-mobility.pdf. Zugegriffen: 24. Mai 2016
79. BVDW (Bundesverband der Digitalen Wirtschaft), & RIAS – Rhein-Ruhr für angewandte Systeminnovationen e. V. (2013). Die Digitale Wirtschaft in Zahlen von 2008 bis 2014. Düsseldorf. http://www.bvdw.org/presseserver/bvdw_digitale_wirtschaft_zahlen_2013_2014/studie_mafo_die_digitale_wirtschaft_in_zahlen_von_2008_bis_2014_01.pdf. Zugegriffen: 9. Mai 2016
80. eco – Verband der deutschen Internetwirtschaft e. V., & Little, A. D. (2015). Die deutsche Internetwirtschaft 2015–2019. https://www.eco.de/internetstudie.html. Zugegriffen: 12. Mai 2016
81. BMWi (Bundesministerium für Wirtschaft und Energie) (2014). Monitoring-Report Digitale Wirtschaft. https://www.tns-infratest.com/wissensforum/studien/pdf/bmwi/TNS_Infratest_Monitoring_Report_2014_Kurzfassung.pdf. Zugegriffen: 09. Mai 2016
82. Waltersperger, L. (2015). China nimmt es mit dem Silicon Valley auf. http://www.handelszeitung.ch/digitalisierung/china-nimmt-es-mit-dem-silicon-valley-auf-874459 (Erstellt: 03. Oktober 2015). Zugegriffen: 12. Mai 2016
83. Chakravorti, B., Tunnard, C., & Chaturvedi, R. S. (2014). Digital Planet: Readying for the Rise of the e-Consumer. http://fletcher.tufts.edu/~/media/Fletcher/Microsites/Planet%20eBiz/Digital%20Planet%20-%20Executive%20Summary.pdf. Zugegriffen: 09. Mai 2016
84. BITKOM (2015). Wo steht die deutsche Wirtschaft nach der Digitalisierung? https://www.bitkom.org/Presse/Presseinformation/Wo-steht-die-deutsche-Wirtschaft-nach-der-Digitalisierung.html. Zugegriffen: 02. Mai 2016
85. EFI (Expertenkommission Forschung und Innovation) (2016). Gutachten zu Forschung, Innovation und technologischer Leistungsfähigkeit Deutschlands. http://www.e-fi.de/fileadmin/Gutachten_2016/EFI_Gutachten_2016.pdf. Zugegriffen: 09. Mai 2016
86. Ronzheimer, M. (2016). Not made in Germany. http://www.taz.de/!5276266/ (Erstellt: 18. Februar 2016). Zugegriffen: 24. Mai 2016
87. Expertenkommission Forschung und Innovation (EFI) (2016). Digitale Wirtschaft: Deutschland muss aufholen. http://www.e-fi.de/fileadmin/Pressemitteilungen/Pressemitteilungen_2016/EFI_Pressemitteilung_Digitale_Wirtschaft.pdf. Zugegriffen: 12. Mai 2016
88. Schmidt, H. (2014). Digitalisierung soll Deutschland gewaltigen Wachstumsschub bringen. https://netzoekonom.de/2014/11/21/digitalisierung-soll-deutschland-gewaltigen-wachstumsschub-bringen/ (Erstellt: 21. November 2014). Zugegriffen: 24. Mai 2016
89. Schmidt, H. (2015). Die Geschäftsmodelle der digitalen Elite. https://netzoekonom.de/2015/12/01/die-bevorzugten-geschaeftsmodelle-fuer-das-digitale-zeitalter-offenheit-und-plattformen/. Zugegriffen: 12. Mai 2016

90. Focus online (2015). Studie: Unternehmen können mit „Industrie 4.0" wenig anfangen. http://www.focus.de/finanzen/news/wirtschaftsticker/studie-unternehmen-koennen-mit-industrie-4-0-wenig-anfangen_id_5035774.html (Erstellt: 23. Oktober 2015). Zugegriffen: 24. Mai 20
91. IW consult (2015). Industrie 4.0 -Readiness. http://www.iwconsult.de/aktuelles/broschueren-publikationen/industrie-40-readiness/ (Erstellt: 14. Oktober 2015). Zugegriffen: 12. Mai 2015
92. AUTOCAD, & Inventor Magazin (2015). Studie zu Industrie 4.0: Digitalisierung wird noch unterschätzt. http://www.autocad-magazin.de/studie-zu-industrie-40-digitalisierung-wird-noch-unterschaetzt?utm_campaign=shareaholic&utm_medium=twitter&utm_source=socialnetwork (Erstellt: 19. Oktober 2015)
93. IDC (International Data Corporation) (2015). Industrie 4.0. Erfolgsfaktoren für die Digitalisierung der Industrieproduktion. http://idc.de/de/research/multi-client-projekte/industrie-4-0-erfolgsfaktoren-fur-die-digitalisierung-der-industrieproduktion. Zugegriffen: 09. Mai 2016
94. Schmidt, H. (2015). Clemens Fuest: „Deutschlands langfristiger Wohlstand hängt von der Digitalisierung ab". https://netzoekonom.de/2015/10/17/clemens-fuest-deutschlands-langfristiger-wohlstand-haengt-von-der-digitalisierung-ab/. Zugegriffen: 12. Mai 2016
95. Schmidt, H. (2015). Chinas Roboter und Googles Software sind eine gefährliche Konstellation für Deutschland. https://netzoekonom.de/2015/09/22/chinas-roboter-und-googles-software-sind-eine-gefaehrliche-konstellation-fuer-deutschland/. Zugegriffen: 12. Mai 2016
96. Schmidt, H. (2015). Nur 7 Prozent der deutschen Manager sind „Digital Leader". https://netzoekonom.de/2015/10/04/nur-7-prozent-der-deutschen-manager-sind-digital-leader/ (Erstellt: 4. Oktober 2015). Zugegriffen: 24. Mai 2016
97. Doll, N. (2015). Daimler-Chef reagiert gelassen auf mögliches iCar. http://www.welt.de/wirtschaft/article137695488/Daimler-Chef-reagiert-gelassen-auf-moegliches-iCar.html (Erstellt: 22. Oktober 2015). Zugegriffen: 12. Mai 2016
98. Weiß, M. (2016). Daimler-Chef: Diese Silicon-Valley-Unternehmen können und wissen schon mehr, als wir angenommen hatten. http://www.neunetz.com/2016/03/04/daimler-chef-diese-silicon-valley-unternehmen-koennen-und-wissen-schon-mehr-als-wir-angenommen-hatten/ (Erstellt: 4. März 2016). Zugegriffen: 24. Mai 2016
99. Evans, P.C., & Gawer, A. (2016). The Rise of the Platform Enterprise. A Global Survey. http://thecge.net/wp-content/uploads/2016/01/PDF-WEB-Platform-Survey_01_12.pdf. Zugegriffen: 09. Mai 2016
100. Steier, H. (2015). Analyse zum Start von Apple Music „Plattformen schlagen Produkte immer". http://www.nzz.ch/digital/apple-music-start-spotify-ld.852. Zugegriffen: 12. Mai 2016
101. Focus Spezial (2015). *Die besten Arbeitgeber 2015*. München: Focus Magazin

102. Wörtliches Zitat Michael E. Porter auf der PTC Lifeworx-Konferenz 2015 in Boston, 5. Mai 2015.
103. Christensen, C. (2016). Disruptive Innovation. http://www.claytonchristensen.com/key-concepts/. Zugegriffen: 09. Mai 2016
104. IBM (2016). Redefining Connections: The CIO Point of View. http://www-935.ibm.com/services/c-suite/study/studies/cio-study/. Zugegriffen: 09. Mai 2016
105. Venturebeat.com (2015). Amazon Commands almost Half of all Product Searches, and Marketers are Ignoring Omnichannel. http://venturebeat.com/2015/10/06/amazon-commands-almost-half-of-all-product-searches-and-marketers-are-ignoring-omnichannel/. Zugegriffen: 09. Mai 2016
106. Crisp Research (2015). Digital Leader – Leadership im digitalen Zeitalter. https://www.crisp-research.com/report/digital-leader/. Zugegriffen: 09. Mai 2016
107. Schmidt, H. (2015). Autonome Autos können Zahl der PKW bis zu 43 Prozent reduzieren. https://netzoekonom.de/2015/02/11/autonome-autos-koennen-zahl-der-pkw-bis-zu-43-prozent-reduzieren/ (Erstellt: 11. Februar 2015). Zugegriffen: 24. Mai 2016
108. Thomson, I. http://feed.theregister.co.uk/atom?a=Iain%20Thomson.
109. IMD (Institute for Management Development), & Cisco (2015). Digital Vortex. How Digital Disruption is Redefining Industries. http://www.imd.org/uupload/IMD.WebSite/DBT/Digital_Vortex_06182015.pdf. Zugegriffen: 09. Mai 2016
110. Meinke, U. (2015). GM- Chefin Mary Barra: „Wir sind bescheiden, aber hungrig". WAZ. http://www.derwesten.de/wirtschaft/gm-chefin-mary-barra-wir-sind-bescheiden-aber-hungrig-id11558788.html (Erstellt: 12. Februar 2016). Zugegriffen: 24. Mai 2016
111. Schmidt, H. (2016). Mobilität der Zukunft. Schnell wie der Schall. Focus Magazin Nr. 9. http://www.focus.de/magazin/archiv/mobilitaet-der-zukunft-schnell-wie-der-schall_id_5315274.html (Erstellt: 27. Februar 2016). Zugegriffen: 24. Mai 2016
112. KPMG (2016). Global Automotive Executive Survey 2016. From a Product-Centric World to a Service-Driven Digital Universe. https://assets.kpmg.com/content/dam/kpmg/pdf/2016/01/gaes-2016.pdf. Zugegriffen: 09. Mai 2016
113. Zeit online (2016). 4.000 Euro Prämie für Kauf eines Elektroautos. http://www.zeit.de/politik/deutschland/2016-04/bundesregierung-elektroautos-subvention-kaufpraemie (Erstellt: 27. April 2016). Zugegriffen: 24. Mai 2016
114. Schmidt, H. (2016). Die Zukunft des digitalen Autos ist autonom und geteilt. https://netzoekonom.de/2016/03/18/11558/. Zugegriffen: 12. Mai 2016
115. Olanoff, D., & Lardinois, F. (2015). Amazon Shows off New Prime Air Drone with Hybrid Design. Tech Crunch. http://techcrunch.com/2015/11/29/amazon-shows-off-new-prime-air-drone-with-hybrid-design/ (Erstellt: 29. November 2015). Zugegriffen: 12. Mai 2016

116. Quest TechnoMarketing (2015). Der Robotereinsatz und seine Integration in die Maschinenautomation bis 2018 im deutschen Maschinenbau. http://www.quest-technomarketing.de/fileadmin/pdf/Quest_Roboter2018_Prospekt.pdf. Zugegriffen: 09. Mai 2016
117. Tilley, A. (2015). Google-Owned Nest Just Got One Step Closer To Total Home Domination With Weave. http://www.forbes.com/sites/aarontilley/2015/10/01/google-owned-nest-just-got-one-step-closer-to-total-home-domination-with-weave/#715d4ca72225. Zugegriffen: 12. Mai 2016
118. Spiegel online (2016). McKinsey Studie. Jeder vierte Versicherungsjob steht auf der Kippe. http://www.spiegel.de/karriere/berufsleben/jobs-in-versicherungsbranche-werden-durch-computer-ersetzt-a-1073918.html (Erstellt: 20. Januar 2016). Zugegriffen: 12. Mai 2016
119. Schmidt, H. (2015). Die Jobs der Zukunft: Hauptsache digital. https://netzoekonom.de/2015/09/27/die-jobs-der-zukunft-hauptsache-digital (Erstellt: 27. September 2015). Zugegriffen: 12. Mai 2016
120. Frey, C. B., & Osborne, M. A. (2013). The Future of Employment: How Susceptible are Jobs to Computerisation?. http://www.oxfordmartin.ox.ac.uk/downloads/academic/The_Future_of_Employment.pdf. Zugegriffen: 10. Mai 2016
121. Schmidt, H. (2015). Die Digitalisierung gefährdet die Routine-Jobs der Wissensarbeiter. https://netzoekonom.de/2015/05/09/die-digitalisierung-gefaehrdet-vor-allem-routine-jobs-der-wissensarbeiter/ (Erstellt: 09. Mai 2015). Zugegriffen: 12. Mai 2016
122. Schmidt, H. (2016). Keine Industrie ist vor digitaler Disruption gefeit. https://netzoekonom.de/2016/01/19/keine-industrie-ist-vor-digitaler-disruption-gefeit/ (Erstellt: 19. Januar 2016). Zugegriffen: 12. Mai 2016
123. Spiegel online (2015). IAB-Studie: Digitalisierung bedroht 60.000 Jobs in der Industrie. http://www.spiegel.de/wirtschaft/unternehmen/industrie-4-0-digitalisierung-bedroht-60-000-arbeitsplaetze-a-1059153.html (Erstellt: 22. Oktober 2015). Zugegriffen: 12. Mai 2016
124. Schmidt, H. (2015). Industrie 4.0 kostet Arbeitsplätze – aber der Verzicht auf Digitalisierung vernichtet viel mehr Jobs. https://netzoekonom.de/2015/11/09/industrie-4-0-kostet-arbeitsplaetze-aber-der-verzicht-auf-digitalisierung-vernichtet-viel-mehr-jobs/ (Erstellt: 09. November 2015). Zugegriffen: 24. Mai 2016
125. Chui, M., Manyika, J., & Miremadi, M. (2015). Four Fundamentals of Workplace Automation. McKinsey Quarterly. http://www.mckinsey.com/business-functions/business-technology/our-insights/four-fundamentals-of-workplace-automation (Erstellt: November 2015). Zugegriffen: 24. Mai 2016
126. Schmidt, H. (2016). Deutsche erkennen die weltverändernde Kraft der künstlichen Intelligenz nicht. https://netzoekonom.de/2016/03/23/11670/ (Erstellt: 23. März 2016). Zugegriffen: 24. Mai 2016
127. Rüßmann, M., Lorenz, M., Gerbert, P., Waldner, M., Justus, J., Engel, P., & Harnisch, M. (2015). Industry 4.0: The Future of Productivity and

Growth in Manufacturing Industries. Boston Consulting Group. https://www.bcgperspectives.com/content/articles/engineered_products_project_business_industry_40_future_productivity_growth_manufacturing_industries/. Zugegriffen: 10. Mai 2016

128. Stöcker, C. (2016). Künstliche Intelligenz: Furchtbar schlau – oder furchtbar niedlich. http://www.spiegel.de/netzwelt/gadgets/kuenstliche-intelligenz-werden-maschinen-schlauer-als-menschen-sein-a-1072650.html (Erstellt: 19. Januar 2016). Zugegriffen: 24. Mai 2016
129. Rieger, S. (2014). Wie verankert man Digitalpolitik in der Bundesregierung? Zuständigkeiten, Entstehungsprozess und Führungsmodell der digitalen Agenda. Berlin: Stiftung neue Verantwortung. https://pound.netzpolitik.org/wp-upload/Policy-Brief_Digitale_Agenda.pdf. Zugegriffen: 10.Mai 2016
130. Biselli, A. (2014). Analyse der „stiftung neue verantwortung": Braucht die Digitale Agenda das Kanzleramt?. https://netzpolitik.org/2014/analyse-der-stiftung-neue-verantwortung-braucht-die-digitale-agenda-das-kanzleramt/ (Erstellt: 20. August 2014). Zugegriffen: 10. Mai 2016
131. Bundestag.de (2014). Gemeinsam in Richtung digitales Europa. https://www.bundestag.de/bundestag/ausschuesse18/a23/artikel_lemaire/337372. Zugegriffen: 10. Mai 2016
132. BMWi, & BMJV (2014). BMVi/BMJV-Maßnahmenprogramm „Mehr Sicherheit, Souveränität und Selbstbestimmung in der digitalen Wirtschaft". Herausforderungen und Handlungselemente für Gesellschaft, Wirtschaft und Verbraucher. http://www.bmwi.de/BMWi/Redaktion/PDF/M-O/massnahmenprogramm-mehr-sicherheit-souveraenitaet-und-selbstbestimmung-in-der-digitalen-wirtschaft,property=pdf,bereich=bmwi2012,sprache=de,rwb=true.pdf. Zugegriffen: 10. Mai 2016
133. Abel, A. (2016). Wirtschaft will Staatssekretär für Digitales. http://www.morgenpost.de/wirtschaft/article206912209/Wirtschaft-will-Staatssekretaer-fuer-Digitales.html (Erstellt: 12. Januar 2016). Zugegriffen: 24. Mai 2016
134. netzpolitik.org (2016). Über Uns. https://netzpolitik.org/about-this-blog/. Zugegriffen: 12. Mai 2016
135. Krause, L.-K., Lumma, N., Reichel, S., Sälhoff, P., Schwickert, D., & Tillmann, H. (2015). Digitalpolitik ist Gesellschaftspolitik – und muss gestaltet werden. Das Progressive Zentrum in Kooperation mit D64 – Zentrum für digitalen Fortschritt. Policy Brief 6. http://www.progressives-zentrum.org/wp-content/uploads/2015/12/pb_06_2015_digitalpolitik_ist_gesellschaftspolitik.pdf, http://www.progressives-zentrum.org/digitalpolitik-ist-gesellschaftspolitik-und-muss-gestaltet-werden/. Zugegriffen: 10. Mai 2016
136. Czernich, N., Falck, O., Kretschmer, T., & Woessmann, L. (2009). Broadband Infrastructure and Economic Growth. CESifo Working Paper No. 2861. https://www.cesifo-group.de/pls/guestci/download/CESifo%20Working%20Papers%202009/CESifo%20Working%20Papers%20December%202009/cesifo1_wp2861.pdf. Zugegriffen: 10. Mai 2016

137. BMVi (Bundesministerium für Verkehr und digitale Infrastruktur) (2014). Studie „Erfolgreiche bzw. erfolgversprechende Investitionsprojekte in Hochleistungsnetze in suburbanen und ländlichen Gebieten". http://www.bmvi.de/SharedDocs/DE/Artikel/DG/investitionsprojekte.html. Zugegriffen: 10. Mai 2016
138. Gellner, T. (2016). Breitband-Ausbau bis 2018 steht auf der Kippe. Märkische Allgemeine. http://www.maz-online.de/Brandenburg/Breitband-Ausbau-bis-2018-steht-auf-der-Kippe (Erstellt: 5. Februar 2016). Zugegriffen: 24. Mai 2016
139. Rudl, T. (2015). Netzbetreiberverbände fordern Gigabit-Netz für alle. https://netzpolitik.org/2015/netzbetreiberverbaende-fordern-gigabit-netze-fuer-alle/ (Erstellt: 10. September 2015). Zugegriffen: 10. Mai 2016
140. Krämer, J., Wiewiorra, L., & Weinhardt, C. (2013). Net Neutrality: A Progress Report. *Telecommunications Policy*, *37*(9), 794–813.
141. Höttges, T. (2015). Netzneutralität – Konsensfindung im Minenfeld. https://www.telekom.com/medien/managementzursache/291708. Zugegriffen: 12. Mai 2016
142. Beuth, P. (2015). Netzneutralität: Das eskaliert ja schnell. http://www.zeit.de/digital/internet/2015-10/netzneutralitaet-telekom-hoettges-startups-spezialdienste (Erstellt: 29. Oktober 2015). Zugegriffen: 12. Mai 2016
143. Beirat Junge Digitale Wirtschaft (BJDW) (2015). Netzneutralität: Keine Online-Maut für Startups!. https://www.bmwi.de/BMWi/Redaktion/PDF/B/bjdw-pressemitteilung-netzneutralitaet-keine-online-maut-startups,property=pdf,bereich=bmwi2012,sprache=de,rwb=true.pdf. Zugegriffen: 12. Mai 2016
144. Chip (2015). Fieser Preistrick bei Amazon: Apple-Nutzer zahlen mehr, aus Gründen. http://www.chip.de/news/Fieser-Preistrick-bei-Amazon-Apple-Nutzer-zahlen-mehr-aus-Gruenden_84837549.html. Zugegriffen: 12. Mai 2016
145. RP online (2016). Ärger über gespaltene Online-Preise. http://www.rp-online.de/wirtschaft/safer-internet-day-2016-aerger-ueber-gespaltene-online-preise-aid-1.5754439 (Erstellt: 9. Februar 2016). Zugegriffen: 12. Mai 2016
146. GI (Gesellschaft für Informatik) (2016). Dagstuhl-Erklärung: Bildung in der digitalen vernetzten Welt. https://www.gi.de/aktuelles/meldungen/detailansicht/article/dagstuhl-erklaerung-bildung-in-der-digitalen-vernetzten-welt.html. Zugegriffen: 10. Mai 2016
147. digitalkunde.de (2016). Schulen digitaler machen – Projektstart im Februar. http://digitalkunde.de/2016/01/28/schulen-digitaler-machen-projektstart-im-februar/. Zugegriffen: 10. Mai 2016
148. http://digitalkunde.de/projekt
149. BMWi (Bundesministerium für Wirtschaft und Energie) (2016). Digitale Strategie 2025. http://www.de.digital/KADIST/Navigation/DE/Home/home.html. Zugegriffen: 10. Mai 2016

150. Gesellschaft für Informatik e.V. (GI) (2013). Europa verliert den Anschluss: Technologie-Standort Deutschland ist aufgrund fehlender IT-Kompetenzen gefährdet. Pressemitteilung. https://www.gi.de/nc/presse/detailansicht/article/europa-verliert-den-anschluss-technologie-standort-deutschland-ist-aufgrund-fehlender-it-kompetenze-1/druckversion.html (Erstellt: 4. Juni 2013). Zugegriffen: 24. Mai 2016
151. Quadbeck, E. (2014). Idee von SPD-Chef Gabriel. Computersprache soll Schulfach werden. http://www.rp-online.de/politik/deutschland/sigmar-gabriel-computersprache-soll-schulfach-werden-aid-1.4551896 (Erstellt: 25. September 2014). Zugegriffen: 12. Mai 2016
152. Lumma, N. (2012). Lumma-Kolumne: Warum Kinder programmieren lernen sollten. t3n. http://t3n.de/news/lumma-kolumne-kinder-361939/ (Erstellt: 26. Januar 2012). Zugegriffen: 12. Mai 2016
153. Beirat Junge Digitale Wirtschaft (2013). BJDW.Bericht.01/13. http://www.bmwi.de/BMWi/Redaktion/PDF/B/beirat-jubge-digitale-wirtschaft-handlungsempfehlungen,property=pdf,bereich=bmwi2012,sprache=de,rwb=true.pdf. Zugegriffen: 10. Mai 2016
154. Riehm, P. (2012). BVDW und MHMK: Hohe Nachfrage nach Berufseinsteigern in digitaler Wirtschaft. http://www.bvdw.org/presse/news/article/bvdw-und-mhmk-hohe-nachfrage-nach-berufseinsteigern-in-digitaler-wirtschaft.html. Zugegriffen: 12. Mai 2016
155. Rheinische Fachhochschule Köln (2014). Neuer Masterstudiengang Digital Business Management. Meldung. http://www.rfh-koeln.de/aktuelles/meldungen/2014/neuer_master_dbm/index_ger.html (Erstellt: 22. Oktober 2014). Zugegriffen: 24. Mai 2016
156. BMWi (Bundesministerium für Wirtschaft und Technologie) (2015). IKT-Strategie der Bundesregierung „Deutschland Digital 2015“. https://www.bmwi.de/BMWi/Redaktion/PDF/Publikationen/digitale-strategie-2025,property=pdf,bereich=bmwi2012,sprache=de,rwb=true.pdf. Zugegriffen: 10. Mai 2016
157. Unify (2016). Unify-Studie: Jeder dritte Wissensarbeiter ist heute davon überzeugt, dass sein Job in fünf Jahren nicht mehr existiert. http://www.unify.com/de/news/324EEA0C-E9D0-465F-95D3-6DB5EABD1E7B/. Zugegriffen: 12. Mai 2016
158. BMAS (Bundesministerium für Arbeit und Soziales) (2015). Grünbuch Arbeiten 4.0. http://www.bmas.de/SharedDocs/Downloads/DE/PDF-Publikationen-DinA4/gruenbuch-arbeiten-vier-null.pdf;jsessionid=37478BB0C6087DD5DEEA759081A98A0A?__blob=publicationFile&v=2. Zugegriffen: 10. Mai 2016
159. Adelmann, S. (2016). Bosch will Tausende Software-Entwickler einstellen. http://www.funkschau.de/mobile-solutions/artikel/128124/ (Erstellt: 03. März 2016). Zugegriffen: 12. Mai 2016
160. Heise online (2008). Oliver Tuszik von Computacenter antwortet Damian Sicking. http://www.heise.de/resale/artikel/Oliver-Tuszik-von-Computacenter-

antwortet-Damian-Sicking-273560.html (Erstellt: 25. August 2008). Zugegriffen: 24. Mai 2016

161. Schmidt, H. (2016). Blick in die Zukunft: Virtual-Reality-Brillen könnten die nächste große Computing-Plattform werden. https://netzoekonom.de/2016/05/03/blick-die-zukunft-virtual-reality-brillen-koennten-die-naechste-grosse-computing-plattform-werden/ (Erstellt: 3. Mai 2016). Zugegriffen: 12. Mai 2016
162. Schmidt, H. (2016). 60 Prozent der Großunternehmen treiben digitale Transformation nicht ernsthaft voran. https://netzoekonom.de/2016/03/02/zwei-drittel-der-grossunternehmen-nehmen-die-digitale-transformation-nicht-in-angriff (Erstellt: 2. März 2016). Zugegriffen: 24. Mai 2016
163. Pethokoukis, J. (2016). What Bill Gates just said about the Future of Quantum Computing, Robotics, and Education. AEI American Enterprise Institute. http://www.aei.org/publication/what-bill-gates-just-said-about-the-future-of-quantum-computing-robotics-and-education/ (Erstellt: 9. März 2016). Zugegriffen: 24. Mai 2016
164. IT-Planungsrat (2010). Nationale E-Government-Strategie. Beschluss des IT-Planungsrates vom 24. September 2010. http://www.cio.bund.de/SharedDocs/Publikationen/DE/Aktuelles/nationale_e_government_strategie_beschluss_20100924_download.pdf?__blob=publicationFile. Zugegriffen: 10. Mai 2016
165. EFI (Expertenkommission Forschung und Innovation) (2016). Gutachten zu Forschung, Innovation und technologischer Leistungsfähigkeit Deutschlands. http://www.e-fi.de/fileadmin/Gutachten_2016/EFI_Gutachten_2016.pdf. Zugegriffen: 10. Mai 2016